■ 陕西省本科教育优秀教材

■ 中国通信学会信息通信教育精品教材

■ 高等学校网络空间安全专业系列教材

新编密码学（第二版）

范九伦　张雪锋　侯红霞　编著

西安电子科技大学出版社

内容简介

本书是一本关于密码学基础的教材，系统介绍了密码学的基本原理、基本算法，并对密码的安全性进行了相应的分析，主要内容包括绪论、基础知识、古典密码、分组密码、序列密码、Hash 函数、公钥密码、数字签名与身份认证、密钥管理等。

本书主要面向信息安全、网络空间安全、网络工程、计算机科学与技术、通信工程等专业的本科高年级学生，也可供相关专业的教学人员、科研人员和工程技术人员参考。

图书在版编目(CIP)数据

新编密码学/范九伦，张雪锋，侯红霞编著. --2 版.--西安：西安电子科技大学出版社，2023.11

ISBN 978 - 7 - 5606 - 6914 - 4

Ⅰ.①新… Ⅱ.①范… ②张… ③侯… Ⅲ.①密码学 Ⅳ.①TN918.1

中国国家版本馆 CIP 数据核字(2023)第 122101 号

策　　划　陈　婷
责任编辑　陈　婷
出版发行　西安电子科技大学出版社(西安市太白南路 2 号)
电　　话　(029)88202421　88201467　　邮　　编　710071
网　　址　www.xduph.com　　电子邮箱　xdupfxb001@163.com
经　　销　新华书店
印刷单位　陕西精工印务有限公司
版　　次　2023 年 11 月第 2 版　2023 年 11 月第 1 次印刷
开　　本　787 毫米×1092 毫米　1/16　印张　13.25
字　　数　307 千字
印　　数　1～3000 册
定　　价　42.00 元
ISBN 978 - 7 - 5606 - 6914 - 4/TN

XDUP 7216002 - 1

前　言

随着互联网技术和计算机技术的发展与普及，越来越多的人认识到密码学的重要性。为了给在校本科生学习密码学提供内容较新、论述较系统的教材，给相关领域的科研人员提供一本内容充实、实用性强的参考书，我们编写了本书。

本书系统介绍了密码学的基本原理，在此基础上详细介绍了密码学中的基本算法及其应用。书中内容以当前广泛应用的密码技术为主，重点放在密码学研究的核心问题上，既突出了广泛性，又注重对主要知识内容的深入讨论。为了便于学生学习和理解，本书还介绍了学习密码学需要具备的数论基础知识。本书的每一章最后都附有相应的习题，以便于学习者对书中的内容进行总结和应用。

本书主要面向信息安全、网络空间安全、网络工程、计算机科学与技术、通信工程等专业的本科高年级学生。计划学时数为 48～64 学时。学习本书的学生需要具备高等数学和线性代数的基础知识，同时应该掌握基本的编程技术和数据结构的基本知识。通过学习本书，学生可以掌握基本的密码学算法原理，对加/解密技术具备一定的实际应用能力。

全书共分为 9 章。其中，第 1 章由范九伦编写，第 2～4 章由张雪锋编写，第 5～9 章由侯红霞编写。全书由范九伦统稿。

衷心感谢本书的主审专家，他们提出的许多宝贵意见和建议使我们受益匪浅。衷心感谢西安电子科技大学出版社的编辑，他们的辛勤劳动使本书得以顺利出版。为了使本书既包含密码学的基础知识，又能反映这些基础知识涉及的最新研究成果，本书在编写过程中参考了许多国内外同行的论文、著作，引用了其中的观点、数据与结论，在此一并表示感谢。

由于作者水平有限，加之时间仓促，不足之处在所难免，敬请广大读者批评、指正。

作　者

2023 年 6 月于西安

目　录

第1章

绪　论

随着全球信息化的飞速发展，计算机技术与通信技术相结合而诞生的计算机互联网不断发展并被广泛应用，打破了传统的时间和空间的限制，极大地改变了人们的工作方式和生活方式，提高了人们的工作效率和生活质量，促进了经济和社会的发展。

在信息化日益普及的今天，伴随着信息技术的广泛应用，信息资源不仅成为人们日常工作、学习、生活中的基础资源，而且成为国家和社会发展的重要战略资源。国际上围绕信息的获取、使用和控制的斗争愈演愈烈，信息安全成为维护国家安全和社会稳定的一个焦点，各国都给予了极大的关注和投入。在我国，与信息技术被广泛应用形成鲜明对比的是信息安全问题日益突出。目前，我国已经成为信息安全事件的主要受害国之一。

中国互联网络信息中心(China Internet Network Information Center，CNNIC)发布的《中国互联网络发展状况统计报告》《中国网民网络信息安全状况调查分析报告》等研究报告表明，虽然多年来我国不断加强信息安全的治理工作，但信息安全问题仍然十分严重：新型的信息安全事件不断出现，且迅速向更大范围蔓延，导致信息安全事件的情境日益多样且复杂化，信息安全所引起的直接经济损失已达到很大规模；引发信息安全事件的因素已从此前的好奇心理升级为明显的逐利性，经济利益链条已然形成，信息安全事件中所涉及的信息类型、危害类型越来越多，日益深入涉及网民的隐私，潜在的后果非常严重。与此同时，我国的广大网民缺乏信息安全方面的知识，对信息安全危害性的认识并不清晰，采取的信息安全保护措施还未达到较好的水平，很多人并不具备处理信息安全事件的能力。

根据以上分析，信息安全已成为亟待解决、影响国家大局和长远利益的重大关键问题，它不但是发挥信息革命带来的高效率、高效益的有力保证，而且是抵御信息侵略的重要屏障。信息安全保障能力是21世纪综合国力、经济竞争实力和生存能力的重要组成部分，是世纪之交世界各国都在奋力攀登的制高点。从大的方面来说，信息安全问题已威胁到国家的政治、经济和国防等领域；从小的方面来说，信息安全问题已威胁到个人的隐私。因此，信息安全已成为社会稳定、国家安全的必要前提条件。信息安全问题全方位地影响我国的政治、军事、经济、文化、社会生活的各个方面，如果解决不好将使国家处于信息战和高度经济金融风险的威胁之中。近年来，我国陆续发布实施了网络安全法、密码法、数据安全法、个人信息保护法等法律法规，为我国网络安全产业发展提供了政策支持，使我国的网络安全事业步入快速发展的轨道。

信息安全不仅要保证信息的保密性、完整性，即关注信息自身的安全，防止偶然的或未授权者对信息的恶意泄露、修改和破坏，导致信息泄密或被非法使用等问题的发生，还要保证信息的可用性、可控性，保证人们对信息资源的有效使用和管理。

密码技术是信息安全的核心技术。当前，掌握核心密码技术是成功实施国家信息安全战略的关键之一。为了使读者对密码技术的发展和基本概念有一个概要认识，本章简要介绍了密码技术的发展历程，并给出了密码技术涉及的相关基本概念和模型。

1.1 概　　述

密码学有着悠久而神秘的历史，人们很难准确给出密码学的起始时间。一般认为人类对密码学的研究与应用已经有几千年的历史，它最早应用在军事和外交领域，随着科技的发展逐渐进入人们的生活中。密码学研究的是密码编码和破译的技术方法。其中，通过研究密码变化的客观规律，并将其应用于编制密码，实现保密通信的技术称为编码学；通过研究密码变化的客观规律，并将其应用于破译密码，获取通信信息的技术称为破译学。编码学和破译学统称为密码学。David Kahn 在他的被称为“密码学圣经”的著作 *Kahn on Codes: Secrets of the New Cryptology* 中这样定义密码学：Cryptology，the science of communication secrecy。

密码学是研究编码密码技术和破译密码技术的科学，它是在编码与破译的斗争实践中逐步发展起来的。随着先进科学技术的应用，密码学已成为一门综合性的尖端技术科学，发展至今已有几千年的历史，大致可以分为古典密码学和现代密码学两个时期。

1. 古典密码学时期(1949 年之前)

这一时期的密码学更像一门艺术，密码工作者常常凭借直觉和信念进行密码设计和分析，而不是靠推理证明。密码算法的核心实现方式是代换和置换，密钥空间较小，信息的安全性主要依赖加密算法和解密算法的保密性。从这个意义上说，古典密码学更具有艺术性、技巧性，而非科学性。

古典密码学时期的加密技术根据实现方式分为手工密码阶段和机器时代密码阶段。在手工密码阶段，人们通过纸和笔对字符进行加密。Phaistos 圆盘和凯撒密码是这一阶段比较有代表性的加密技术。图 1－1 所示的 Phaistos 圆盘是一种直径约为 160 mm 的黏土圆盘，表面的字母间有明显的间隙。该圆盘于 1930 年在克里特岛被人们发现，但人们无法破译圆盘上的那些象形文字。近年有研究学者认为它记录着某种古代天文历法，其真相仍是个谜，研究学者只能大致推论出它的产生时间(大约在公元前 1700—公元前 1600 年之间)。这一阶段还出现了另一种著名的加密方式——凯撒密码。为了避免重要信息落入敌军手中而导致泄密，凯撒发明了一种单字替代密码，即把明文中的每个字母用密文中的对应字母替代，明文字符集与密文字符集是一一对应的关系。通过替代操作，凯撒密码实现了对字符信息的加密。

随着工业革命的兴起，密码学也进入了机器时代、电子时代。与手工操作相比，电子密码机使用了更优秀复杂的加密手段，同时也拥有更高的加密解密效率。其中最具有代表性的就是图 1－2 所示的 ENIGMA 密码机。

图1-1 Phaistos圆盘

图1-2 ENIGMA密码机

ENIGMA密码机是德国科研人员在1919年发明的一种加密电子器，它表面看上去就像常用的打字机，但功能与打印机有着天壤之别。ENIGMA密码机的键盘与电流驱动的转子相连，可以多次改变每次敲击的数字，相应信息以摩斯密码输出，同时还需要密钥，而密钥每天都会修改。ENIGMA密码机被证明是有史以来最可靠的加密系统之一，二战期间它开始被德军大量用于铁路、企业中，使德军保密通信技术处于领先地位。

在古典密码学时期，虽然加密设备有了很大的进步，但是密码学的理论没有很大的改变，加密的主要手段仍是代换和置换，而且实现信息加密的过程过于简单，安全性能很差。伴随着高性能计算机的出现，古典密码体制逐渐退出了历史舞台。

2. 现代密码学时期第一阶段(1949—1975)

随着通信、电子和计算机等技术的发展，密码学得到了前所未有的系统发展。1949年，Shannon发表了"Communication Theory of Secrecy Systems"一文，将密码学置于坚实的数学和计算机科学理论的基础之上，标志着密码学成为一门严谨的科学。这一阶段的密码学有别于古典密码学的方面是：这一阶段对密码学的各个方面都有了科学的描述和刻画；密码方案都以单向函数的存在为前提，许多方案的存在与单向函数的存在是等价的；在研究对象的安全性、方案构造的基础假设与研究对象安全性的证明等方面，都有着严格精准的数学描述、刻画和证明过程。

3. 现代密码学时期第二阶段(1976—1994)

1976年，Diffie和Hellman在他们的开创性论文"New Directions in Cryptography"中

首次提出了公钥密码学的概念。他们突破了传统密码学中加密者与解密者必须共享相同密钥的思想，首次表明在发送端和接收端无共享密钥传输的保密通信是可能的，即加密密钥和解密密钥可以不同，加密密钥可以公开，只需要保密解密密钥，从公开密钥难以推导出相应的密钥，这就形成了公开密钥密码学，简称公钥密码学。公钥密码学的提出开创了密码学的新纪元，使得密钥协商、数字签名等密码问题有了新的解决办法，也为密码学的广泛应用奠定了基础。

4. 现代密码学时期第三阶段(1994年之后)

1994年，Shor提出了量子计算机模型下分解大整数和求解离散对数的多项式时间算法。从这个意义上讲，如果人们能够在实际中实现"Shor大数因子化"的量子算法，则RSA、ElGamal等经典的公钥加密体制将不再安全。因此，量子计算会对由传统密码体系保护的信息安全产生致命的打击，这对现有保密通信提出了严峻挑战。为了抵御量子计算的攻击，后量子密码学应运而生。典型的后量子密码算法主要包括基于格的公钥密码体制、基于编码(线性纠错码)的公钥密码体制、基于多变量多项式方程组的公钥密码体制、基于哈希函数的数字签名等。

直到现在，世界各国仍然高度重视对密码的研究，密码学已经成为结合物理、量子力学、电子学、语言学等多个专业的综合科学，出现了量子密码、混沌密码等先进理论。随着计算机技术和网络技术的发展、互联网的普及和网上业务的大量开展，人们更加关注密码学，也更加依赖密码技术。密码技术在信息安全中扮演着十分重要的角色。

1.2 保密通信的基本模型

保密是密码学的核心目的。密码学的基本目的是面对攻击者Oscar，在被称为Alice和Bob的通信双方之间应用不安全信道进行通信时保证通信安全。图1-3给出了保密通信的基本模型。

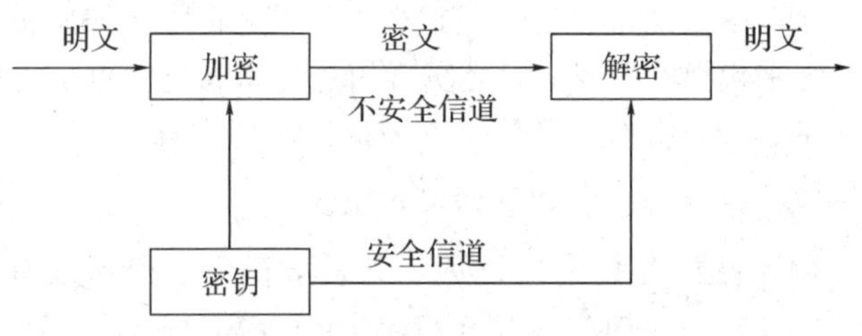

图1-3 保密通信的基本模型

在保密通信过程中，Alice和Bob分别称为信息的发送方和接收方，Alice要发送给Bob的信息称为明文(Plaintext)。为了保证信息不被未经授权的Oscar识别，Alice需要使用密钥(Key)对明文进行加密(Encryption)，加密得到的结果称为密文(Ciphertext)。密文一般是不可理解的。Alice将密文通过不安全的信道发送给Bob，同时通过安全的通信方式将密钥发送给Bob。Bob在接收到密文和密钥的基础上，可以对密文进行解密(Decryption)，从而获得明文。对于Oscar来说，他可能会窃听到信道中的密文，但由于得不到加密密钥，所以无法知道相应的明文。

1.3 密码学的基本概念

在图1-3给出的保密通信的基本模型中，根据加密和解密过程所采用密钥的特点可以将加密算法分为两类：对称加密算法(Symmetric Cryptography Algorithm)，又称单钥密码算法；非对称密码算法(Asymmetric Cryptography Algorithm)，又称双钥密码算法。

对称加密算法也称为传统加密算法，是指解密密钥与加密密钥相同或者能够从加密密钥中直接推算出解密密钥的加密算法。通常在大多数对称加密算法中解密密钥与加密密钥是相同的，所以这类加密算法要求Alice和Bob在进行保密通信前，通过安全的方式商定一个密钥。对称加密算法的安全性依赖于密钥的管理。

非对称密码算法也称为公钥加密算法，是指用来解密的密钥不同于进行加密的密钥，也不能够通过加密密钥直接推算出解密密钥。一般情况下，加密密钥是可以公开的，任何人都可以应用加密密钥来对信息进行加密，但只有拥有解密密钥的人才可以解密出被加密的信息。

在以上过程中，加密密钥称为公钥，解密密钥称为私钥。

在图1-3所示的保密通信的基本模型中，为了在接收端能够有效地恢复出明文信息，要求加密过程必须是可逆的。可见，加密方法、解密方法、密钥和消息(明文、密文)是保密通信中的几个关键要素，它们构成了相应的密码体制(Cipher System)。

密码体制包括以下要素：

(1) M：明文消息空间，表示所有可能的明文组成的有限集。

(2) C：密文消息空间，表示所有可能的密文组成的有限集。

(3) K：密钥空间，表示所有可能的密钥组成的有限集。

(4) E：加密算法集合。

(5) D：解密算法集合。

该密码体制应该满足的基本条件是：对任意的$\text{key}\in K$，存在一个加密规则$e_{\text{key}}\in E$和相应的解密规则$d_{\text{key}}\in D$，使得对任意的明文$x\in M$，$e_{\text{key}}(x)\in C$且$d_{\text{key}}(e_{\text{key}}(x))=x$。

在以上密码体制的定义中，最关键的条件是加密过程具有可逆性，即密码体制不仅能够对明文消息x应用e_{key}进行加密，而且可以使用相应的d_{key}对得到的密文进行解密，从而恢复出明文。

显然，密码体制中的加密函数必须是一一映射的。我们要避免在加密时$x_1\neq x_2$，而对应的密文$e_{\text{key}}(x_1)=e_{\text{key}}(x_2)=y$的情况，这时通过解密过程无法准确地确定密文$y$对应的明文$x$。

自从有了加密算法，对加密信息的破解技术应运而生。加密的对立面称作密码分析，也就是研究密码算法的破译技术。加密和破译构成了一对矛盾体，密码学的主要目的是保护通信消息的秘密以防止其被攻击。

密码分析是指在不知道密钥的情况下恢复出明文。根据密码分析的Kerckhoffs原则(即攻击者知道所用的加密算法的内部机制，不知道的仅仅是加密算法所采用的加密密钥)，可将常用的密码分析攻击分为以下4类：

(1) 唯密文攻击(Ciphertext Only Attack)：攻击者有一些消息的密文，这些密文都是用相同的加密算法进行加密得到的，攻击者的任务就是恢复出尽可能多的明文，或者能够推算出加密算法采用的密钥，以便采用相同的密钥解密出其他被加密的消息。

(2) 已知明文攻击(Know Plaintext Attack)：攻击者不仅可以得到一些消息的密文，而且也知道对应的明文，攻击者的任务就是用加密信息来推算出加密算法采用的密钥或者导出一个算法。此算法可以对用同一密钥加密的任何新的消息进行解密。

(3) 选择明文攻击(Chosen Plaintext Attack)：攻击者不仅可以得到一些消息的密文和相应的明文，还可以选择被加密的明文，这比已知明文攻击更为有效，因为攻击者能够选择特定的明文消息进行加密，从而得到更多有关密钥的信息，攻击者的任务是推算出加密算法采用的密钥或者导出一个算法。此算法可以对用同一密钥加密的任何新的消息进行解密。

(4) 选择密文攻击(Chosen Ciphertext Attack)：攻击者能够选择一些不同的被加密的密文，并得到与其对应的明文信息，攻击者的任务是推算出加密密钥。

对于以上任何一种攻击，攻击者的主要目标都是确定加密算法采用的密钥。显然，这4种类型攻击的攻击强度依次增大，相应的攻击难度则依次降低。

随着信息技术的发展和普及，对信息保密的需求将日益广泛和深入，密码技术的应用也将越来越多地融入人们的日常工作、学习和生活中。鉴于密码学有着广阔的应用前景和完善的理论研究基础，可以相信，密码学一定能够不断地发展和完善，为信息安全提供坚实的理论基础和支撑，为信息技术的发展提供安全服务和技术保障。

习　题

1-1　密码体制的构成包含哪些要素?

1-2　常用的密码分析攻击主要有哪些方式? 各有何特点?

1-3　密码分析的 Kerckhoffs 原则是指什么?

1-4　查阅资料，谈谈什么是对称密码体制和非对称密码体制，它们各有何优缺点。

1-5　谈谈你所了解的密码学的应用。

第2章

基础知识

2.1 数论

在数学中，研究整数性质的分支称为数论。数论中的许多概念是设计公钥密码算法的基础，数论领域中的大整数分解、素性检测、开方求根、求解不同模数的同余方程组等问题在公钥密码学中经常遇到，同时它们也是数论中非常重要的内容。本章将介绍数论中与现代密码学关系密切的一些基本知识和算法。

2.1.1 素数与互素

1. 整除与素数

如果整数 a，b，c 之间存在关系 $a=b\cdot c$ 且 $b\neq 0$，则称 b 整除 a 或者 a 能被 b 整除，且 b 是 a 的因子或除数，a 是 b 的倍数，记为 $b|a$。

整除有如下性质：

性质 1　$a|a$。

性质 2　如果 $a|1$，则有 $a=\pm 1$。

性质 3　对于任何 $a\neq 0$，则有 $a|0$。

性质 4　如果 $a|b$ 且 $b|a$，那么 $a=\pm b$。

性质 5　如果 $a|b$ 且 $b|c$，则有 $a|c$。

性质 6　如果 $a|b$ 且 $b|c$，那么对所有的 x，$y\in\mathbb{Z}$，有 $a|(bx+cy)$（这里 $\mathbb{Z}$ 表示整数集，下同）。

根据整除的定义，这些性质都是显而易见的，在此不再证明。另外，在本书中，如不做特别说明，所有的量均取整数。

如果 $p>1$ 且只能被 1 和自身整除，则正整数 p 称为素数或质数。非素数的整数称为合数。1 既不是素数，也不是合数。

素数的一些基本结论如下：

结论 1　素数有无穷多个。

结论 2　设 p 是素数，$x_i(i=1, 2, \cdots, n)$ 是整数，如果 $p|\prod_{i=1}^{n}x_i$，则至少存在一个 $x_i(i\in\{1, 2, \cdots, n\})$ 能被 p 整除。

结论 3(素数定理) 设 $x\in\mathbb{Z}$，则不超过 x 的素数个数可近似地用 $\frac{x}{\ln x}$ 表示。

结论 4(算术基本定理) 设 $2\leqslant n\in\mathbb{Z}$，则 n 可分解成素数幂的乘积：

$$n=p_1^{\alpha_1}p_2^{\alpha_2}\cdots p_i^{\alpha_i}$$

其中，$p_i(i=1, 2, \cdots, n)$是互不相同的素数，$\alpha_i(i=1, 2, \cdots, n)$是正整数。如果不计因子的顺序，则上述因子分解式是唯一的。

2. 最大公因子与互素

设 a，b，$c\in\mathbb{Z}$，如果 $c|a$ 且 $c|b$，则称 c 是 a 与 b 的公因子或公约数。

如果 d 满足下列条件，则称正整数 d 是 a 与 b 的最大公因子或最大公约数。

(1) d 是 a 与 b 的公因子。

(2) 如果 c 也是 a 与 b 的公因子，则 c 必是 d 的因子。

可见，a 与 b 的最大公因子就是 a 与 b 的公因子中最大的那一个，记为 $d=\gcd(a, b)=\max\{c|\{c|a \text{ 且 } c|b\}\}$。

注：如果 a 和 b 全为 0，则它们的公因子和最大公因子均无意义。

如果 a 与 b 的最大公因子为 1，即 $\gcd(a, b)=1$，则称整数 a 与 b 互素。

最大公因子有以下性质：

性质 1 任何不全为 0 的两个整数的最大公因子存在且唯一。

性质 2 设整数 a 与 b 不全为 0，则存在整数 x 和 y，使得 $ax+by=\gcd(a, b)$。特别地，如果 a 与 b 互素，则存在整数 x 和 y，使得 $ax+by=1$。

性质 3 如果 $\gcd(a, b)=d$，那么 $\gcd\left(\frac{a}{d}, \frac{b}{d}\right)=1$。

性质 4 如果 $\gcd(a, x)=\gcd(b, x)=1$，那么 $\gcd(ab, x)=1$。

性质 5 如果 $c|(ab)$，且 $\gcd(b, c)=1$，那么 $c|a$。

以上性质可由因子和素数的定义直接证明，并且上面关于因子和互素的概念与性质都可以推广到多个整数的情况，这里不再赘述。

2.1.2 同余与模运算

1. 带余除法

对于任意两个正整数 a 和 b，一定可以找到唯一确定的两个整数 k 和 r，满足 $a=kb+r$ $(0\leqslant r<b)$，则 k 和 r 分别被称为 a 除以 b（或者 b 除 a）的商和余数，并把满足这种规则的运算称为带余除法。显然，在带余除法中，$k=\left\lfloor\frac{a}{b}\right\rfloor$，其中 $\lfloor x \rfloor$ 表示不大于 x 的最大整数，或者称为 x 的下整数。

若记 a 除以 b 的余数为 $a \bmod b$，则带余除法可表示成：

$$a=\left\lfloor\frac{a}{b}\right\rfloor b+a \bmod b$$

例如，若 $a=17$，$b=5$，则 $a=3b+2$，即 $k=\left\lfloor\frac{17}{5}\right\rfloor=3$，$r\equiv 17 \bmod 5\equiv 2$。

对于整数 $a<0$，也可以类似地定义带余除法和它的余数，如 $-17 \bmod 5\equiv 3$。

2. 整数同余与模运算

设 $a, b, n \in \mathbb{Z}$ 且 $n>0$，如果 a 和 b 除以 n 的余数相等，即 $a \bmod n \equiv b \bmod n$，则称 a 与 b 模 n 同余，并将这种关系记为 $a \equiv b \bmod n$，n 称为模数，相应地，$a \bmod n$ 也可以称为 a 模 n 的余数。

例如，$17 \equiv 2 \bmod 5$，$73 \equiv 27 \bmod 23$。

显然，如果 a 与 b 模 n 同余，则必然有 $n \mid (a-b)$，也可以写成 $a-b=kn$ 或 $a=kn+b$，其中 $k \in \mathbb{Z}$。

由带余除法的定义可知，任何整数 a 除以正整数 n 的余数一定在集合 $\{0, 1, 2, \cdots, n-1\}$ 中，结合整数同余的概念，所有整数根据模 n 同余关系可以分成 n 个集合，每个集合中的整数模 n 同余，将这样的集合称为模 n 同余类或剩余类，依次记为 $[0]_n$，$[1]_n$，$[2]_n$，…，$[n-1]_n$，即 $[x]_n=\{y \mid y \in \mathbb{Z} \land y \equiv x \bmod n\}$，$x \in \{0, 1, 2, \cdots, n-1\}$。如果从每个模 n 同余类中取一个数为代表，形成一个集合，则此集合称为模 n 的完全剩余系，用 $\mathbb{Z}_n$ 表示。显然，$\mathbb{Z}_n$ 的最简单表示就是集合 $\{0, 1, 2, \cdots, n-1\}$，即 $\mathbb{Z}_n=\{0, 1, 2, \cdots, n-1\}$。

综上可知，$a \bmod n$ 将任一整数 a 映射到 $\mathbb{Z}_n=\{0, 1, 2, \cdots, n-1\}$ 中，并且是唯一的数，这个数就是 a 模 n 的余数，所以可将 $a \bmod n$ 视作一种运算，并称其为模运算。

模运算有如下性质(其中 $n>1$)：

性质 1 如果 $n \mid (a-b)$，则 $a \equiv b \bmod n$。

性质 2 模 n 同余关系是整数间的一种等价关系，它具有等价关系的 3 个基本性质：

(1) **自反性** 对任意整数 a，有 $a \equiv a \bmod n$。

(2) **对称性** 如果 $a \equiv b \bmod n$，则 $b \equiv a \bmod n$。

(3) **传递性** 如果 $a \equiv b \bmod n$ 且 $b \equiv c \bmod n$，则 $a \equiv c \bmod n$。

性质 3 如果 $a \equiv b \bmod n$ 且 $c \equiv d \bmod n$，则 $a \pm c \equiv (b \pm d) \bmod n$，$ac \equiv bd \bmod n$。

性质 4 模运算具有普通运算的代数性质，即

$$(a \bmod n \pm b \bmod n) \bmod n \equiv (a \pm b) \bmod n$$

$$(a \bmod n \times b \bmod n) \bmod n \equiv (a \times b) \bmod n$$

$$(a \times b) \bmod n \pm (a \times c) \bmod n \equiv [a \times (b \pm c)] \bmod n$$

性质 5(加法消去律) 如果 $(a+b) \equiv (a+c) \bmod n$，则 $b \equiv c \bmod n$。

性质 6(乘法消去律) 如果 $ab \equiv ac \bmod n$ 且 $\gcd(a, n)=1$，则 $b \equiv c \bmod n$。

性质 7 如果 $ac \equiv bd \bmod n$，$c \equiv d \bmod n$ 且 $\gcd(c, n)=1$，则 $a \equiv b \bmod n$。

上述性质均可由同余和模运算的定义直接证明，下面举例验证性质 4，其余性质的验证请读者自己完成。

例如，已知 $11 \bmod 9 \equiv 2$ 和 $17 \bmod 9 \equiv 8$，验证性质 4：

$$[(11 \bmod 9)+(17 \bmod 9)] \bmod 9 \equiv (2+8) \bmod 9 \equiv 1$$

$$(11+17) \bmod 9 \equiv 1$$

$$[(11 \bmod 9)-(17 \bmod 9)] \bmod 9 \equiv (2-8) \bmod 9 \equiv -6 \bmod 9 \equiv 3$$

$$(11-17) \bmod 9 \equiv -6 \bmod 9 \equiv 3$$

$$[(11 \bmod 9) \times (17 \bmod 9)] \bmod 9 \equiv (2 \times 8) \bmod 9 \equiv 16 \bmod 9 \equiv 7$$

$$(11 \times 17) \bmod 9 \equiv 187 \bmod 9 \equiv 7$$

$$[(5 \times 11 \bmod 9)+(5 \times 17 \bmod 9)] \bmod 9 \equiv (1+4) \bmod 9 \equiv 5$$

$$[5\times(11+17)]\bmod 9\equiv 140\bmod 9\equiv 5$$
$$[(5\times 11\bmod 9)-(5\times 17\bmod 9)]\bmod 9\equiv(1-4)\bmod 9\equiv -3\bmod 9\equiv 6$$
$$[5\times(11-17)]\bmod 9\equiv -30\bmod 9\equiv 6$$

由性质 4 还可知，指数模运算可以变成模指数运算，从而简化计算。例如，计算 $13^{11}\bmod 19$ 可按如下方式进行：

$$13^2\bmod 19\equiv 17$$
$$13^4\bmod 19\equiv(13^2\times 13^2)\bmod 19\equiv(17\times 17)\bmod 19\equiv 4$$
$$13^8\bmod 19\equiv(13^4\times 13^4)\bmod 19\equiv(4\times 4)\bmod 19\equiv 16$$
$$13^{11}\bmod 19\equiv(13\times 13^2\times 13^8)\bmod 19\equiv(13\times 17\times 16)\bmod 19\equiv 2$$

【例 2.1】 利用同余式演算证明 $5^{60}-1$ 是 56 的倍数。

证明 由于

$$5^3\bmod 56\equiv 125\bmod 56\equiv 13$$

所以

$$5^6\bmod 56\equiv(5^3)^2\bmod 56\equiv 13^2\bmod 56\equiv 1$$

于是

$$5^{60}\bmod 56\equiv(5^6)^{10}\bmod 56\equiv 1^{10}\bmod 56\equiv 1$$

所以

$$5^{60}\equiv 1\bmod 56$$

即 $56\mid(5^{60}-1)$，$5^{60}-1$ 是 56 的倍数。

对于性质 5 和性质 6，应注意加法消去律是无条件的，但模运算的乘法消去律是有条件的。例如，$6\times 3\equiv 2\bmod 8$ 和 $6\times 7\equiv 2\bmod 8$，但 3 与 7 模 8 不同余，这是因为 6 与 8 不互素，不满足乘法消去律的附加条件，两边的 6 不能被消去。

其实，有一个概念可以作为性质 5 和性质 6 的保障，这个概念就是逆元。逆元的定义如下：

设 a，$n\in\mathbb{Z}$ 且 $n>1$，如果存在 $b\in\mathbb{Z}$，使得 $a+b\equiv 0\bmod n$，则称 a，b 互为模 n 的加法逆元，也称负元，记为 $b\equiv -a\bmod n$。

同上，a，$n\in\mathbb{Z}$ 且 $n>1$，如果存在 $b\in\mathbb{Z}$，使得 $ab\equiv 1\bmod n$，则称 a，b 互为模 n 的乘法逆元，记为 $b\equiv a^{-1}\bmod n$。

显然，对任何整数 a，其模 n 的加法逆元总是存在的，$n-a$ 就是其中的一个，但不能保证任何整数都有模 n 的乘法逆元。

定理 2.1 设 a，$n\in\mathbb{Z}$，如果 $\gcd(a, n)=1$，则存在唯一的 $b\in\mathbb{Z}_n$，满足 $ab\equiv 1\bmod n$。

证明 任取 i，$j\in\mathbb{Z}_n$ 且 $i\neq j$，由于 $\gcd(a, n)=1$，根据性质 6 可知

$$ai\neq aj\bmod n$$

因此

$$a\mathbb{Z}_n\bmod n\equiv\mathbb{Z}_n$$

即

$$\{a\bmod n,\ 2a\bmod n,\ \cdots,\ (n-1)a\bmod n\}=\{1,\ 2,\ \cdots,\ n-1\}$$

所以

$$1\in a\mathbb{Z}_n\bmod n$$

即存在 $b\in\mathbb{Z}_n$，使得

$$ab \bmod n \equiv 1 \in a\mathbb{Z}_n \bmod n$$

由 $\mathbb{Z}_n$ 中数的互异性可知，满足上面条件的 b 是唯一的。

2.1.3　欧拉定理

1. 欧拉函数

设 $n\in\mathbb{Z}$ 且 $n>1$，将小于 n 且与 n 互素的正整数的个数称为 n 的欧拉(Euler)函数，记为 $\varphi(n)$。

例如，$\varphi(5)=4$，$\varphi(6)=2$。

欧拉函数有如下性质：

性质 1　如果 p 为素数，则有 $\varphi(p)=p-1$。

性质 2　如果 $\gcd(m,n)=1$，则 $\varphi(mn)=\varphi(m)\varphi(n)$。

性质 3　如果 $n=p_1^{\alpha_1}p_2^{\alpha_2}\cdots p_k^{\alpha_k}$，则 $\varphi(n)=n\left(1-\frac{1}{p_1}\right)\left(1-\frac{1}{p_2}\right)\cdots\left(1-\frac{1}{p_k}\right)$(其中，$p_i$ 为素数，α_i 为正整数，$i=1, 2, \cdots, k$)。

上述性质均可由欧拉函数的定义直接证明，读者可以自己完成。

2. 欧拉定理

定理 2.2(欧拉定理)　设 $a, n\in\mathbb{Z}$ 且 $n>1$，如果 $\gcd(a,n)=1$，那么 $a^{\varphi(n)}\equiv 1 \bmod n$。

证明　记小于 n 且与 n 互素的全体正整数构成的集合 $R=\{x_1, x_2, \cdots, x_{\varphi(n)}\}$，这个集合也称为模 n 的既约剩余系，那么对于集合

$$aR \bmod n=\{ax_1 \bmod n, ax_2 \bmod n, \cdots, ax_{\varphi(n)} \bmod n\}$$

中任一元素 $ax_i \bmod n(i=1, 2, \cdots, \varphi(n))$，由于

$$\gcd(a, n)=1 \text{ 且 } \gcd(x_i, n)=1$$

所以 $\gcd(ax_i, n)=1$。加之 $ax_i \bmod n<n$，故 $ax_i \bmod n\in R$，进而 $aR \bmod n\subseteq R$。

又因为对于任意的 $x_i, x_j\in R$ 且 $x_i\neq x_j$，都有 $ax_i \bmod n\neq ax_j \bmod n$。否则，若 $ax_i \bmod n=ax_j \bmod n$，那么由于 $\gcd(a,n)=1$，根据消去律可得 $x_i \bmod n=x_j \bmod n$，即 $x_i=x_j$，所以集合 $aR \bmod n$ 中没有相同的元素，因此 $aR \bmod n=R$。

令两个集合的全体元素相乘，则有

$$\prod_{i=1}^{\varphi(n)}(ax_i \bmod n)=\prod_{i=1}^{\varphi(n)}x_i$$

所以

$$a^{\varphi(n)}\prod_{i=1}^{\varphi(n)}x_i\equiv\prod_{i=1}^{\varphi(n)}x_i \bmod n$$

再由 $\gcd(x_i, n)=1(i=1, 2, \cdots, \varphi(n))$和消去律可得

$$a^{\varphi(n)}\equiv 1 \bmod n$$

由欧拉定理可得如下推论：

推论 1　若 p 为素数且 $\gcd(a,p)=1$，则有 $a^{\varphi(p)}=a^{p-1}\equiv 1 \bmod p$。这个结论又称为费尔马(Fermat)定理。

推论 2　若 $\gcd(a,n)=1$，显然有 $a^{\varphi(n)-1}\equiv a^{-1} \bmod n$，$a^{\varphi(n)+1}\equiv a \bmod n$；对于 $n=p$ 为

素数的情况，有 $a^p \equiv a \bmod p$，$a^{p-2} \equiv a^{-1} \bmod n$。

推论 3 设 $n=pq$ 且 p 和 q 为素数，$a \in \mathbb{Z}$，如果 $\gcd(a, n)=p$ 或 q，则同样有 $a^{\varphi(n)+1} \equiv a \bmod n$。

根据欧拉定理，如果 $\gcd(a, n)=1$，则至少存在一个整数 m 满足方程 $a^m \equiv 1 \bmod n$，例如 $m=\varphi(n)$。

称满足方程 $a^m \equiv 1 \bmod n$ 的最小正整数 m 为 a 模 n 的阶。例如，若 $a=5$，$n=11$，则有 $5^1 \equiv 5 \bmod 11$，$5^2 \equiv 3 \bmod 11$，$5^3 \equiv 4 \bmod 11$，$5^4 \equiv 9 \bmod 11$，$5^5 \equiv 1 \bmod 11$，则 5 模 11 的阶为 5。

如果 a 模 n 的阶 $m=\varphi(n)$，则称 a 为 n 的本原根或者本原元。显然，5 不是 11 的本原根。

由本原根的定义和模运算的性质可知，如果 a 是 n 的本原根，那么 a，a^2，…，$a^{\varphi(n)}$ 在模 n 下互不相同且都与 n 互素；如果 $n=p$ 为素数，则有 a，a^2，…，a^{p-1} 在模 p 下互不相同且都与 p 互素，即

$$\{a \bmod p, a^2 \bmod p, \cdots, a^{p-1} \bmod p\}=\{1, 2, \cdots, p-1\}=\mathbb{Z}_p^*$$

并非所有的正整数都有本原根，且有本原根的整数，其本原根也不一定唯一。只有以下形式的正整数才有本原根：

$$2, 4, p^\alpha, 2p^\alpha$$

其中，p 为奇素数，α 为正整数。

例如，7 有两个本原根，分别是 3 和 5。

2.1.4 几个有用的算法

1. 欧几里得算法

在 2.1.2 节中，我们给出了模运算下的乘法逆元概念，求模运算下的乘法逆元是数论中常用的一种技能。由欧拉定理，我们知道，若整数 a 与 n 互素，则 $1 \equiv a^{\varphi(n)} \bmod n$，那么 $a^{-1} \equiv a^{\varphi(n)-1} \bmod n$，但如果 n 不是素数，则不容易求出 $\varphi(n)$，所以这种方法在多数情况下不适用。

现在求乘法逆元最有效的方法是欧几里得算法。基本的欧几里得算法可以方便地求出两个整数的最大公因子，扩展的欧几里得算法不仅可以求两个整数的最大公因子，在这两个整数互素的情况下，还可以求出其中一个数模另一个数的乘法逆元。

1）基本的欧几里得算法

欧几里得(Euclid)算法基于一个基本事实：对任意两个整数 a 和 b(设 $a>b>0$)，有 $\gcd(a, b)=\gcd(b, a \bmod b)$。

注：若其中有负整数，则可以通过其绝对值来求它们的最大公因子；若其中一个为 0，则最大公因子为非 0 的那一个；若两个都为 0，则最大公因子无意义。

证明 对于任意两个整数 a 和 b，一定存在整数 k，满足

$$a \equiv (kb+a) \bmod b$$

设 d 是 a 与 b 的任一公因子，故 $d|a$ 且 $d|b$，所以 $d|(a-kb)$，即 $d|(a \bmod b)$。因此，d 是 b 与 $a \bmod b$ 的公因子。

同理，若 d 是 b 与 $a \bmod b$ 的公因子，则 d 也是 a 与 b 的公因子。

所以 a 与 b 的全部公因子和 b 与 $a \bmod b$ 的全部公因子完全相同，因此它们的最大公因子也相同，即

$$\gcd(a, b)=\gcd(b, a \bmod b)$$

在计算两个整数的最大公因子时，可以重复使用上面的结论，直到余数变为 0，这个过程称为辗转相除。通过辗转相除求最大公因子的过程可表示如下：

$$\begin{aligned} a &= k_0 b + r_0 \\ b &= k_1 r_0 + r_1 \\ r_0 &= k_2 r_1 + r_2 \\ &\vdots \\ r_{n-2} &= k_n r_{n-1} + r_n \\ r_{n-1} &= k_{n+1} r_n + 0 \end{aligned}$$

其中，$r_0 \equiv a \bmod b$，$r_1 \equiv b \bmod r_0$，$r_i \equiv r_{i-2} \bmod r_{i-1}(i=2, 3, \cdots, n)$。由于 $r_0>r_1>r_2>\cdots \geqslant 0$ 且它们皆为整数，所以上面的带余除法在经过有限步后余数必为 0。最后，当余数为 0 时，有 $\gcd(r_n, 0)=r_n$。再倒推回来，可得 $r_n=\gcd(r_n, 0)=\gcd(r_{n-1}, r_n)=\gcd(r_{n-2}, r_{n-1})=\cdots=\gcd(r_0, r_1)=\gcd(b, r_0)=\gcd(a, b)$，即辗转相除到余数为 0 时，其前一步的余数即为要求的最大公因子。

欧几里得算法就是使用辗转相除法求两个整数最大公因子的简化过程。例如，$\gcd(30, 12)=\gcd(12, 6)=\gcd(6, 0)=6$。

欧几里得算法描述如下(假定输入的两个整数 $a>b>0$)：

```
EUCLID (a, b)
        X←a; Y←b;
LABEL: if Y=0 then return X;
        R=X mod Y;
        X←Y; Y←R;
        goto LABEL.
```

【例 2.2】 用辗转相除法求 1970 和 1066 的最大公因子。

解

1970=1×1066+904

1066=1×904+162

904=5×162+94

162=1×94+68

94=1×68+26

68=2×26+16

26=1×16+10

16=1×10+6

10=1×6+4

6=1×4+2

4=2×2+0

显然 gcd(2, 0)=2，因此 gcd(1970, 1066)=2。

2）扩展的欧几里得算法

基本的欧几里得算法不仅可以求出两个整数 a 和 b 的最大公因子 $\gcd(a, b)$，而且还可以进一步求出方程 $sa+tb=\gcd(a, b)$ 的一组整数解(注意 s，t 不唯一)。具体方法是将欧几里算法倒推回去，由辗转相除过程中的倒数第二行可得

$$\gcd(a, b)=r_n=r_{n-2}-r_{n-1}k_n$$

即 $\gcd(a, b)$ 可表示成 r_{n-2} 和 r_{n-1} 的整系数线性组合。再由辗转相除过程中的倒数第三行可得

$$r_{n-1}=r_{n-3}-r_{n-2}k_{n-1}$$

代入式 $\gcd(a, b)=r_n=r_{n-2}-r_{n-1}k_n$，可得

$$\gcd(a, b)=k_n r_{n-3}-(1+k_n k_{n-1})r_{n-2}$$

即 $\gcd(a, b)$ 可表示成 r_{n-3} 和 r_{n-2} 的整系数线性组合。如此下去，最终可将 $\gcd(a, b)$ 表示成 a 和 b 的整系数线性组合，即

$$\gcd(a, b)=sa+tb$$

如果 a 与 b 互素，即 $\gcd(a, b)=1$，则有 $1=sa+tb$，所以 $sa=1 \bmod b$，因此 $s=a^{-1} \bmod b$。

扩展的欧几里得算法不仅能够求出 $\gcd(a, b)$，而且当 $\gcd(a, b)=1$ 时，它还能求出 $a^{-1} \bmod b$。

扩展的欧几里得算法描述如下所示。

Extended EUCLID(a, b):

$(X_1, X_2, X_3) \leftarrow (1, 0, b)$; $(Y_1, Y_2, Y_3) \leftarrow (0, 1, a)$;

LABEL: if $Y_3=0$ then return$\{X_3=\gcd(a, b)$; NO INVERSE$\}$.

if $Y_3=1$ then return$\{Y_3=\gcd(a, b)$; $Y_2=a^{-1} \bmod b$; $Y_1=b^{-1} \bmod a\}$.

$Q=\left\lfloor \dfrac{X_3}{Y_3} \right\rfloor$

$(T_1, T_2, T_3) \leftarrow (X_1-QY_1, X_2-QY_2, X_3-QY_3)$;

$(X_1, X_2, X_3) \leftarrow (Y_1, Y_2, Y_3)$;

$(Y_1, Y_2, Y_3) \leftarrow (T_1, T_2, T_3)$;

goto LABEL.

算法中，Q 即为 X_3 除以 Y_3 的商，故 X_3-QY_3 就是 X_3 除以 Y_3 的余数 $X_3 \bmod Y_3$。与基本的欧几里得算法一样，这里的 X_3 与 Y_3 通过中间变量 T_3 辗转相除，最终产生 a 与 b 的最大公因子 $\gcd(a, b)$。

算法中的变量之间有如下关系：

$$bX_1+aX_2=X_3$$

$$bY_1+aY_2=Y_3$$

$$bT_1+aT_2=T_3$$

如果 $\gcd(a, b)=1$，则在最后一轮循环中 $Y_3=1$。因此，$bY_1+aY_2=1$，进而 $aY_2 \equiv 1 \bmod b$，$Y_2 \equiv a^{-1} \bmod b$，或者 $bY_1 \equiv 1 \bmod a$，$Y_1 \equiv b^{-1} \bmod a$。

【例 2.3】 用扩展的欧几里得算法求 $\gcd(550, 1769)$，$550^{-1} \bmod 1769$ 和 $1769^{-1} \bmod 550$。

解 算法的运行结果和各个中间变量的变化情况如表 2-1 所示。

表 2-1 例 2.3 的运算情况

循环次数	Q	X_1	X_2	X_3	$Y_1(T_1)$	$Y_2(T_2)$	$Y_3(T_3)$
初值	—	1	0	1769	0	1	550
1	3	0	1	550	1	−3	119
2	4	1	−3	119	−4	13	74
3	1	−4	13	74	5	−16	45
4	1	5	−16	45	−9	29	29
5	1	−9	29	29	14	−45	16
6	1	14	−45	16	−23	74	13
7	1	−23	74	13	37	−119	3
8	4	37	−119	3	−171	550	1

由此可见，$\gcd(550, 1769)=1$，$550^{-1} \bmod 1769 \equiv 550$，$1769^{-1} \bmod 550 \equiv -171 \equiv 379$。

2. 快速指数算法

在 RSA 等公钥密码算法中，经常遇到大量的底数和指数均为大整数的模幂运算。如果按模幂运算的含义直接计算，一方面可能由于中间结果过大而超过计算机允许的整数取值范围，另一方面其运算工作量也是让人难以忍受的。

要有效解决这个问题，可以从以下两个方面着手：

(1) 利用模运算的性质，即

$$a^m \bmod n \equiv (a^u \bmod n \times a^v \bmod n) \bmod n$$

其中，$m=u+v$。

(2) 提高指数运算的有效性。例如，通过计算出 x，x^2，x^4，x^8，x^{16}，可以方便地组合出指数在 1～31 之间的任何一个整数次幂，并且最多只需 4 次乘法运算即得出答案。

一般地，求 a^m 可以通过如下快速指数算法完成，其中 a 和 m 是正整数。

将 m 表示成二进制的形式

$$m=(b_k b_{k-1} \cdots b_0)_2$$

即

$$m=\sum_{b_i \neq 0} 2^i \quad (i=0, 1, \cdots, k)$$

因此，有

$$a^m = a^{\sum\limits_{b_i \neq 0} 2^i} = \prod_{b_i \neq 0} a^{2^i} \quad (i=0, 1, \cdots, k)$$

所以

$$a^m \bmod n \equiv \left(\prod_{b_i \neq 0} a^{2^i}\right) \bmod n \equiv \prod_{b_i \neq 0} (a^{2^i} \bmod n) \quad (i=0, 1, \cdots, k)$$

因此，计算 a^m 的快速指数算法如下：

```
c=0; d=1
for i=k downto 0 do
{
    c=2×c;
    d=(d×d) mod n;
    if b_i=1 then {
                c=c+1;
                d=(d×a) mod n }
}
return  d.
```

上面的算法中，变量 c 表示指数的变化情况，其终值是 m；变量 d 表示相对于指数 c 的幂的变化情况，其终值就是所求的 a^m。其实，变量 c 完全可以去掉，但也可以通过 c 的值来判断 d 是否达到最终结果 a^m。

【例 2.4】 用快速指数算法计算 $2007^{2008} \bmod 2009$。

解 将 2008 表示成二进制的形式，即 $2008=(11111011000)_2$。算法的运行情况如表 2-2 所示。

表 2-2 例 2.4 的运算情况

i		10	9	8	7	6	5	4	3	2	1	0
b_i		1	1	1	1	1	0	1	1	0	0	0
c	0	1	3	7	15	31	62	125	251	502	1004	2008
d	1	2007	2001	1881	1385	740	1152	1690	1396	86	1369	1773

所以，$2007^{2008} \bmod 2009 \equiv 1773$。

3. 素性检测算法

判定一个给定的整数是否为素数的问题被称为素性检测。目前，对于大整数的素性检测问题还没有简单直接的通用方法，在这里介绍一个概率检测算法。先介绍一个引理。

引理 2.1 如果 p 是大于 2 的素数，则方程 $x^2 \equiv 1 \bmod p$ 的解只有 $x \equiv \pm 1 \bmod p$。

证明 由 $x^2 \equiv 1 \bmod p$ 得 $x^2-1 \equiv 0 \bmod p$

所以

$$(x+1)(x-1) \equiv 0 \bmod p$$

因此，有 $p \mid (x+1)$，或 $p \mid (x-1)$，或 $p \mid (x+1)$ 且 $p \mid (x-1)$。

事实上，$p \mid (x+1)$ 且 $p \mid (x-1)$ 是不可能的，如果 $p \mid (x+1)$ 与 $p \mid (x-1)$ 同时成立，则存在两个整数 s，t 满足

$$x+1=sp$$
$$x-1=tp$$

两式相减，得到

$$2=(s-t)p$$

对大于 2 的素数 p 和整数 s，t，这是不可能的。因此，只能有 $p|(x+1)$或者 $p|(x-1)$。

由 $p|(x+1)$可得，$x+1=kp$，故 $x\equiv-1 \bmod p$。

同理，由 $p|(x-1)$可得 $x\equiv 1 \bmod p$。

所以，如果 p 是大于 2 的素数，则方程 $x^2\equiv 1 \bmod p$ 的解只有 $x\equiv\pm 1 \bmod p$。

此引理的逆否命题为：如果方程 $x^2\equiv 1 \bmod p$ 存在非±1(模 p)的解，则 p 不是大于 2 的素数。例如，$3^2 \bmod 8\equiv 1$，所以 8 不是素数。

上述引理的逆否命题就是著名的 Miller-Rabin 素性检测算法的基本依据之一。下面给出 Miller-Rabin 素性检测算法的基本描述。

```
Miller-Rabin(a, n):
represent(n−1) as binary b_k b_{k−1}…b_0;
d←1;
for i=k downto 0 do
{
    x←d;
    d←(d×d) mod n;
    if(d=1) and (x≠1) and (x≠n−1) then return TRUE;
    if b_i=1 then d←(d×a) mod n
}
if d≠1 then return TRUE;
return FALSE.
```

此算法的两个输入中，n 是待检测的数，a 是小于 n 的整数。如果算法的返回值为 TRUE，则 n 肯定不是素数；如果返回值为 FALSE，则 n 有可能是素数。

容易看出，在 for 循环结束时，$d\equiv a^{n-1} \bmod n$，那么由费尔马定理可知，如果 n 为素数，则 d 为 1；反之，若 $d\neq 1$，则 n 不是素数，返回 TRUE。

由于 $n-1\equiv-1 \bmod n$，结合算法中变量 x 和 d 的联系，可知 for 循环体内的 if 条件$(d=1)$and$(x\neq 1)$and$(x\neq n-1)$意味着方程 $x^2\equiv 1 \bmod n$ 有非±1(模 n)的解。因此，根据前述引理易知 n 不是素数，算法返回 TRUE。

前述引理并不是充分必要条件，所以 Miller-Rabin 算法只是一种概率算法，如果该算法返回 FALSE，则只能说 n 有可能是素数。为了用足够大的概率确定 n 是素数，通常对 s 个不同的整数 a 重复调用 Miller-Rabin 算法，只要其中有一次算法返回 TRUE，则可以肯定 n 不是素数；如果算法每次都返回 FALSE，则以 $1-2^{-s}$的概率确信 n 就是素数。因此，当 s 足够大时，可以确定 n 就是素数。

2.1.5　中国剩余定理

1. 一次同余方程

给定整数 a，b，n，$n>0$，且 n 不能整除 a，则

$$ax\equiv b \bmod n$$

称为模 n 的一次同余方程，其中 x 为变量。

显然，如果一次同余方程 $ax\equiv b \bmod n$ 有解 $x=x'$，则必然存在某个整数 k，使得

$$ax'=b+kn$$

即

$$ax'-kn=b$$

因此，上面的一次同余方程有解的必要条件是

$$d|b \quad (\text{其中 } d=\gcd(a, n))$$

另一方面，假如 $d=\gcd(a, n)$ 且 $d|b$，那么由同余方程理论可知，满足一次同余方程 $ax\equiv b(\bmod n)$ 的 x 与满足同余方程 $\frac{a}{d}x\equiv\frac{b}{d}\bmod\frac{n}{d}$ 的 x 在取值上相同。因为 $\frac{a}{d}$ 与 $\frac{n}{d}$ 互素，$\left(\frac{a}{d}\right)^{-1}$ 存在，故方程 $\frac{a}{d}x\equiv\frac{b}{d}\bmod\frac{n}{d}$ 有解，则

$$x\equiv\left(\frac{a}{d}\right)^{-1}\frac{b}{d}\bmod\frac{n}{d}$$

所以方程 $ax\equiv b\bmod n$ 也有解。

这说明 $\gcd(a, n)|b$ 是一次同余方程 $ax\equiv b\bmod n$ 有解的充分必要条件。

定理 2.3 设整数 a，b，n，$n>0$，且 n 不能整除 a，令 $d=\gcd(a, n)$，那么

(1) 如果 d 不能整除 b，则一次同余方程 $ax\equiv b\bmod n$ 无解。

(2) 如果 $d|b$，则 $ax\equiv b\bmod n$ 恰好存在 d 个模 n 不同余的解。

证明 因为 $d|b$ 是一次同余方程 $ax\equiv b\bmod n$ 有解的充分必要条件，所以(1)是显然的。下面证明(2)。

当 $d|b$ 时，方程 $ax\equiv b\bmod n$ 有解，设解为 x_0，则一定存在整数 k_0，使得

$$ax_0-k_0n=b$$

那么对于任意整数 t，构造 $x_t=x_0+\frac{nt}{d}$ 和 $k_t=k_0+\frac{at}{d}$，则有

$$\begin{aligned} ax_t-k_tn &= a\left(x_0+\frac{nt}{d}\right)-\left(k_0+\frac{at}{d}\right)n \\ &= ax_0+\frac{ant}{d}-k_0n-\frac{ant}{d} \\ &= b \end{aligned}$$

即 $ax_t\equiv b\bmod n$，所以 x_t 也是方程 $ax\equiv b\bmod n$ 的解。由于 t 是任意的整数，当 $d|b$ 时，一次同余方程 $ax\equiv b\bmod n$ 有无穷个解。但由于 $\frac{nt}{d}$ 在模 n 下只有 d 个不相同的剩余类，且它们分别对应 $t=0, 1, \cdots, d-1$，所以一次同余方程 $ax\equiv b\bmod n$ 只有 d 个模 n 不同余的解。

此定理不仅告诉我们一次同余方程 $ax\equiv b\bmod n$ 是否有解，而且还给出有解时的解数和求解方法。

(1) 利用欧几里得算法求出 $d=\gcd(a, n)$，若 d 不能整除 b，则方程无解。

(2) 若 $d|b$，则同余方程 $\frac{a}{d}x\equiv\frac{b}{d}\bmod\frac{n}{d}$ 有唯一解 $x\equiv\left(\frac{a}{d}\right)^{-1}\frac{b}{d}\bmod\frac{n}{d}$。只要利用扩展的欧几里得算法求出 $\left(\frac{a}{d}\right)^{-1}$，就能计算出这个解，并记为 x_0。

(3) 上面算出的 x_0 同样也是同余方程 $ax\equiv b\bmod n$ 的一个解，再令 $x_t=x_0+\frac{nt}{d}\bmod n$，

并算出对应 $t=0, 1, \cdots, d-1$ 的值，即可得到同余方程 $ax \equiv b \bmod n$ 的全部 d 个模 n 不同余的解。

【例 2.5】 求解 $8x \equiv 12 \bmod 20$。

解 由于 god(8, 20)=4，且 4|12，故此方程有 4 个解。

先解方程

$$2x \equiv 3 \bmod 5$$

由于

$$2 \times 3 \equiv 1 \bmod 5$$

所以

$$2^{-1} \equiv 3 \bmod 5$$

所以可求出解

$$x_0 \equiv 2^{-1} \times 3 \bmod 5 \equiv 3 \times 3 \bmod 5 \equiv 4 \bmod 5$$

再令 $x_t = x_0 + \frac{20t}{4} \bmod 20$，且 $t=0, 1, 2, 3$，可求出

$$x_1 \equiv (4+5\times 1) \bmod 20 \equiv 9 \bmod 20$$
$$x_2 \equiv (4+5\times 2) \bmod 20 \equiv 14 \bmod 20$$
$$x_3 \equiv (4+5\times 3) \bmod 20 \equiv 19 \bmod 20$$

x_0，x_1，x_2，x_3 即同余方程 $8x \equiv 12 \bmod 20$ 的全体不同余的解。

2. 中国剩余定理

我们解决了一次同余方程的求解问题，如果进一步将若干个一次同余方程组成同余方程组，又该如何求解呢？这个问题是数论中的基本问题之一，我国古代数学家孙子给出了这个问题的答案，现在国际上一般称这个问题为中国剩余定理，国内称为孙子定理。这个定理告诉我们，如果知道某个整数关于一些两两互素的模数的余数，则可以重构这个数。

例如，如果已知 x 关于 5 和 7 的余数分别是 2 和 3，即 $x \bmod 5 \equiv 2$ 且 $x \bmod 7 \equiv 3$，则在 $\mathbb{Z}_{35}$ 范围内，x 的唯一取值是 17。同样，$\mathbb{Z}_{35}$ 中的每个数都可以用关于 5 和 7 的两个余数来重构。

定理 2.4（中国剩余定理） 设 $n_1, n_2, \cdots, n_k$ 是两两互素的正整数，那么对任意的整数 $a_1, a_2, \cdots, a_k$，一次同余方程组

$$x \equiv a_i \bmod n_i \quad (i=1, 2, \cdots, k)$$

在同余意义下必有唯一解，且这个解是

$$x \equiv \sum_{i=1}^{k} N_i N_i^{-1} a_i \bmod N$$

其中，$N = \prod_{i=1}^{k} n_i$，$N_i = \frac{N}{n_i}$，$N_i N_i^{-1} 1 \bmod n_i$，即 N_i^{-1} 是 N_i 关于模数 n_i 的逆（$i=1, 2, \cdots, k$）。

证明 先证此同余方程组在同余意义下不会有多个解。若此同余方程组有两个解 c_1 和 c_2，那么对所有 n_i（$i=1, 2, \cdots, k$）都有 $c_1 \equiv c_2 \equiv a_i \bmod n_i$，故 $c_1 - c_2 \equiv 0 \bmod n_i$，$n_i | (c_1 - c_2)$。又因为所有的 n_i（$i=1, 2, \cdots, k$）两两互素，所以 $N | (c_1 - c_2)$，即 $c_1 \equiv c_2 \bmod N$。因此，此同余方程组在同余意义下不可能有多个解。

再证 $x \equiv \sum_{i=1}^{k} N_i N_i^{-1} a_i \bmod N$ 就是此同余方程组的解。由于 $n_1, n_2, \cdots, n_k$ 两两互素，

所以 n_i 与 N_i 必然互素，因此 N_i 关于模数 n_i 的逆 N_i^{-1} 存在。另一方面，$N_jN_j^{-1}\equiv 1 \bmod n_j$，且若 $j\neq i$，则 $n_j|N_i$。因此

$$\sum_{i=1}^{k} N_iN_i^{-1}a_i \bmod n_j \equiv N_jN_j^{-1}a_j \bmod n_j \equiv a_j \bmod n_j \quad (j=1, 2, \cdots, k)$$

所以 $x\equiv \sum_{i=1}^{k} N_iN_i^{-1}a_i \bmod N$ 是此同余方程组的解。

综上，满足定理条件的同余方程组有唯一解 $x\equiv \sum_{i=1}^{k} N_iN_i^{-1}a_i \bmod N$。

现在来看我国古代《孙子算经》上的一个问题："今有物，不知其数，三三数之剩二，五五数之剩三，七七数之剩二，问物几何？"这个问题实际上就是求同余方程组

$$\begin{cases} x\equiv 2 \bmod 3 \\ x\equiv 3 \bmod 5 \\ x\equiv 2 \bmod 7 \end{cases}$$

的正整数解。书中给出满足这一问题的最小正整数解是 $x=23$，所用的解法就是中国剩余定理。因此，国际上所说的中国剩余定理也称为孙子剩余定理或孙子定理。实际上，所有模 $N=3\times5\times7=105$ 同余 23 的正整数都是上面问题的解。下面再看一个例子。

【例 2.6】 解同余方程组

$$\begin{cases} x\equiv 1 \bmod 3 \\ x\equiv 4 \bmod 5 \\ x\equiv 2 \bmod 7 \\ x\equiv 9 \bmod 11 \end{cases}$$

解 此同余方程组中，$n_1=3$，$n_2=5$，$n_3=7$，$n_4=11$ 满足中国剩余定理的条件。因此

$$N_1=5\times7\times11$$
$$N_2=3\times7\times11$$
$$N_3=3\times5\times11$$
$$N_4=3\times5\times7$$

下面计算它们的逆：

由于 $N_1 \bmod 3\equiv 2\times1\times2\equiv 1$，故可取 $N_1^{-1}\equiv 1 \bmod 3$；

由于 $N_2 \bmod 5\equiv 3\times2\times1\equiv 1$，故可取 $N_2^{-1}\equiv 1 \bmod 5$；

由于 $N_3 \bmod 7\equiv 3\times5\times4\equiv 4$，故可取 $N_3^{-1}\equiv 2 \bmod 7$；

由于 $N_4 \bmod 11\equiv 3\times5\times7\equiv 6$，故可取 $N_4^{-1}\equiv 2 \bmod 3$。

由中国剩余定理可知，原同余方程组的解为

$$\begin{aligned} x &\equiv \sum_{i=1}^{k} N_iN_i^{-1}a_i \bmod N \\ &\equiv [(5\times7\times11)\times1\times1+(3\times7\times11)\times1\times(-1)+(3\times5\times11)\times2\times2+ \\ &\quad (3\times5\times7)\times2\times(-2)] \bmod (3\times5\times7\times11) \\ &\equiv (385-231+660-420) \bmod 1155 \\ &\equiv 394 \bmod 115 \end{aligned}$$

2.1.6　模为素数的二次剩余

二次剩余是数论中一个非常重要的概念，许多数论问题都要用到二次剩余理论，这一小节我们来了解一下模为素数的二次剩余。

对于一般形式的二次同余方程

$$ax^2+bx+c\equiv 0 \bmod p$$

通过同解变形和变量代换，可化为

$$y^2\equiv d \bmod p \tag{2-1}$$

这里 $y\equiv(2ax+b) \bmod p$，$d\equiv(b^2-4ac) \bmod p$，p 为素数，a 是与 p 互素的整数。

当 $p|d$ 时，二次同余方程(2-1)仅有解 $y\equiv 0 \bmod p$，所以下面一直假定 p 与 d 互素。另外，如果素数 $p=2$，则仅可取 $d\equiv 1 \bmod 2$，这时方程(2-1)仅有解 $y\equiv 1 \bmod p$，故以下定义恒假定 p 为大于 2 的素数，即奇素数。

设 p 是奇素数，d 是与 p 互素的整数，如果方程

$$x^2\equiv d \bmod p$$

有解，则称 d 是模 p 的二次剩余或平方剩余，否则称 d 是模 p 的二次非剩余。

例如，$x^2\equiv 1 \bmod 7$ 有解 $x\equiv 1 \bmod 7$ 和 $x\equiv 6 \bmod 7$；

$x^2\equiv 2 \bmod 7$ 有解 $x\equiv 3 \bmod 7$ 和 $x\equiv 4 \bmod 7$；

$x^2\equiv 3 \bmod 7$ 无解；

$x^2\equiv 4 \bmod 7$ 有解 $x\equiv 2 \bmod 7$ 和 $x\equiv 5 \bmod 7$；

$x^2\equiv 5 \bmod 7$ 无解；

$x^2\equiv 6 \bmod 7$ 无解。

可见，在同余意义下模 7 的二次剩余有 3 个，分别同余 1，2 和 4；二次非剩余也有 3 个，分别同余 3，5 和 6。

容易证明，在同余意义下，模 p 二次剩余的全体与模 p 二次非剩余的全体在数量上相等，都是 $(p-1)/2$ 个，而且如果整数 d 是模 p 的二次剩余，那么在同余意义下 d 恰有两个模 p 的平方根。

下面给出一个从理论上判定整数 d 是否模 p 的二次剩余的方法，这个方法通常称为 Euler 判别法或 Euler 准则。

定理 2.5(Euler 准则)　设 p 是奇素数，d 是与 p 互素的整数，那么 d 是模 p 二次剩余的充要条件是

$$d^{(p-1)/2}\equiv 1 \bmod p$$

d 是模 p 非二次剩余的充要条件是

$$d^{(p-1)/2}\equiv -1 \bmod p$$

证明　先证对于任何与 p 互素的 d，$d^{(p-1)/2}\equiv 1 \bmod p$ 与 $d^{(p-1)/2}\equiv -1 \bmod p$ 有且仅有一式成立。由于 d 与 p 互素，由欧拉定理或费尔马定理可知

$$d^{(p-1)}\equiv 1 \bmod p$$

因此，有

$$(d^{(p-1)/2}+1)(d^{(p-1)/2}-1)\equiv 0 \bmod p$$

即

$$p\mid(d^{(p-1)/2}+1)(d^{(p-1)/2}-1)$$

由于 p 是奇素数，即 $p>2$，且

$$\gcd(d^{(p-1)/2}+1,\ d^{(p-1)/2}-1)\mid 2$$

所以

$$p\mid(d^{(p-1)/2}+1) \text{与} p\mid(d^{(p-1)/2}-1)$$

有且仅有一式成立，即 $d^{(p-1)/2}+1\equiv 0 \bmod p$ 与 $d^{(p-1)/2}-1\equiv 0 \bmod p$ 有且仅有一式成立，所以 $d^{(p-1)/2}\equiv -1 \bmod p$ 与 $d^{(p-1)/2}\equiv 1 \bmod p$ 有且仅有一式成立。

下面证明 d 是模 p 的二次剩余的充要条件是同余式 $d^{(p-1)/2}\equiv 1 \bmod p$ 成立。

先证必要性。若 d 是模 p 的二次剩余，则必定存在 x_0，使得

$$x_0^2\equiv d \bmod p$$

因而有

$$x_0^{p-1}\equiv d^{(p-1)/2} \bmod p$$

由于 d 与 p 互素，所以 x_0 也与 p 互素，由欧拉定理可知

$$x_0^{p-1}\equiv 1 \bmod p$$

所以

$$d^{(p-1)/2}\equiv 1 \bmod p$$

必要性得证。

再证充分性。设

$$d^{(p-1)/2}\equiv 1 \bmod p$$

成立，那么 d 与 p 必定互素。考查一次同余方程

$$kx\equiv d \bmod p$$

令 k 取遍 $\mathbb{Z}_n=\{1,\ 2,\ \cdots,\ p-1\}$ 中的每一个整数，则有 k 与 p 互素，且对每一个 k 上面的同余方程存在唯一的解 $x\in\mathbb{Z}_n$。如果 d 不是模 p 的二次剩余，则每一个 k 与对应的解 x 不相等。这样，$\mathbb{Z}_n$ 中的 $p-1$ 个数可以按 k 与 x 配对，且两两配完，共 $(p-1)/2$ 对。因此有

$$1\times 2\times\cdots\times(p-1)\equiv d^{(p-1)/2} \bmod p$$

由数论中的结论 $1\times 2\times\cdots\times(p-1)\equiv -1 \bmod p$，得

$$d^{(p-1)/2}\equiv -1 \bmod p$$

这个结果与前提条件矛盾，所以假设 d 不是模 p 的二次剩余是错误的，即如果 $d^{(p-1)/2}\equiv 1 \bmod p$，那么 d 必是模 p 的二次剩余。充分性得证。

由上面两部分的证明，可以推出 Euler 准则的剩余部分。

由 Euler 准则容易得出下面两个推论。

推论 1 -1 是模 p 的二次剩余，当且仅当 $p\equiv 1 \bmod 4$，这里 p 是奇素数。

推论 2 设 p 是奇素数，d_1，d_2 均与 p 互素，那么

(1) 若 d_1，d_2 均为模 p 的二次剩余，则 d_1d_2 也是模 p 的二次剩余。

(2) 若 d_1，d_2 均为模 p 的非二次剩余，则 d_1d_2 是模 p 的二次剩余。

(3) 若 d_1 是模 p 的二次剩余，d_2 是模 p 的非二次剩余，则 d_1d_2 是模 p 的非二次剩余。

Euler 准则告诉我们如何判定一个整数 d 是否模 p 的二次剩余(p 是奇素数)，但对于一个模 p 的二次剩余 d，如何求出 d 的两个平方根？求解这个问题没有简练的方法，这里我们给出一类特殊模数的平方根的求法。

定理 2.6 若 $p\equiv 3 \bmod 4$，d 是模 p 的二次剩余，那么 d 模 p 的两个平方根是

$$x\equiv \pm d^{(p+1)/4} \bmod p$$

证明 由于 d 是模 p 的二次剩余，由欧拉准则可知

$$d^{(p-1)/2}\equiv 1 \bmod p$$

所以，有

$$x^2\equiv(\pm d^{(p+1)/4})^2 \bmod p\equiv d^{(p+1)/2} \bmod p\equiv(d^{(p-1)/2}\times d) \bmod p\equiv 1 \bmod p$$

因此 $x\equiv \pm d^{(p+1)/4} \bmod p$ 是 d 模 p 的两个平方根。

2.1.7 $\mathbb{Z}_p$ 上的离散对数

设计公钥密码算法的关键是寻找一个符合密码学要求的陷门单向函数，构造这样的陷门单向函数的思路主要有两种：一种思路是以 RSA 算法为代表的一类算法所使用的以大整数分解为基础的构造方法，另一种思路是利用离散对数来构造陷门单向函数。那么什么是离散对数呢？这里我们介绍一种最简单的离散对数，即建立在 $\mathbb{Z}_p$ 上的离散对数。

认识离散对数要从模指数运算开始，模指数函数为

$$y\equiv a^x \bmod p$$

其中，a，x，y 和 p 都是正整数，且在密码学里总是要求 p 为素数。

显然，在模指数函数中，如果已知 a，x 和 p，则很容易计算出函数值 y。现在反过来看问题，如果已知 y，a 和 p，能否求出 x 呢？或者说，能否找到 x，使之满足 $a^x\equiv y \bmod p$。这实际上就是模指数函数的反函数，也就是我们所说的离散对数，并且可将其表示成

$$y\equiv \log_a x \bmod p$$

由于这里要求 a，x，y 和 p 都是正整数，因此不是所有的离散对数都有解。例如，很容易验证方程 $3^x\equiv 7 \bmod 13$ 无解。也就是说离散对数 $y\equiv \log_3^7 \bmod 13$ 是无解的(在整数范围内)。

现在，在 $\mathbb{Z}_p$ 上考查模指数函数 $y\equiv a^x \bmod p$，令 $y=1$，则可得一个模指数方程

$$a^x\equiv 1 \bmod p$$

由欧拉定理可知，如果 $a\in \mathbb{Z}_p$，则有 a 与 p 互素，那么上面的模指数方程至少有一个解(比如 $x=\varphi(p)$)。在数论中将满足上述方程的最小正整数 x 称为 a 模 p 的阶。

a 模 p 的阶一定是 $\varphi(p)$的因子。

这是因为，假如 a 模 p 的阶(记为 m)不是 $\varphi(p)$的因子，则 $\varphi(p)$可表示成

$$\varphi(p)=km+r \quad (\text{其中 } 0<r<m)$$

那么

$$a^{\varphi(n)}\equiv a^{km+r}\equiv(a^m)^k a^r\equiv a^r\equiv 1 \bmod p$$

即

$$a^r\equiv 1 \bmod p$$

这与 m 是 a 模 p 的阶矛盾。

如果 a 模 p 的阶等于 $\varphi(p)$，则称 a 是 p 的本原根。由于 $\varphi(p)=p-1$，所以当 a 是 p

的本原根时，有 a^1，a^2，…，a^{p-1} 在同余意义下互不相同，且都与 p 互素。也就是说，当 $x\in\mathbb{Z}_p^*=\{1, 2, \cdots, p-1\}$ 时，模指数函数 $y\equiv a^x \bmod p$ 是 $\mathbb{Z}_p^*$ 到 $\mathbb{Z}_p^*$ 的一一映射。

下面给出离散对数的严格定义。

设 p 是素数，正整数 a 是 p 的本原根，那么对 $\forall y\in\{1, 2, \cdots, p-1\}$，必定存在唯一的 $x\in\{1, 2, \cdots, p-1\}$，使得 $y=a^x \bmod p$。此时称 x 为模 p 下以 a 为底 y 的离散对数，记为 $x\equiv\log_a y \bmod p$，但习惯上仍然写成 $y\equiv\log_a x \bmod p$。

离散对数有如下性质：

性质 1　$\log_a 1\equiv 0 \bmod p$。

性质 2　$\log_a a\equiv 1 \bmod p$。

性质 3　$\log_a xy \bmod p\equiv(\log_a x \bmod p+\log_a y \bmod p) \bmod \varphi(p)$。

上述性质 1 和性质 2 可以由关系式 $a^0\equiv 1 \bmod p$，$a^1\equiv a \bmod p$ 直接得出。

性质 3 的证明需要用到如下引理。

引理 2.2　设 a 与 p 为互素的正整数，如果 $a^m\equiv a^n \bmod p$，则有 $m\equiv n \bmod \varphi(p)$。

因为 a 与 p 互素，所以 a 存在模 p 的逆元 a^{-1}。同余式 $a^m\equiv a^n \bmod p$ 两边同乘 $(a^{-1})^n$，得到

$$a^{m-n}\equiv 1 \bmod p$$

又由欧拉定理知

$$a^{\varphi(p)}\equiv 1 \bmod p$$

所以一定存在整数 k，使得

$$m-n=k\varphi(p)$$

即

$$m\equiv n \bmod \varphi(p)$$

现在证明性质 3。

证明　由离散对数的定义可知：

$$x\equiv a^{\log_a x \bmod p} \bmod p$$

$$y\equiv a^{\log_a y \bmod p} \bmod p$$

$$xy\equiv a^{\log_a xy \bmod p} \bmod p$$

所以

$$a^{\log_a xy \bmod p} \bmod p\equiv xy\equiv a^{\log_a x \bmod p} \bmod p\times a^{\log_a y \bmod p} \bmod p$$

由模运算的性质可得

$$a^{\log_a xy \bmod p}\equiv a^{\log_a x \bmod p}\times a^{\log_a y \bmod p} \bmod p\equiv a^{\log_a x \bmod p+\log_a y \bmod p} \bmod p$$

根据前面的引理，有性质 3：

$$\log_a xy \bmod p\equiv(\log_a x \bmod p+\log_a y \bmod p) \bmod \varphi(p)$$

前面已经提到，如果已知 a，x 和 p，那么使用快速指数算法可以很容易地计算出函数 $y\equiv a^x \bmod p$，但如果已知 a，y 和 p，能不能轻易地计算出离散对数 $x\equiv\log_a y \bmod p$ 呢？现在的回答是很困难，目前已知的求离散对数问题的最好算法的时间复杂度为 $O\left(\exp\sqrt[3]{\left[\sqrt[3]{\ln p}\times\ln(\ln p)\right]^2}\right)$。因此，当 p 很大时，计算离散对数在时间上是不可行的，也正是这个原因使离散对数可以用于设计单向陷门函数。

2.2 计算复杂性问题

Oded Goldreich 在他的著作 *Foundations of Cryptography*：*Basic Tools* 提到了定义“安全”的两种途径：基于信息论的经典方法和基于计算复杂性的现代方法。利用信息论考查安全，主要手段是度量密文中包含明文的信息量；而采用计算复杂性讨论安全，则是给出破解密文的难度，即是否能有效获取明文的完整信息。某些问题，如公钥加密体制，是不能用传统的信息论方法来研究的。随着计算复杂性和密码学研究的相互融合，计算复杂性方法成为研究密码学所必须掌握的工具。本章简要介绍确定型图灵机、非确定型图灵机、概率图灵机这 3 个基本计算模型，在此基础上讨论非确定性多项式时间完全问题和加密体制是否安全之间的关系，以及多项式时间不可区分性。

2.2.1 确定性多项式时间

1. 算法效率分析

算法(Algorithm)就是在有限步骤内求解某一问题所使用的一组定义明确的规则。前面已经介绍了几种算法，但未对其做详细的效率分析。本节主要给出衡量算法效率的方法，它是后续几节的基础。

一般而言，分析某算法的效率存在如下两个指标：

(1) 时间复杂度(Time Complexity)：该算法完全运行所需运算时间的多少。

(2) 空间复杂度(Space Complexity)：该算法完全运行所需存储空间的大小。

在理论和实际中，由于使用者更关心问题解决的快慢，所以时间复杂度更为重要。随着技术的发展，存储设备的价格不断下降，对空间复杂度的关注越来越少。

衡量时间复杂度最精确也最原始的办法是在某台计算机上执行算法，经过测量后得到关于它的评价。但这种时间复杂度的测试与具体机器有关，不同的计算机有不同的性能和结构，测量值自然不同。即便在同一台计算机上，算法的每次执行时间也会有一些偏差。为此，对时间复杂度的渐进分析是必要的。

插入排序效率分析如下：

```
//这段程序对 int 型数组 a 进行插入排序，数组长度为 n
for (int i=0; i < n; i++)
{
    //每次把 a[i]插入到已经排好序的 a[0], a[1], …, a[i-1]中
    int temp=a[i];
    int j;
    for (j=i-1; (j >= 0) && (temp < a[j]); j--)
    a[j+1]=a[j];
    a[j+1]=temp;
}
```

显然，每一次循环的程序步数最少是 4，最多是 $2i+4$。整个程序在最好情况下需要执行 $4n$ 次，在最坏情况下需要执行 $\sum_{i=0}^{n-1}(2i+4)=n^2+3n$ 次。计算出其上下界可了解该算法的执行时间。

假定该算法执行 5 次插入操作，并且假设这 5 次操作的实际程序步数分别为 4，4，6，10，8，那么该操作序列的实际程序步数为 $4+4+6+10+8=32$。该指标和上下界有一定的差距，而复杂的算法，其时间复杂度变化可能相当大。为描述由于输入数据而导致的时间复杂度差异，可用平均时间复杂度描述，即设算法执行 i 步出现的概率为 p_i，则平均时间复杂度为 $\sum_{i=1}^{n}p_i i$ 。

与此对应，渐近时间复杂度存在最好情况、最坏情况和平均情况 3 种度量指标。

最坏情况下的时间复杂度渐进分析由 Hopcroft 和 Tarjan 最先提出，其目的是给算法分析一个不依赖具体硬件的定量方法。

假定 $f(n)$、$g(n)$ 均为非负函数，定义域均为 $\mathbb{N}$。问题的输入规模为 n，为描述渐进复杂度中的阶，定义如下渐进记号(Asymptotic Notation)：

O：当且仅当 $\exists c, n_0, \forall n(n\geqslant n_0\to f(n)\leqslant c\times g(n))$，称 $f(n)=O(g(n))$。

Ω：当且仅当 $\exists c, n_0, \forall n(n\geqslant n_0\to f(n)\geqslant c\times g(n))$，称 $f(n)=\Omega(g(n))$。

Θ：当且仅当 $f(n)=O(g(n))$ 与 $f(n)=\Omega(g(n))$，称 $f(n)=\Theta(g(n))$。

我们通常分析的是时间的渐进复杂度，需要估计出 $t(n)=O(t_{\text{asymptotic}}(n))$。$O$ 记号经常被采用(Paul Bachmann 于 1894 年引入)，因为它指出了算法时间的上界，也较好估算。更为精确的 Θ 记号大多时候较难计算，较少采用。此外，O 记号仅表示函数的上界，它不意味着最坏情况，各种情况下均有此记号。

一般而言，各种阶的增长速度不同，输入规模增大时，增长速度慢的阶可认为是快速算法。常用的阶按照增长速度递增排序为

$$O(c)<O(\log n)<O(n)<O(n\log n)<O(n^2)<O(2^n)<O(n!)<O(n^n)$$

其中，$O(c)$ 一般写为 $O(1)$，它是理论上的最佳算法；$O(n)$ 称为线性算法，它是实际中常见的最好算法；而 $O(n^n)$ 是最差算法，相当于穷举搜索。

多项式算法是有效算法，即时间复杂度为 $O(n^k)(k\in\mathbb{N})$ 的算法是有效算法。

2. 问题的难度

对于某个问题而言，需要对其难度进行描述。一个自然的想法是：该问题若存在有效算法，则认为它是较简单的问题，反之则认为它是较困难的问题。

1) 排序问题的难度

元素的排序问题可用堆排序(Heap Sort)解决，最坏情况下的时间复杂度为 $O(n\log n)$。注意到 $O(n\log n)$ 也是 $O(n^2)$，可知堆排序算法是有效算法，进而可认为排序问题是较简单的问题。事实上，基于比较方法的排序算法时间下界是 $\Omega(n\log n)$，堆排序也是解决排序问题的最好算法之一。

为引入更一般的定义，下面介绍图灵机(Turing Machine，TM)的概念，引入它的主要目的是形式化给出“计算”(Computation)的模型。

当然，计算模型不只 TM 一种，λ 演算、递归函数等都是计算模型，它们相互等价。计算理论领域对此有一个被普遍接受的论题，即著名的 Church-Turing 论题。

The Church-Turing Thesis(丘奇-图灵论题)在直观上可计算的函数类就是 TM(以及任意与 TM 等价的计算模型)可计算的函数类。

讨论计算模型时，首先对计算进行抽象。A. M. Turing 仔细研究了人类计算的过程，他把人类的计算抽象成计算者、笔、纸 3 个基本要素。Turing 认为只要存在这 3 个要素，即可模拟计算的全过程。假定存在某个旁观者，他不认识计算者所采用的符号，以他所看到的过程作为模拟，旁观者认为计算者一直在进行两种类型的操作：在纸上书写某些符号和把笔移动到纸上某位置。计算者采用的符号类型是有限的，他每次书写的符号可由纸上现有符号和他自身的状态决定。事实上，旁观者观察到的过程即是抽象化的计算过程。为方便以后的讨论，Turing 进一步把纸简化成一条无限长的纸带，该纸带由无限方格组成。计算者每次只能移动纸带或者改变某方格内的符号，并且他每一时刻只能处于某一特定状态，状态的变化就是计算者行为的抽象。

上面给出的这种简单的 TM 是确定性的，即确定型图灵机(Deterministic Turing Machine，DTM)。DTM 在给定输入数据后，其后它每一步的动作都可完全确定。每一时刻的 DTM 可用格局(Configuration)来描述，它包括纸带的内容、读写头的位置和控制器的状态。

一台 DTM 由如下要素组成，如图 2-1 所示。

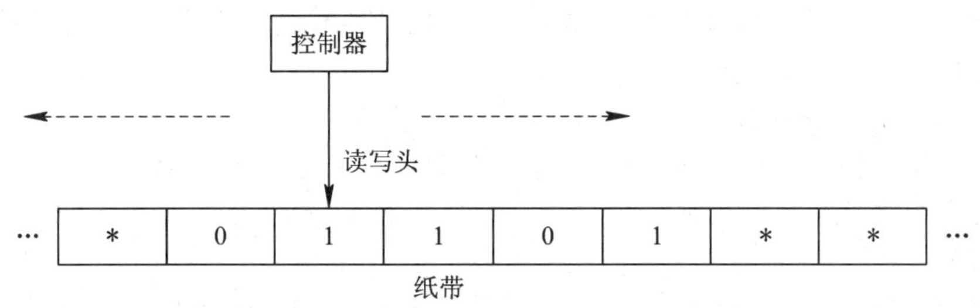

图 2-1 确定型图灵机

(1) 符号表 Σ：由有限个符号组成，包括标识空白的特殊字符 *。

(2) 可双向移动的无限长纸带：由无限个方格组成，方格上的符号均属于 Σ，除了有限个方格外，其他方格上的符号均为 *。

(3) 读写头：可在任一时刻对某个确定的方格进行操作。此读写头可向左(←)或向右(→)移动。

(4) 控制器：携带状态集 Γ，包括特定的起始状态 γ_0 和停机状态集 $\hbar$。

DTM 的计算可由转移函数(Transition Function)决定：

$$\delta: \Gamma\times\Sigma\rightarrow\Gamma\times\Sigma\times\{\leftarrow, \rightarrow\}$$

若控制器当前状态为 γ_n 且读写头指向方格内容为 σ_n，转移函数 $\delta(\gamma_n, \sigma_n)$ 可完成如下工作：

(1) 若 $\gamma_n\in\hbar$，则计算停止(也称停机)，否则确定控制器的下一步状态 γ_{n+1}。

(2) 修改读写头指向方格内容，将其改为 σ_{n+1}。

(3) 确定读写头移动的方向，要么向左(←)，要么向右(→)。

确定型图灵机模型易于理解：输入固定的程序和数据(此处隐含了冯·诺依曼结构中不区分程序和数据的思想)，然后 DTM 按照输入完全确定性地运行。不过 DTM 的构造相当复杂，在实际中往往采用更接近现实计算机的模型，如 RASP、RAM 等，它们均与 DTM 等效，此处不再赘述。

一般而言，DTM 如果停机，运行结果只能是两种：接受或不接受。于是停机状态集 $\hbar$ 可划分为接受状态集 $\hbar_Y=\{\gamma_T\}$与不接受状态集 $\hbar_N=\{\gamma_F\}$。接受格局(Accepting Configuration)意味着 DTM 停机时，控制器状态属于 $\hbar_Y$，DTM 不接受该输入就是控制器状态属于 $\hbar_N$。于是 DTM 可等价于一台能回答问题的机器，接受输入数据计算后仅可回答 Yes 或 No。至于 DTM 是否停机属于可计算性(Computability)领域所研究的问题，可参阅相关书籍。

表面上，DTM 只能以停机来表示接受输入的程序和数据，它是如何和日常使用的计算机等价呢？这需要引入判定问题(Decision Problem)。判定问题就是指问题的答案仅有 Yes 或 No。最优化问题均可转化为对应的判定问题，若该问题存在有效算法，当且仅当其对应的判定问题存在有效算法。

2) 最短路径问题的判定问题

最短路径问题的判定问题仅考虑路径长度均为非负整数的情况。定义判定问题为“是否存在长度小于等于 L 的路径？”容易计算出路径长度的上界 M，于是可对 L 从 0 开始递增到 M，给出一系列判定问题。解决每个判定问题，直到找到某个回答为 Yes 的 L，该值即为所求最短路径。利用此判定问题可解决最短路径问题。

对于一般的问题，可先将该问题转换成判定问题，然后利用 DTM 回答的答案解决。密码学中大量涉及的是离散优化问题，它们均可以转换成相应的判定问题，本章中的问题大部分为判定问题。一个粗略的结论是：DTM 的计算能力与日常使用的计算机等效。DTM 的输入称为语言(Language)，了解 DTM 的定义后，可给出较简单的问题的定义，即 P 是确定型图灵机上的具有有效算法的判定问题的集合。

DTM 是有效算法的模型表示，即任何确定性有效算法均可由 DTM 实现，且可以在多项式时间内运行，这就是多项式时间 Church-Turing 论题 (the Polynomial-Time Church-Turing Thesis)。

通过对 DTM 的讨论，可知 DTM 代表了计算的能力，于是问题的难度即可定义为：某问题存在有效算法则称之为易解的(Tractable)；如果不存在多项式算法则称之为难解的(Intractable)。该定义等价于：L 是易解的，当且仅当 $L\in P$。这就是著名的 Cook-Karp 论题。

例如，素性测试问题属于 P。2002 年 6 月，印度坎普尔理工学院(Indian Institute of Technology Kanpur)的 Manindra Agrawal、Neeraj Kayal 和 Nitin Saxena 发表了题为“PRIMES is in P”的论文，随后经过修改，在 2004 年的 *Annals of Mathematics* 上发表了修正后的“PRIMES is in P”。他们提出了一个确定性多项式算法，现在被命名为 AKS 算法或 Agrawal-Kayal-Saxena 算法。AKS 算法短小精悍，极漂亮地解决了素性测试问题。

2.2.2 非确定性多项式时间

如果所有的问题都存在有效算法，那么密码就没有存在的价值，因为破译密码可以通过有效算法轻易解决。事实上，大多数问题目前还未发现有效算法。这些未解决的问题中有一个巨大的问题子集，它们拥有共同的特点，即对于这些问题的正确答案能在多项式时间内验证。一个最简单的例子就是判定某数是否合数，如果有人声称找到了其约数，就可以在多项式时间内验证。计算机科学和密码学中可找到许多类似的问题，它们的集合称为NP。

当然也有大量问题是超出NP的。输出全排列就是一个超出NP的典型例子，该问题属于*P*-Space(Polynomial Space)。

容易验证*P*是NP的子集，但*P*是否NP的真子集呢？此问题被称为*P*=NP？问题，它是计算复杂性领域，甚至整个计算机科学理论的焦点问题。(注意：了解*P*的定义后，常有人认为NP是Non-Polynomial的缩写。事实上，这里的“N”是“非确定性”(Non-Deterministic)的缩写。如果NP是Non-Polynomial，有关*P*=NP？的讨论也将不复存在。)

可满足性问题(Boolean Satisfiability)为：给定某布尔表达式，是否存在某一组对其变量的真假赋值，使得该布尔表达式为真。此问题可在多项式内验证，所以它是NP问题。

例如，$S=((p_1 \vee p_2) \wedge p_3)$，需判断$p_1$，$p_2$，$p_3$在何种赋值下，可使$S$为真。当$p_1$，$p_2$，$p_3$在1，0，1情况下，可知$S$为真，易知该验证算法为有效算法。

目前给出的解决可满足性问题的算法均为指数算法，其上界为$O(2^n)$。这些算法的基本思路均为回溯(Back Tracking)。最简单的蛮力算法如图2-2所示。

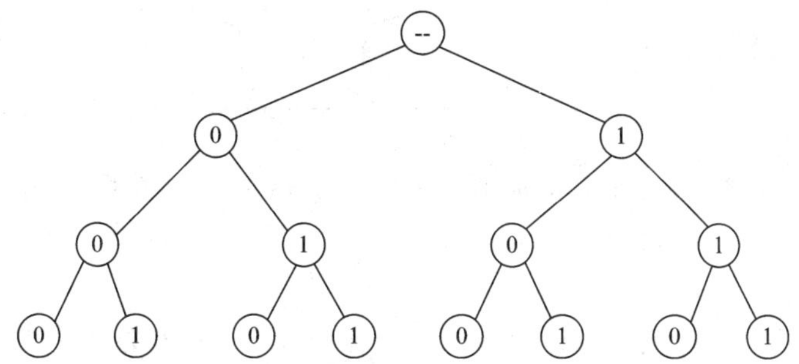

图2-2 可满足性问题的蛮力算法

该算法从根结点开始搜索，分别给p_1，p_2，p_3赋值为0或1，搜索每个可能的结点(可剪去某些不可能的子树)，最终得到是否可满足。

为介绍NP，下面简要描述关于非确定型图灵机(Non-deterministic Turing Machine，NTM)的概念，这里不给出其精确定义，仅给出它的两种直观解释。

(1) NTM会自动选择最优路径进行计算。在上面的可满足性问题中，可假定NTM拥有一个具有预测能力的神奇硬币，根据它抛掷后的结果进行选择：若是正面，则提示下一步该选择1；若是反面，则选择0。NTM在进行计算的时候，最优路径会提示给p_1，p_2，p_3赋值1，0，1。这样可利用此解答验证其可满足性。

(2) NTM在进行计算时，碰到需要选择的分支，则对自身进行复制，每个分支分配一个副本进行计算，这样只需要多项式时间即可判定其可满足性。

显然，NTM的计算能力极强，远远超出目前计算机的能力。它不可能对应通常意义上的算法，更不可能在目前的实际计算中实现。

NP是非确定型图灵机上的存在有效算法的判定问题的集合。

从NP的定义可看出，NP问题的本质不是多项式时间内可验证，而是在NTM上可找到有效算法。这意味着如果有相当“智能”的信息引导，有望对其获得突破，即能在DTM上找到有效算法，这是多数组合优化问题均不可回避的难点。

如果不用 NTM 进行描述，还可以仅从判定问题的角度来认识 NP。这样，P 问题是指能够在多项式时间求解的判定问题，而 NP 问题则是指那些"肯定解"(回答为是)能够在给定的正确信息下在多项式时间内验证的判定问题。

对于可满足性问题，目前仅能找到指数级的算法，一个很自然的问题就是，它存在有效算法吗？目前的回答是不确定。除此之外，还有一大批 NP 问题，目前既找不到有效算法，又不能确定它不存在有效算法。这类问题具有非常特殊的性质，即如果其中一个存在有效算法，那么此类问题均存在有效算法，这类问题统称为 NP 完全(NP-Complete，NPC)问题。

Cook 于 1971 年给出了第一个 NPC 问题，即可满足性问题。此后，大量 NPC 问题被发现，对它们的研究集中在寻找有效算法上，如果在其中一个问题上取得突破，那么 NPC 问题全部存在有效算法，并可确定 $P=\mathrm{NP}$。不过，大多数学者认为 NPC 问题不存在有效算法，也即假定 NPC 问题是难解的。图 2-3 给出了在此假设下 NP 中各类问题的关系。

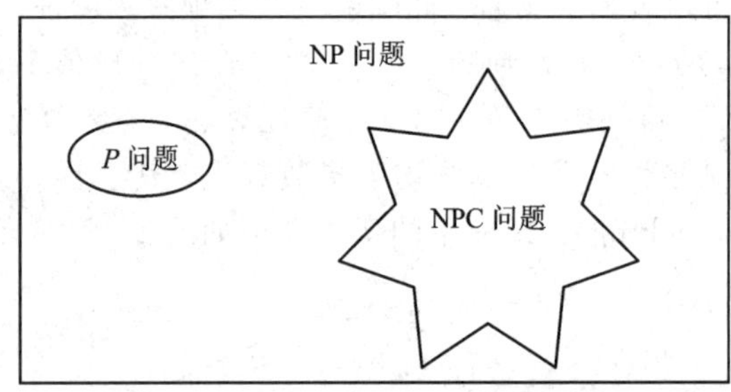

图 2-3　NP 中各类问题的关系

密码学家根据 NPC 问题是难解的假设，设计了相当多的加密体制。这些体制主要利用单向函数(One Way Function)的思想，原理是该类函数正向计算存在有效算法，其反向计算是难解问题。

一般而言，基于 NPC 问题设计的加密体制比较安全。值得注意的是，某些基于 NPC 问题设计的加密体制不甚安全，也已经被攻破。

Merkle-Hellman 加密体制(Cryptosystem)是最早提出的公钥密码体制，其本质是背包加密算法。该方法基于子集和问题(Subset Sum Problem)，即对于一个由正整数组成的集合和某个给定的数 Sum，是否存在该集合的某个子集，其元素之和恰好等于 Sum。子集和问题是 NPC 问题，从表面上看该体制很安全。1982 年，Shamir 利用 Lenstra-Lenstra-Lovász (L^3) 格基约简(Lattice Basis Reduction)算法破解了 Merkle-Hellman 加密体制。不过 Merkle-Hellman 加密体制的加密和解密速度很快，尽管它已被破解，但依然有其价值。需要指出，此问题的解决不等于 NPC 问题存在有效算法。

此外，有些加密算法所采用的 NP 问题虽然未被肯定是 NPC 问题，但在实践上得到了良好的应用。RSA 算法即是一个典型的例子，目前对其尚无有效算法。

2.2.3　概率多项式时间

NPC 问题目前虽然尚无有效算法，但该类问题在实际应用中经常出现，于是提出了两类算法来部分解决此类问题：概率算法(Probabilistic Algorithm)(也称随机算法(Randomized Algorithm))与近似算法(Approximation Algorithm)。密码学中经常用到概率算法，如何判定其优劣是本节所讨论的问题。

NTM 从本质上可认为是从不犯错的机器，它总能找到正确的路径。而人在预测中总会犯一定的错误，不同的人犯错误的可能性不同。一般来说，经验丰富的人犯的错误少，没有经验的人犯的错误多，这种现象可用他们犯错误的概率定量描述。

概率图灵机(Probabilistic Turing Machine，PTM)是一台总停机的 NTM，它在每个格局中至多有两个格局，从当前格局等可能地到达其中之一。PTM 停机的状态有 3 种：接受、不接受和未知。如果 PTM 停机在未知状态，称该计算无效。

如果 PTM 是多项式界限且没有未知状态，称该机为 PP 机(Probabilistic Polynomial-time Machine)，它能接受的语言类称为 PP。PP 机满足两类概率的界限：

输入 I 属于语言 L 时，PTM 识别该输入属于语言 L 的概率，这是一种正确概率，即

$$\Pr[\text{PTM recognizes } I\in L \mid I\in L]\geqslant \delta_C$$

输入 I 不属于语言 L 时，PTM 识别该输入属于语言 L 的概率，这是一种错误概率，即

$$\Pr[\text{PTM recognizes } I\in L \mid I\notin L]\leqslant \delta_E$$

理想情况下，δ_C 应当较大，δ_E 应当较小。为此规定两类界限分别满足：

$$\frac{1}{2}<\delta_C\leqslant 1$$

$$0\leqslant \delta_E<\frac{1}{2}$$

如果改变界限为$\frac{1}{2}<\delta_C<1$ 和 $0<\delta_E<\frac{1}{2}$，则 PTM 为 BPP 机(Bounded Probabilistic Polynomial-time Machine)，它所接受的语言类称为 BPP。

为了提高 PTM 的准确性，可将同一输入多次交给 PTM 执行。对其重复执行 n 次，若识别次数达到$\left\lfloor\frac{n}{2}\right\rfloor+1$ 以上，则认为该输入可识别。

采用重复执行的方案后，可证明

$$\Pr[\text{major of PTMs recognize } I\in L \mid I\in L]\to 1$$

$$\Pr[\text{major of PTMs recognize } I\in L \mid I\notin L]\to 0$$

这两个极限表明，如果运行次数足够多，便能得到接近于正确的结果。值得注意的是，运行次数越多，$\Pr[\text{PTM recognizes } I\in L \mid I\in L]$越高，$\Pr[\text{PTM recognizes } I\in L \mid I\notin L]$越低，此种算法的性能可用于解决实际问题。此外，可证明两类界限若为 1/2，两类概率则不能达到上面的极限。事实上，概率为 1/2 相当于随机猜测，没有任何经验知识支持，当然不能成功。

据此可给出一般意义下的有效算法的定义。

广义的有效算法，即在 DTM 或 PP 机下的多项式算法是有效算法。如果能找到这种意义下的有效算法用于破解密码，那么这种攻击也是相当有效的。

由于概率算法的特殊性，衡量它的指标不仅是效率，还必须从正确率的角度考查。这些指标均可从其运作机制考查。

由于该方案仅讨论接受的次数，易知 $\Pr[\text{PTM recognizes } I\in L \mid I\in L]$越大，所需要重复运行的次数越少，这意味着该算法速度快。而 $\Pr[\text{PTM recognizes } I\in L \mid I\notin L]$越小，表

明被 PTM 接受的计算犯错的概率越小，这意味着该算法的正确率高。依此可对概率算法做如下分类。

（1）Monte Carlo 算法。Monte Carlo 算法是满足下列特点的概率算法：

$$\Pr[\text{PTM recognizes } I\in L \mid I\in L]=1$$

$$\Pr[\text{PTM recognizes } I\in L \mid I\notin L]\leqslant \delta_E$$

这种算法的速度最快，但会犯一定的错误。它对应复杂性类 PP(Monte Carlo)。

（2）Las Vegas 算法。Las Vegas 算法是满足下列特点的概率算法：

$$\Pr[\text{PTM recognizes } I\in L \mid I\in L]\geqslant \delta_C$$

$$\Pr[\text{PTM recognizes } I\in L \mid I\notin L]=0$$

这种算法几乎完全正确，但速度较慢。它对应复杂性类 PP(Las Vegas)。

（3）Zero-sided-error 算法。Zero-sided-error 算法是满足下列特点的概率算法：

$$\Pr[\text{PTM recognizes } I\in L \mid I\in L]=1$$

$$\Pr[\text{PTM recognizes } I\in L \mid I\notin L]=0$$

Zero-sided-error 算法较为特殊，它的速度最快，也几乎完全正确。Zero-sided-error 算法对应复杂性类 ZPP。从定义上可知，ZPP 是 PP(Monte Carlo)与 PP(Las Vegas)的交集。

这些复杂性类之间满足如下关系：

$$\text{P}\subseteq\text{ZPP}\subseteq\begin{pmatrix}\text{PP(Monte Carlo)}\\ \text{PP(Las Vegas)}\end{pmatrix}\subseteq\text{BPP}\subseteq\text{PP}$$

2.2.4 多项式时间不可区分性

某些加密体制虽然暂时不存在有效算法，但这并不意味着它们是安全的。如果某人截获密文伪造后再发送，那么这种破坏力是相当大的。对付这种攻击，需要有效的辨认方法。更重要的是，在零知识证明和交互证明中，辨认或者验证是必须的。为此，本节简要介绍多项式时间不可区分性。

给定样本空间 S，所含样本数为 $|S|$，对其进行编码，长度最多为 $l=\log|S|$。若有两个随机序列集合 $A=\{a_1, a_2, a_3, \cdots\}$ 和 $B=\{b_1, b_2, b_3, \cdots\}$，需要判断语言来自哪个随机序列集合。一个自然的判断方法是要求对方给出一串序列 R，辨认者对其进行辨认进而做出判断。为保证算法的有效性，序列长度不得超过某个多项式 $P(l)$，辨认算法也必须是有效算法。

下面给出两类条件概率的定义：

当序列 R 来自集合 A 时，辨认者判断该序列来自 A 的概率记为 $\Pr[A|R\Leftarrow A]$，辨认者判断该序列来自 B 的概率记为 $\Pr[B|R\Leftarrow A]$。

当序列 R 来自集合 B 时，辨认者判断该序列来自 A 的概率记为 $\Pr[A|R\Leftarrow B]$，辨认者判断该序列来自 B 的概率记为 $\Pr[B|R\Leftarrow B]$。

若 $\Pr[A|R\Leftarrow A]$ 和 $\Pr[B|R\Leftarrow A]$ 相差较大，可认为当序列 R 来自集合 A 时，辨认者的判断基本正确。若 $\Pr[A|R\Leftarrow B]$ 和 $\Pr[B|R\Leftarrow B]$ 相差较大，可认为当序列 R 来自集合 B 时，辨认者的判断基本正确。

根据这两类条件概率的差异，可给出如下判断标准：

$$\text{diff}=\min\{|\Pr[A|R\Leftarrow A]-\Pr[B|R\Leftarrow A]|, |\Pr[A|R\Leftarrow B]-\Pr[B|R\Leftarrow B]|\}$$

显然，diff 与输入规模 l 有关，若对相当大的 M，$\inf\limits_{l>M}\{\text{diff}\}>0$，可认为辨认者做出有效的判断，这种多项式时间内完成的辨认称之为有效辨认。在实际中，对相当大的 M，diff 不至于忽略即可。

多项式时间不可区分性(Polynomial-time Indistinguishability)：给定两个随机序列集合 $A=\{a_1, a_2, a_3, \cdots\}$ 和 $B=\{b_1, b_2, b_3, \cdots\}$，若不存在辨认者能够对它们进行有效辨认，则称 A，B 多项式时间不可区分。

在计算复杂性领域，一个被广泛接受的假设是：存在多项式时间不可区分的随机序列集合。其特例是伪随机序列和真实随机序列的多项式时间不可区分性，即存在伪随机序列产生器，它产生的伪随机序列和真实随机序列是多项式时间不可区分的。这个假设相当有用，在密码学中许多判断均基于此。

习　　题

2-1　计算下列数值：$7503 \bmod 81$、$(-7503) \bmod 81$、$81 \bmod 7503$、$(-81) \bmod 7503$。

2-2　证明：

(1) $(a \bmod m \times b \bmod m) \bmod m \equiv (a\times b) \bmod m$；

(2) $[a\times(b+c)] \bmod m \equiv [(a\times b) \bmod m+(a\times c) \bmod m] \bmod m$。

2-3　求 25 的所有本原元。

2-4　求 $\mathbb{Z}_5$ 中各非零元素的乘法逆元。

2-5　求 $\varphi(100)$。

2-6　利用中国剩余定理求解：

$$\begin{cases} x\equiv 2 \bmod 3 \\ x\equiv 1 \bmod 5 \\ x\equiv 1 \bmod 7 \end{cases}$$

2-7　什么是计算复杂性？它在密码学中有什么意义？

第3章

古典密码

古典密码(Classical Cipher)是密码学的渊源。虽然古典密码比较简单而且容易破译，但研究古典密码的设计原理和分析方法对理解、分析、设计现代密码是十分有益的。

古典密码大多是以单个字母为作用对象的加密法，本章简要介绍一些典型的古典密码体制(Classical Cipher System)，并在此基础上对古典密码学进行分析，给出密码分析学的基本概念和原理。

3.1 古典密码体制

本节介绍几种古典密码体制。

3.1.1 棋盘密码

棋盘密码是公元前2世纪前后由希腊作家Polybius提出来的，在当时得到了广泛的应用。棋盘密码通过将26个英文字母加密成两位整数来达到加密目的的，棋盘密码的密钥是一个5×5的棋盘，将26个英文字母放置在里面，其中字母i和j被放在同一个方格中。将字母i和j放在同一个方格的原因是j是一个低频率字母，在明文中出现得很少，它可用i来替代而不影响文字的可读性。棋盘密码的密钥如图3-1所示。

	1	2	3	4	5
1	q	w	e	r	t
2	y	u	i/j	o	p
3	a	s	d	f	g
4	h	k	l	z	x
5	c	v	b	n	m

图3-1 棋盘密码的密钥

在给定了字母排列结果的基础上，每一个字母都会对应一个整数$\alpha\beta$，其中α是该字母所在行的标号，β是该字母所在列的标号。通过设计的棋盘可以对英文消息进行加密，例如，u对应的是22，f对应的是34。

【例3.1】 如果明文消息是

Information Security

则相应的密文序列是

23　54　34　24　14　55　31　15　23　24　54
32　13　51　22　14　23　15　21

解密时，应用相同的棋盘排列，根据密文给出的字母所在位置来恢复相应的明文消息。

棋盘密码的任一个密钥是 25 个英文字母(将字母 i 和 j 看成一个字母)在 5×5 的棋盘里的一种不重复排列。由于所有可能的排列有 25!种，所以棋盘密码的密钥空间大小为 25!。因此，对于棋盘密码，如果采用密钥穷举搜索的方法进行攻击，则计算量相当大。

尽管棋盘密码是用数字代替英文字母，但棋盘密码的加密机制决定了密文中的整数和明文中的英文字母具有相同的出现频率，加密结果并不能隐藏由于明文中英文字母出现的统计规律性导致的密文出现的频率特性，采用频率分析法可以发现棋盘密码的弱点并对其进行有效攻击。

3.1.2　移位密码

移位密码的加密对象为英文字母。移位密码采用对明文消息的每一个英文字母向前推移固定 key 位的方式来实现加密。换句话说，移位密码实现了 26 个英文字母的循环移位。由于英文共有 26 个字母，我们可以在英文字母表和 $\mathbb{Z}_{26}=\{0, 1, \cdots, 25\}$之间建立一一对应的映射关系，因此，可以在 $\mathbb{Z}_{26}$中定义相应的加法运算来表示加密过程。

移位密码中，当取密钥 key=3 时，得到的移位密码称为凯撒密码，这是因为该密码体制首先被 Julius Caesar 所使用。

移位密码的密码体制定义如下：

令 $M=C=K=\mathbb{Z}_{26}$，对任意的 key$\in \mathbb{Z}_{26}$，$x\in M$，$y\in C$，定义

$$e_{\text{key}}(x)\equiv(x+\text{key})\bmod 26$$
$$d_{\text{key}}(y)\equiv(y-\text{key})\bmod 26$$

在使用移位密码体制对英文字母进行加密之前，首先需要 26 个英文字母与 $\mathbb{Z}_{26}$中的元素建立一一对应关系，然后应用以上密码体制进行相应的加密计算和解密计算。

【例 3.2】　设移位密码的密钥为 key=7，英文字符与 $\mathbb{Z}_{26}$中的元素的对应关系如表 3-1 所示。

表 3-1　例 3.2 英文字符与 $\mathbb{Z}_{26}$中的元素对应关系表

A	B	C	D	E	F	G	H	I	J	K	L	M
00	01	02	03	04	05	06	07	08	09	10	11	12
N	O	P	Q	R	S	T	U	V	W	X	Y	Z
13	14	15	16	17	18	19	20	21	22	23	24	25

假设明文为 ENCRYPTION，则加密过程如下：

首先，将明文根据对应关系表映射到 $\mathbb{Z}_{26}$，得到相应的整数序列为

04　13　02　17　24　15　19　08　14　13

然后，对以上整数序列进行加密计算：

$$e_{\text{key}}(04)\equiv(04+7)\bmod 26\equiv 11$$
$$e_{\text{key}}(13)\equiv(13+7)\bmod 26\equiv 20$$
$$e_{\text{key}}(02)\equiv(02+7)\bmod 26\equiv 09$$
$$e_{\text{key}}(17)\equiv(17+7)\bmod 26\equiv 24$$
$$e_{\text{key}}(24)\equiv(24+7)\bmod 26\equiv 05$$
$$e_{\text{key}}(15)\equiv(15+7)\bmod 26\equiv 22$$
$$e_{\text{key}}(19)\equiv(19+7)\bmod 26\equiv 00$$
$$e_{\text{key}}(08)\equiv(08+7)\bmod 26\equiv 15$$
$$e_{\text{key}}(14)\equiv(14+7)\bmod 26\equiv 21$$
$$e_{\text{key}}(13)\equiv(13+7)\bmod 26\equiv 20$$

得到相应的整数序列为

11　20　09　24　05　22　00　15　21　20

最后，应用对应关系表将以上数字转化成英文字符，即得相应的密文为

LUJYFWAPVU

解密是加密的逆过程，计算过程与加密相似。首先应用对应关系表将密文字符转化成数字，再应用解密公式 $d_{\text{key}}(y)\equiv(y-\text{key})\bmod 26$ 进行计算。在本例中，将每个密文对应的数字减去 7，再和 26 进行取模运算，对计算结果使用原来的对应关系表即可还原成英文字符，从而解密出相应的明文。

移位密码的加密和解密过程的本质都是循环移位运算，由于 26 个英文字母顺序移位 26 次后还原，因此移位密码的密钥空间大小为 26，其中有一个弱密钥，即 key＝0。

由于移位密码中明文字符和相应的密文字符具有一一对应的关系，密文中英文字符的出现频率与明文中相应的英文字符的出现频率相同，加密结果也不能隐藏由于明文中英文字母出现的统计规律性导致的密文出现的频率特性，频率分析法可以发现移位密码的弱点并对其进行有效攻击。

3.1.3 仿射密码

仿射密码是移位密码的一个推广，其加密过程中不仅包含移位操作，而且使用了乘法运算。与移位密码相同，仿射密码的明文空间 M 和密文空间 C 均为 $\mathbb{Z}_{26}$，因此，在使用仿射密码体制对英文消息进行加密之前，需要 26 个英文字母与 $\mathbb{Z}_{26}$ 中的元素建立一一对应关系，然后才能应用仿射密码体制进行相应的加密计算和解密计算。

仿射密码的密码体制定义如下：

令 $M=C=\mathbb{Z}_{26}$，密钥空间 $K=\{(k_1, k_2)\in\mathbb{Z}_{26}\times\mathbb{Z}_{26}: \gcd(k_1, 26)=1\}$。对任意的密钥 $\text{key}=(k_1, k_2)\in K$，$x\in M$，$y\in C$，定义

$$e_{\text{key}}(x)\equiv(k_1x+k_2)\bmod 26$$
$$d_{\text{key}}(y)\equiv k_1^{-1}(y-k_2)\bmod 26$$

其中，k_1^{-1} 表示 k_1 在 $\mathbb{Z}_{26}$ 中的乘法逆，$\gcd(k_1, 26)=1$ 表示 k_1 与 26 互素。

根据数论中的相关结论，同余方程 $y\equiv(k_1x+k_2)\bmod 26$ 有唯一解 x，当且仅当 $\gcd(k_1, 26)=1$。当 $k_1=1$ 时，仿射密码就是移位密码，因此，移位密码是仿射密码的特例。仿射密码相当于在使用移位密码之前对明文做了一个一一变换。

【例 3.3】 设已知仿射密码的密钥 $k=(11, 3)$，则可知 $11^{-1} \bmod 26 \equiv 19$。假设明文字符对应的整数为 13，那么相应的密文字符对应整数的计算过程为

$$y \equiv (11 \times 13 + 3) \bmod 26 \equiv 16$$

解密过程可以表示为

$$x \equiv 19 \times (16 - 3) \bmod 26 \equiv 13$$

在 $\mathbb{Z}_{26}$ 中，满足条件 $\gcd(k_1, 26)=1$ 的 k_1 只有 12 个不同的值(它们分别是 1，3，5，7，9，11，15，17，19，21，23，25)，因此仿射密码的密钥空间大小为 $12 \times 26 = 312$，其中有 12 个弱密钥，即 k_1 取与 26 互素的 12 个数中的一个，且 $k_2=0$。由于仿射密码的密钥空间不大，使用穷举搜索的方式即可破解。

有关元素的乘法逆的具体计算方法，我们在第 2 章中给出了详细的计算过程。对于 $\mathbb{Z}_{26}$ 中与 26 互素的元素，相应的乘法逆为

$$1^{-1} \bmod 26 \equiv 1$$

$$3^{-1} \bmod 26 \equiv 9$$

$$5^{-1} \bmod 26 \equiv 21$$

$$7^{-1} \bmod 26 \equiv 15$$

$$11^{-1} \bmod 26 \equiv 19$$

$$17^{-1} \bmod 26 \equiv 23$$

$$25^{-1} \bmod 26 \equiv 25$$

上面给出的 $\mathbb{Z}_{26}$ 中与 26 互素的元素逆元结论很容易通过乘法逆的定义进行验证，如 $11 \times 19 = 209 \equiv 1 \bmod 26$。

仿射密码不能抵抗已知明文攻击。如果通过频率分析法能够确定出至少两个字母的替换，这时求解仿射变换方程组可以得到参数 k_1 和 k_2。例如，对使用仿射密码体制加密的密文，如果确定出明文“e”是由“c”表示，明文“t”是由“f”表示。将这些字母转换成数字，建立仿射变换方程组

$$\begin{cases} 2 \equiv (k_1 * 4 + k_2) \bmod 26 \\ 5 \equiv (k_1 * 19 + k_2) \bmod 26 \end{cases}$$

求解上述方程组，得到 $k_1=21$，$k_2=22$。

3.1.4　代换密码

移位密码可看成是对 26 个英文字母的一个简单置换，比移位密码稍微复杂一点的仿射密码是对 26 个英文字母的一个较为复杂的置换，因此我们可以考虑 26 个英文字母集合上的一般置换操作。鉴于 26 个英文字母和 $\mathbb{Z}_{26}$ 中的元素可以建立一一对应关系，于是 $\mathbb{Z}_{26}$ 中元素的任一个置换也就对应了 26 个英文字母表上的一个置换。我们可以借助 $\mathbb{Z}_{26}$ 中元素的置换来改变英文字母表中英文字符的原有位置，即用新的字符代替明文消息中的原有字符，以达到加密明文消息的目的。$\mathbb{Z}_{26}$ 上的置换被当作加密所需的密钥，由于该置换对应 26 个英文字母表上的一个置换，因此我们可以将代换密码的加密和解密过程看作是应用英文字母表的置换变换进行的代换操作。

代换密码的密码体制定义如下：

令 $M=C=\mathbb{Z}_{26}$，K 是 $\mathbb{Z}_{26}$ 上所有可能置换构成的集合。对任意的置换 $\pi\in K$，$x\in M$，$y\in C$，定义

$$e_\pi(x)=\pi(x)$$
$$d_\pi(y)=\pi^{-1}(y)$$

这里 π 和 π^{-1} 互为逆置换。

【例 3.4】 设置换 π 定义的对应关系见表 3-2(由于 $\mathbb{Z}_{26}$ 中的元素的任一个置换均可以对应 26 个英文字母表中的一个置换，因此本例中我们直接将 $\mathbb{Z}_{26}$ 上的置换 π 表示成英文字母表上的置换)。

表 3-2 例 3.4 中置换 π 定义的对应关系表

A	B	C	D	E	F	G	H	I	J	K	L	M
q	w	e	r	t	y	u	i	o	p	a	s	d
N	O	P	Q	R	S	T	U	V	W	X	Y	Z
f	g	h	j	k	l	z	x	c	v	b	n	m

其中，大写字母代表明文字符，小写字母代表密文字符。

假设明文为 ENCRYPTION，则根据置换 π 定义的对应关系，可以得到相应的密文为 tfeknhzogf。

解密过程中，首先根据加密过程中的置换 π 定义的对应关系计算相应的逆置换 π^{-1}，本例中的逆置换 π^{-1} 的对应关系见表 3-3。

表 3-3 例 3.4 中逆置换 π^{-1} 的对应关系表

q	w	e	r	t	y	u	i	o	p	a	s	d
A	B	C	D	E	F	G	H	I	J	K	L	M
f	g	h	j	k	l	z	x	c	v	b	n	m
N	O	P	Q	R	S	T	U	V	W	X	Y	Z

然后根据计算得到的逆置换 π^{-1} 定义的对应关系对密文 tfeknhzogf 进行解密，可以恢复出相应的明文 ENCRYPTION。

代换密码的任一个密钥 π 都是 26 个英文字母的一种置换。由于所有可能的置换有 26! 种，所以代换密码的密钥空间大小为 26!，代换密码有一个弱密钥，即 26 个英文字母都不进行置换。

对于代换密码，如果采用密钥穷举搜索的方法进行攻击，计算量相当大。但是，代换密码中明文字符和相应的密文字符之间具有一一对应的关系，密文中英文字符的出现频率与明文中相应的英文字符的出现频率相同，加密结果也不能隐藏由于明文中英文字母出现的统计规律性导致的密文出现的频率特性。因此，如果应用频率分析法对代换密码进行密码分析，其攻击难度要远远小于采用密钥穷举搜索法的攻击难度。

3.1.5 维吉尼亚密码

前面介绍的移位密码体制、仿射密码体制，以及更为一般的代换密码体制，一旦加密密钥被选定，则英文字母表中每一个字母对应的数字都会被加密成唯一的一个密文，这种密码体制被称为单表代换密码。考虑到频率分析法破解单表代换密码的高成功率，人们开始考虑多表代换密码，通过用多个密文字母替换同一个明文字母的方式消除字符的特性，即一个明文字母可以映射为多个密文字母。本节介绍多表代换密码的一个基本范例——维吉尼亚密码(Vigenère Cipher)，它是由法国人 Blaise de Vigenère 在 16 世纪提出的。

维吉尼亚密码的密码体制定义如下：

令 m 是一个正整数，$M=C=K=(\mathbb{Z}_{26})^m$。对任意的密钥 key$=(k_1, k_2, \cdots, k_m)\in K$，$(x_1, x_2, \cdots, x_m)\in M$，$(y_1, y_2, \cdots, y_m)\in C$，定义

$$e_{\text{key}}(x_1, x_2, \cdots, x_m)\equiv(x_1+k_1, x_2+k_2, \cdots, x_m+k_m)\bmod 26$$

$$d_{\text{key}}(y_1, y_2, \cdots, y_m)\equiv(y_1-k_1, y_2-k_2, \cdots, y_m-k_m)\bmod 26$$

如果已经在 26 个英文字母和 $\mathbb{Z}_{26}$ 之间建立了一一对应的关系，则每一个密钥 key$\in K$ 都相当于一个长度为 m 的字母串，被称为密钥字。当 $m=1$ 时，维吉尼亚密码退化为移位密码。因此，维吉尼亚密码可看成是移位密码的高维化，强化了移位密码的安全性。维吉尼亚密码通过将“单字目加密”改为“字母组加密”，体现出了“分组”加密的思想。

【例 3.5】 令 $m=8$，密钥字为“Computer”，则根据例 3.2 中的对应关系可知，密钥字对应的数字序列为 key=(02, 14, 12, 15, 20, 19, 04, 17)。假设明文消息为

Block cipher design principles

首先根据例 3.2 中的对应关系，将其转换成相应的整数序列，即

01 11 14 02 10 02 08 15 07 04 17 03 04 18

08 06 13 15 17 08 13 02 08 15 11 04 18

然后将以上得到的整数序列按照密钥字的长度进行分组处理，本例中将整数序列每 6 个分为一组，根据加密过程的运算关系

$$e_{\text{key}}(x_1, x_2, \cdots, x_m)\equiv(x_1+k_1, x_2+k_2, \cdots, x_m+k_m)\bmod 26$$

使用密钥字对分组明文消息进行模 26 下的加密运算，具体加密过程如表 3－4 所示。

表 3－4 例 3.5 中模 26 下的加密过程

明文	01	11	14	02	10	02	08	15	07	04	17	03	04	18
密钥	02	14	12	15	20	19	04	17	02	14	12	15	20	19
密文	03	25	00	17	04	21	12	06	09	18	03	18	24	11
明文	08	06	13	15	17	08	13	02	08	15	11	04	18	
密钥	04	17	02	14	12	15	20	19	04	17	02	14	12	
密文	12	23	15	03	03	23	07	21	12	06	13	18	04	

再对得到的整数序列应用例 3.2 中的对应关系进行转换，得到相应的密文序列为

Dzarevmgjsdsylmxpddxhvmgnse

解密过程使用相同的字符和整数对应关系表与相同的密钥字，应用相应的逆运算关系

$$d_{\text{key}}(y_1, y_2, \cdots, y_m) \equiv (y_1 - k_1, y_2 - k_2, \cdots, y_m - k_m) \bmod 26$$

进行解密计算，即可恢复出相应的明文。

维吉尼亚密码的密钥空间大小为26^m，所以即使 m 的值较小，相应的密钥空间也会很大。在维吉尼亚密码体制中，一个字母可以被映射为 m 个字母中的某一个，这样的映射关系也比单表代换密码更为安全一些。维吉尼亚密码有一个弱密钥，即 $k_1 = \cdots = k_m = 0$。

由于维吉尼亚密码对明文消息序列采用分组加密的方式，不同分组中的相同明文字符可能对应不同的密文字符，所以明文字符和密文字符之间不再具有严格的一一对应关系，使得应用频率分析法对维吉尼亚密码进行密码分析的难度大大增加，因此具有较好的安全性。该密码体制持续使用了几百年，但最终还是被破解了。破解维吉尼亚密码基于这样一个简单的观察：密钥的重复部分与明文中的重复部分的连接，在密文中也产生一个重复部分。相比单表代换密码中反映出来的字母频率分布特征，多表代换密码使得字母频率分布趋于离散均匀分布，这样简单的字母频率分析法对多表代换密码失效。区分单表代换密码和多表代换密码的一个工具是一致性索引(Index of Coincidence，IC)，单表代换密码的 IC 值大概是 0.066。对于完全均匀分布的文字，IC 值是 0.038。如果 IC 值位于 0.038～0.066，那么该密文使用的加密法可能是多表代换密码。此外，使用 IC 值能够大概给出多表代换密码的密钥长度，从而降低了该密码体制的分析难度。

3.1.6 置换密码

前面几小节介绍的加密方式的共同特点是通过将英文字母改写成另一个表达形式来达到加密的效果。本节介绍另一种加密方式，通过重新排列消息中元素的位置而不改变元素本身的方式对一个消息进行变换，这种加密机制称为置换密码(也称为换位密码)。置换密码是古典密码中除代换密码外的重要一类，它被广泛应用于现代分组密码的构造。与维吉尼亚密码一样，置换密码也体现出了“分组”加密的思想。

置换密码的密码体制定义如下：

令 m 是一个正整数，且 $m \geqslant 2$，$M = C = (\mathbb{Z}_{26})^m$，$K$ 是 $\mathbb{Z}_m = \{1, 2, \cdots, m\}$上所有可能置换构成的集合。对任意的$(x_1, x_2, \cdots, x_m) \in M$，$\pi \in K$，$(y_1, y_2, \cdots, y_m) \in C$，定义

$$e_\pi(x_1, x_2, \cdots, x_m) = (x_{\pi(1)}, x_{\pi(2)}, \cdots, x_{\pi(m)})$$

$$d_\pi(y_1, y_2, \cdots, y_m) = (y_{\pi^{-1}(1)}, y_{\pi^{-1}(2)}, \cdots, y_{\pi^{-1}(m)})$$

其中，π 和 π^{-1} 互为 $\mathbb{Z}_m$ 上的逆置换，m 为分组长度。对于长度大于分组长度 m 的明文消息，可对明文消息先按照长度 m 进行分组，然后对每一个分组消息重复进行同样的置换加密过程，最终实现对明文消息的加密。

【例 3.6】 令 $m=4$，$\pi = (\pi(1), \pi(2), \pi(3), \pi(4)) = (2, 4, 1, 3)$。假设明文为

Information security is important

加密过程中，首先根据 $m=4$，将明文分为 8 个分组，每个分组 4 个字符，分组不够 4 个字符的用 * 填充。

Info rmat ions ecur ityi simp orta nt **

然后根据加密规则

$$e_\pi(x_1, x_2, \cdots, x_m)=(x_{\pi(1)}, x_{\pi(2)}, \cdots, x_{\pi(m)})$$

应用置换变换 π 对每个分组消息进行加密，得到相应的密文，即

Noifmtraosincreutiiyipsmraottn **

解密过程需要用到加密置换 π 的逆置换，在本例中，根据置换 π 定义的对应关系，得到相应的解密置换 π^{-1} 为

$$\pi^{-1}=(\pi(1)^{-1}, \pi(2)^{-1}, \pi(3)^{-1}, \pi(4)^{-1})=(3, 1, 4, 2)$$

解密过程中，首先根据分组长度 m 对密文进行分组，得到

Noif mtra osin creu tiiy ipsm raot tn **

然后根据解密规则

$$d_\pi(y_1, y_2, \cdots, y_m)=(y_{\pi^{-1}(1)}, y_{\pi^{-1}(2)}, \cdots, y_{\pi^{-1}(m)})$$

应用解密置换 π^{-1} 对每个分组消息进行置换变换，就可以得到解密的消息。

需要说明的是，在以上加密过程中，应用给定的分组长度 m 对消息序列进行分组，当消息长度不是分组长度的整数倍时，可以在最后一段分组消息后面添加足够的特殊字符，从而保证能够以 m 为分组长度对消息进行分组处理。例 3.6 中，我们在最后的分组消息 tn 后面增加了 2 个空格，以保证分组长度的一致性。

对于固定的分组长度 m，$\mathbb{Z}_m$ 上共有 $m!$ 种不同的排列，对应产生 $m!$ 个不同的加密密钥 π，所以相应的置换密码共有 $m!$ 种不同的密钥。应注意的是，尽管置换密码没有改变密文消息中英文字母的统计特性，但应用频率分析的攻击方法对其进行密码分析时，由于密文中英文字符的常见组合关系不再存在，并且与已知密文消息序列具有相同统计特性的对应明文组合并不唯一，导致相应的密码分析难度增大。因此，相比较而言，置换密码能较好地抵御频率分析法。另外，可以用唯密文攻击法和已知明文攻击法来破解置换密码。

3.1.7 Hill 密码

置换密码的主要思想体现在“分组-置换”上，置换方式的过于简单使其安全性不高。为了进一步增加安全性，1929 年 Hill 提出了一种多表代换密码——Hill 密码。该算法保留了置换密码的加密框架，所不同的是将分组后的每个部分采用线性变换的方式得到密文，即将明文消息按照步长 m 进行分组，对每一组的 m 个明文字母通过线性变换将其转换成 m 个相应的密文字母。这样密钥由一个较为简单的排列问题改变成较为复杂的 $m\times m$ 阶可逆矩阵。在使用 Hill 密码前，先将英文的 26 个字母和数字 1～26 按自然顺序进行一一对应。

Hill 密码的密码体制定义如下：

令 m 是一个正整数，且 $m\geqslant 2$，$M=C=(\mathbb{Z}_{26})^m$，K 是定义在 $\mathbb{Z}_{26}$ 上的所有大小为 $m\times m$ 的可逆矩阵的集合。对任意的 $\boldsymbol{A}\in K$，定义

$$e_{\boldsymbol{A}}(x)\equiv \boldsymbol{A}x \bmod 26$$

$$d_{\boldsymbol{A}}(y)\equiv \boldsymbol{A}^{-1} y \bmod 26$$

【例 3.7】 令 $m=4$，密钥

$$\boldsymbol{A}=\begin{pmatrix}8 & 6 & 9 & 5\\ 6 & 9 & 5 & 10\\ 5 & 8 & 4 & 9\\ 10 & 6 & 11 & 4\end{pmatrix}$$

则相应的 $\mathbb{Z}_{26}$ 上的逆矩阵为

$$\boldsymbol{A}^{-1}=\begin{pmatrix}23 & 20 & 5 & 1\\ 2 & 11 & 18 & 1\\ 2 & 20 & 6 & 25\\ 25 & 2 & 22 & 25\end{pmatrix}$$

明文为

Hill

根据例 3.2 定义的对应关系，将以上明文转换成对应的数字序列 7，8，11，11。根据密钥 $\boldsymbol{A}$ 可知，相应的密文为

$$\begin{pmatrix}y_1\\ y_2\\ y_3\\ y_4\end{pmatrix}\equiv\begin{pmatrix}8 & 6 & 9 & 5\\ 6 & 9 & 5 & 10\\ 5 & 8 & 4 & 9\\ 10 & 6 & 11 & 4\end{pmatrix}\cdot\begin{pmatrix}7\\ 8\\ 11\\ 11\end{pmatrix}\bmod 26$$
$$=(9\quad 8\quad 8\quad 24)^{\mathrm{T}}$$

于是相应的密文序列为

Jiiy

已知密文消息和密钥 $\boldsymbol{A}$ 的逆矩阵 $\boldsymbol{A}^{-1}$，根据 Hill 密码体制的定义，对应的解密过程如下：

$$\begin{pmatrix}x_1\\ x_2\\ x_3\\ x_4\end{pmatrix}\equiv\begin{pmatrix}23 & 20 & 5 & 1\\ 2 & 11 & 18 & 1\\ 2 & 20 & 6 & 25\\ 25 & 2 & 22 & 15\end{pmatrix}\cdot\begin{pmatrix}9\\ 8\\ 8\\ 24\end{pmatrix}\bmod 26$$
$$=(7\quad 8\quad 11\quad 11)^{\mathrm{T}}$$

结合例 3.2 中的对应关系即可恢复出相应的明文消息为 Hill。

通过例 3.7 可以发现，Hill 密码对于相同的明文字母，可能有不同的密文字母与之对应，对于不同的明文字母，也可能有相同的密文字母与之对应。因此，一般情况下，Hill 密码能够较好地抵御基于字母出现频率的攻击方法。但已知明文攻击法可以很容易破解 Hill 密码，其攻击过程类似于对仿射密码的破解，用“已知明文-密文组”建立方程组，求解该方程组即可找到相应的密钥。

在上面介绍的几个典型的古典密码体制里，含有两个基本操作：替换(Substitution)和置换(Permutation)。替换实现了英文字母外在形式上的改变，每个英文字母被其他字母替换；置换实现了英文字母所处位置的改变，但没有改变字母本身。替换操作分为单表替换和多表替换两种方法，单表替换的特点是把明文中的每个英文字母正好映射为一个密文字

母，是一种一一映射，不能抵御基于英文字符出现频率的频率分析攻击法；多表替换的特点是明文中的同一字母可能用多个不同的密文字母代替，与单表替换的密码体制相比，形式上增加了加密的安全性。

替换和置换这两个基本操作具有原理简单且容易实现的特点。随着计算机技术的飞速发展，古典密码体制的安全性已经无法满足实际应用的需求，但是替换和置换这两个基本操作仍是构造现代对称加密算法最重要的核心方式。举例来说，替换和置换操作在数据加密标准(Data Encryption Standard，DES)和高级加密标准(Advanced Encryption Standard，AES)中都起到了核心作用。几个简单密码算法的结合可以产生一个安全的密码算法，这就是简单密码仍被广泛使用的原因。除此之外，简单的替换和置换密码在密码协议上也有广泛的应用。

3.2 密码分析技术

自从有了加密算法，对加密信息的破解技术应运而生。加密算法的对立面称作密码分析，也就是研究密码算法的破译技术。加密和破译构成了一对矛盾体，密码学的主要目的是保护通信消息的秘密以防止被攻击。

由于古典密码是为了对英文字符进行加密而设计的，所以许多对古典密码的密码分析方法都利用了英文语言的统计特性。在对大量的英文文章、报纸、小说和杂志进行统计分析的基础上，Beker 和 Piper 给出了 26 个英文字符出现频率的统计结果(见表 3-5)。

表 3-5 26 个英文字符出现概率统计结果

字符	A	B	C	D	E	F	G	H	I
概率	0.082	0.015	0.028	0.043	0.127	0.022	0.020	0.061	0.070
字符	J	K	L	M	N	O	P	Q	R
概率	0.002	0.008	0.040	0.024	0.067	0.075	0.019	0.001	0.060
字符	S	T	U	V	W	X	Y	Z	
概率	0.063	0.091	0.028	0.010	0.023	0.001	0.020	0.001	

在表 3-5 的基础上，我们可以将 26 个英文字符划分成如下 5 个部分：

(1) 字符 E 的概率大约为 0.12。

(2) 字符 A，H，I，N，O，R，S，T 的概率大约为 0.06～0.09。

(3) 字符 D，L 的概率大约为 0.04。

(4) 字符 B，C，F，G，M，P，U，W，Y 的概率大约为 0.015～0.028。

(5) 字符 J，K，Q，V，X，Z 的概率小于 0.01。

当然，除了 26 个英文字符呈现出的统计规律性，还有一些常见的字母组合，如 TH，HE，IN，RE，DE，ST，EN，AT，OR，IS，ET，IT，AR，TE，HI，OF，THE，ING，ERE，ENT，FOR 等，这些规律都为密码分析提供了很好的依据。

根据以上英文字母的统计规律性，可以实现对古典密码体制的破译。

先以仿射密码为例来说明应用以上统计结果对其进行唯密文攻击的密码分析过程。假设攻击者 Oscar 截获到的密文为

FMXVEDKAPHFERBNDKRXRSREFMORUDSDKDVSHVUFEDKAPRKDLYEVLRHHRH

对以上密文消息中的英文字符进行统计，相应的结果见表 3-6。

表 3-6 统计结果

字符	A	B	C	D	E	F	G	H	I
频率	2	1	0	7	5	4	0	5	0
字符	J	K	L	M	N	O	P	Q	R
频率	0	5	2	2	1	1	2	0	8
字符	S	T	U	V	W	X	Y	Z	
频率	3	0	2	4	0	2	1	0	

通过以上统计可知，在密文消息中按照出现频率排序，频率最高的英文字符依次是 R，D，E，H，K，S，F，V。通过与表 3-5 对照，我们可以假设密文字符 R 对应的明文字符是 e，密文字符 D 对应的明文字符是 t。用仿射密码体制来表示，就是 $e_{\text{key}}(4)=17$，$e_{\text{key}}(19)=3$。仿射密码体制中，$e_{\text{key}}(x)\equiv(k_1x+k_2)\bmod 26$，这里 k_1，k_2 是未知的加密密钥。根据假设我们可以得到关于密钥 k_1，k_2 的线性方程组

$$\begin{cases}4k_1+k_2\equiv 17\bmod 26\\19k_1+k_2\equiv 3\bmod 26\end{cases}$$

解以上方程组，得到唯一的解 $k_1=6$，$k_2=19$。因为 $\gcd(k_1, 26)=2\neq1$，显然得到的密钥是不合法的。说明以上假设密文字符 R 对应明文字符 e，密文字符 D 对应明文字符 t 是错误的。

根据表 3-5，我们再假设密文字符 R 对应的明文字符是 e，密文字符 E 对应的明文字符是 t。同样用仿射密码体制来表示，就是 $e_{\text{key}}(4)=17$，$e_{\text{key}}(19)=4$。采用相同的方法建立线性方程组

$$\begin{cases}4k_1+k_2\equiv 17\bmod 26\\19k_1+k_2\equiv 4\bmod 26\end{cases}$$

解方程组可得 $k_1=13$。得到的密钥也是不合法的。

再假设密文字符 R 对应的明文字符是 e，密文字符 H 对应的明文字符是 t。同样用仿射密码体制来表示，就是 $e_{\text{key}}(4)=17$，$e_{\text{key}}(19)=7$。采用相同的方法建立线性方程组

$$\begin{cases}4k_1+k_2\equiv 17\bmod 26\\19k_1+k_2\equiv 7\bmod 26\end{cases}$$

解方程组可得 $k_1=8$。得到的密钥仍然是不合法的。

再假设密文字符 R 对应的明文字符是 e，密文字符 K 对应的明文字符是 t。同样用仿射密码体制来表示，就是 $e_{\text{key}}(4)=17$，$e_{\text{key}}(19)=10$。采用相同的方法建立线性方程组

$$\begin{cases}4k_1+k_2\equiv 17\bmod 26\\19k_1+k_2\equiv 10\bmod 26\end{cases}$$

解方程组得到唯一的解 $k_1=3$，$k_2=5$。可以知道得到的密钥是一组合法密钥。接下来我们应用得到的密钥对密文消息进行解密，进一步验证密钥的正确性。

由于 $3^{-1} \bmod 26 \equiv 9$，所以解密过程为 $d_{key}(y)=9y-19$。得到解密密文

Algorithms are quite general definitions of arithmetic processes

通过解密出的明文消息可知，所得到的密钥是正确的。

再以代换密码为例来说明应用表 3-5 的统计结果对其进行唯密文攻击的密码分析过程。假设攻击者 Oscar 截获到的密文为

YIFQFMZRWQFYVECFMDZPCVMRZWNMDZVEJBTXCDDUMJ
NDIFEFMDZCDMQZKCEYFCJMYRNCWJCSZREXCHZUNMXZ
NZUCDRJXYYSMRTMEYIFZWDYVZVYFZUMRZCRWNZDZJJ
XZWGCHSMRNMDHNCMFQCHZJMXJZWIEJYUCFWDJNZDIR

对以上密文消息中的英文字符进行统计，相应的结果如表 3-7 所示。

表 3-7 统计结果

字符	A	B	C	D	E	F	G	H	I
频率	0	1	15	13	7	11	1	4	5
字符	J	K	L	M	N	O	P	Q	R
频率	11	1	0	16	9	0	1	4	10
字符	S	T	U	V	W	X	Y	Z	
频率	3	2	5	5	8	6	10	20	

通过以上统计可知，在密文消息中按照出现频率排序，频率最高的英文字符依次是 Z，M，C，D，F，J，R，Y。通过与表 3-5 对照，我们可以假设密文字符 Z 对应的明文字符是 e，密文字符集合{M，C，D，F，J，R，Y}对应的明文字符集合是{a，h，i，o，r，s，t}。但是仅依据表 3-5 与以上的统计结果之间的关系难以确定两个字符集合之间的具体对应关系。接下来我们再利用英文字符组合的统计规律性来进行分析。

由于已经假设密文字符 Z 对应的明文字符是 e，在密文消息中，与字符 Z 有关的长度为 2 的组合中出现较多的分别是 DZ 和 ZW(分别出现 4 次)；NZ 和 ZU(分别出现 3 次)；RZ，HZ，XZ，FZ，ZR，ZV，ZC 和 ZD(分别出现 2 次)。在以上统计结果中，ZW 出现了 4 次，而 WZ 没有出现，同时字符 W 本身单独出现的次数也较少，所以我们假设密文字符 W 对应的明文字符是 d。由于 DZ 出现 4 次，而 ZD 也出现了 2 次，我们可以假设密文字符 D 可能对应明文字符 r，s，t 中的某一个。

在密文的开始部分出现 ZRW 和 RZW 字符组合，字符组合 RW 在密文消息中也出现过，而且密文字符 R 在密文消息中也频繁出现。所以我们假设密文字符 R 对应的明文字符是 n。

根据已经做出的假设，我们可以给出密文的部分破译结果如下：

YIFQFMZRWQFYVECFMDZPCVMRZWNMDZVEJBTXCDDUMJ

??????end?????????e????ned???e????????????

NDIFEFMDZCDMQZKCEYFCJMYRNCWJCSZREXCHZUNMXZ

????????e????e?????????n??d???en????e?????e

NZUCDRJXYYSMRTMEYIFZWDYVZVYFZUMRZCRWNZDZJJ

?e???n??????n??????ed???e???e??ne?nd?e?e??

XZWGCHSMRNMDHNCMFQCHZJMXJZWIEJYUCFWDJNZDIR

?ed?????n???????????e????ed???????d???e??n

由于密文字符组合 NZ 出现的频率较高，而组合 ZN 出现次数很少。所以接下来我们假设密文字符 N 对应的明文字符是 h。如果该假设是正确的，则在密文消息第三行中出现的 RZCRWNZ 对应的明文字符序列是 ne? ndhe，据此可以假设密文字符 C 对应的明文字符是 a。根据以上假设，我们可以得到进一步的破译结果如下：

YIFQFMZRWQFYVECFMDZPCVMRZWNMDZVEJBTXCDDUMJ

??????end?????a???e?a??nedh??e??????a?????

NDIFEFMDZCDMQZKCEYFCJMYRNCWJCSZREXCHZUNMXZ

h???????ea???e?a???a???nhad?a?en??a?e?h??e

NZUCDRJXYYSMRTMEYIFZWDYVZVYFZUMRZCRWNZDZJJ

he?a?n??????n??????ed???e???e??neandhe?e??

XZWGCHSMRNMDHNCMFQCHZJMXJZWIEJYUCFWDJNZDIR

?ed?a???nh???ha???a?e????ed?????a?d??he??n

接下来我们确定在密文中出现次数较多的字符 M，由于已经确定密文 RNM 解密成 nh?，说明 h 很可能是一个单词的第一个字符，所以 M 对应的明文字符应该是一个元音字符。考虑到我们已经使用了元音字符 a 和 e，同时考虑到字符组合 ao 出现概率较低，我们假设密文字符 M 对应的明文字符是 i。从而进一步得到破译结果如下：

YIFQFMZRWQFYVECFMDZPCVMRZWNMDZVEJBTXCDDUMJ

?????iend?????a?i?e?a?inedhi?e??????a???i?

NDIFEFMDZCDMQZKCEYFCJMYRNCWJCSZREXCHZUNMXZ

h?????i?ea?i?e?a???a?i?nhad?a?en??a?e?hi?e

NZUCDRJXYYSMRTMEYIFZWDYVZVYFZUMRZCRWNZDZJJ

he?a?n?????in?i????ed???e???e?ineandhe?e??

XZWGCHSMRNMDHNCMFQCHZJMXJZWIEJYUCFWDJNZDIR

?ed?a??inhi??hai??a?e?i??ed?????a?d??he??n

在剩余的{D，F，J，Y}与{r，s，t，o}的对应关系中，根据密文消息第一行的组合 CFM 对应 a?i，可以猜测密文字符 F 不可能对应明文字符 o。根据密文消息第二行的组合 CJM 对应 a?i，可以猜测密文字符 J 也不可能对应明文字符 o。因此我们假设密文字符 Y 对应的明文字符是 o。剩余的对应关系中，由于 NMD 出现了 2 次，所以假设密文字符 D 对应的明文字符是 s，而根据密文消息第四行的组合 HNCMF 对应 chai?，可以假设密文字符 F 对应的明文字符是 r，密文字符 H 对应的明文字符是 c。从而假设密文字符 J 对应的明文字符是 t。在此基础上，进一步得到破译结果如下：

Y I F Q F M Z R W Q F Y V E C F M D Z P C V M R Z W N M D Z V E J B T X C D D U M J
o ? r ? r i e n d ? r o ? ? a r i s e ? a ? i n e d h i s e ? ? t ? ? ? a s s ? i t
N D I F E F M D Z C D M Q Z K C E Y F C J M Y R N C W J C S Z R E X C H Z U N M X Z
h s ? r ? r i s e a s i ? e ? a ? o r a t i o n h a d t a ? e n ? ? a c e ? h i ? e
N Z U C D R J X Y Y S M R T M E Y I F Z W D Y V Z V Y F Z U M R Z C R W N Z D Z J J
h e ? a s n t ? o o ? i n ? i ? o ? r e d s o ? e ? o r e ? i n e a n d h e s e t t
X Z W G C H S M R N M D H N C M F Q C H Z J M X J Z W I E J Y U C F W D J N Z D I R
? e d ? a c ? i n h i s c h a i r ? a c e t i ? t e d ? ? t o ? a r d s t h e s ? n

在此基础上，我们可以得到解密的明文消息为：

Our friend from Paris examined his empty glass with surprise, as if evaporation had taken place while he wasn't looking. I poured some more wine and he settled back in his chair, face tilted up towards the sun.

理论上讲，一次一密的密码体制是不可破译的，但考虑到加密算法的密钥传输代价，它又是不实用的，所以实际上不存在不可破译的密码(除了后面将要介绍的序列密码，但考虑到算法的实用性，序列密码算法也是有可能被破译的)。

对于加密法的评估，20世纪40年代，Shannon提出了一个常用的评估概念，他认为一个好的加密法应具有混淆性(Confusion)和扩散性(Diffusion)。混淆性意味着加密法应隐藏所有的局部模式，即隐藏那些可能导致破解密钥的提示性信息的特征；扩散性要求加密法将密文的不同部分进行混合，使得任何字符都不在原来的位置。前面介绍的几个古典密码中，由于未能满足Shannon提出的两个条件，所以它们能被破解。此外，加密系统的评估也要考虑经济因素，对于一个加密算法，如果获得信息的代价比破解加密的代价更小，可以认为该数据是安全的；如果破解加密需要的时间比信息的有用周期更长，该数据也认为是安全的。换句话说，任何加密算法的最终安全性基于这样一个原则：付出大于回报。按照这一原则，安全的密码系统应具备以下条件：

(1) 系统即使达不到理论上的不可破译，也应该是实际上的不可破译。

(2) 系统的保密性不依赖于加、解密算法和系统的保密，而仅仅依赖于密钥的保密性。

(3) 加、解密运算简单、快捷，易于软、硬件实现。

(4) 加、解密算法适用于所有密钥空间的元素。

通常，破译密码需要考虑破译的时间复杂度(计算时间)和空间复杂度(计算能力)，衡量密码体制安全性的基本准则有以下几种：

(1) 计算安全的(Computational security)：如果破译加密算法所需要的计算能力和计算时间是现实条件所不具备的，那么就认为相应的密码体制是满足计算安全性的。这意味着强力破解证明是安全的。

(2) 可证明安全的(Provable security)：如果对一个密码体制的破译依赖于对某一个经过深入研究的数学难题的解决，就认为相应的密码体制是满足可证明安全性的。这意味着理论保证是安全的。

(3) 无条件安全的(Unconditional security)：如果攻击者在计算能力和计算时间无限的前提下，也无法破译加密算法，就认为相应的密码体制是无条件安全性的。这意味着在极限状态上是安全的。

除了一次一密加密算法以外，从理论上来说，不存在绝对安全的密码体制。所以在实际应用中，只要我们能够证明采用的密码体制是计算安全的，就有理由认为加密算法是安全的，因为计算安全性能够保证所采用的算法在有效时间内的安全性。

习 题

3-1 计算以下定义在$\mathbb{Z}_{26}$上的矩阵的逆矩阵：

(1) $\begin{pmatrix} 11 & 8 \\ 3 & 7 \end{pmatrix}$ (2) $\begin{pmatrix} 10 & 5 & 12 \\ 3 & 14 & 21 \\ 8 & 9 & 11 \end{pmatrix}$

3-2 设置换密码体制中 $m=6$，给定的置换 π 如表 3-8 所示。

表 3-8 习题 3-2 中的置换 π

x	1	2	3	4	5	6
$\pi(x)$	3	5	1	6	4	2

试给出置换 π 的逆置换，并应用置换 π 对以下明文消息进行加密：

A model for network security

3-3 设由仿射变换对一个明文加密得到的密文是 edsgickxhukl，又已知明文的前两个字符是 if。请对以上密文进行解密。

3-4 设多表代换密码 $C_i \equiv (\boldsymbol{A}M_i+\boldsymbol{B}) \bmod 26$ 中，$\boldsymbol{A}$ 是 2×2 矩阵，$\boldsymbol{B}$ 是 0 矩阵，又知明文“dont”被加密为“elnv”，求矩阵 $\boldsymbol{A}$。

3-5 若仿射变换的加密为 $C \equiv (7m+21) \bmod 26$，则相应的解密变换是什么？

第4章 分组密码

分组密码也叫作块密码(Block Cipher)，它是现代密码学的重要组成部分，其主要功能是提供有效的数据保护。本章简要介绍分组密码的设计准则，重点给出有代表性的分组密码体制 DES、AES 和 IDEA 的加密原理和算法分析。

4.1 分组密码的设计准则

分组密码是指对固定长度的一组明文进行加密的一种加密算法，这一固定长度称为分组长度。分组长度是分组密码的一个参数，其值取决于实际应用的环境。对于通过计算机来实现的分组密码算法，通常选取的分组长度为 64 位。这是一个折中的选择，考虑到分组算法的安全性，分组长度不能太短，以保证加密算法能够应付密码分析；考虑到分组密码的实用性，分组长度又不能太长，以便于操作和运算。近年来，随着计算机计算能力的不断提高，分组长度为 64 位的分组密码的安全性越来越不能满足实际需求，为了提高加密的安全性，很多分组密码开始选择 128 位作为算法的分组长度。

分组密码的加密是对整个明文进行操作的，包括空格、标点符号和特殊字符，而不仅仅是字符。分组密码的加密过程是按分组长度 n 将明文分成若干个组，对每一个长度为 n 位的明文消息分组执行相同的加密操作，相应地产生一个 n 位的密文分组。由此可见，不同的 n 位明文消息分组共有 2^n 个。考虑到加密算法的可逆性(即保证解密过程的可行性)，每一个不同的 n 位明文消息分组都应该产生一个唯一的密文消息分组，加密过程对应的变换被称为可逆变换或非奇异变换。所以分组密码算法从本质上定义了一种从分组的明文消息到相应的密文消息的可逆变换。

在分组密码中，必须处理一个问题——填充。因为分组加密是作用在大小固定的块上的，如果明文的大小不是分组长度的整数倍，就需要进行填充。例如，分组的长度是 64 位(即 8 个字节)，而明文的大小只有 96 位(即 12 个字节)，在这种情况下，第二个分组就只有 32 位，这时需要进行填充。在分组加密中，要求填充是可逆的。也就是说，必须在加密时能添加填充字符，而在解密时能检测出填充字符。常见的解决办法是为明文添加(填充)足够的 0，从而使明文长度是分组长度的整数倍。这样做就面临它可能不可逆的问题。例如，对于明文字母“p”与添加了一些“0”后的明文字母“p”，经加密后，再解密都得到“p”，这就无从知道明文是否带有“0”。下面以举例的方式介绍4种常见的分组密码填充方式，其中第1种填充方式不可逆，后3种填充方式均可逆。

假定块长度为8字节，要加密的明文数据长度为9字节，那么消息被切成两个块，第2块只有1字节，需要填充7字节。如果把9字节的明文数据记为

$$F_1\ F_2\ F_3\ F_4\ F_5\ F_6\ F_7\ F_8\ F_9$$

(1) Zeros填充算法：需要填充的7字节全部填充0。分组结果如下：

第1个消息分组：$F_1\ F_2\ F_3\ F_4\ F_5\ F_6\ F_7\ F_8$。

第2个消息分组：F_9 00 00 00 00 00 00 00。

Zeros填充算法无法区分第2个消息分组中 F_9 后的0序列是否明文中的原始序列，因此该填充算法不可逆。

(2) X923填充算法：需要填充的7字节中前6字节填充0，最后1字节记录填充的总字节数。分组结果如下：

第1个消息分组：$F_1\ F_2\ F_3\ F_4\ F_5\ F_6\ F_7\ F_8$。

第2个消息分组：F_9 00 00 00 00 00 00 07。

(3) PKCS7填充算法：需要填充的7字节中的每字节填充需要填充的总字节数。分组结果如下：

第1个消息分组：$F_1\ F_2\ F_3\ F_4\ F_5\ F_6\ F_7\ F_8$。

第2个消息分组：F_9 07 07 07 07 07 07 07。

(4) ISO10126填充算法：需要填充的7字节中前6字节填充随机字节序列，最后1字节记录填充的总字节数。分组结果如下：

第1个消息分组：$F_1\ F_2\ F_3\ F_4\ F_5\ F_6\ F_7\ F_8$。

第2个消息分组：F_9 7D 2A 75 EF F8 EF 07。

与古典密码不同的是，在分组密码中，密文块的所有位与明文块的所有位有关，正是这个原因体现了分组密码的最重要特征：如果明文的单个位发生了改变，那么密文块的位平均有一半要发生改变。分组密码是现代密码学的重要组成部分，当前被广泛使用的分组加密算法几乎都是基于Feistel分组密码的结构设计的。为了对具有代表性的分组密码DES(Data Encryption Standard)算法、AES(Advanced Encryption Standard)算法和IDEA(International Data Encryption Algorithm)算法进行深入研究和分析，我们首先介绍Feistel分组密码的基本结构和设计准则。

4.1.1 Feistel分组密码的基本结构

Feistel密码结构是基于1949年Shannon提出的交替使用替换和置换方式构造密码体制的设想提出的。在设计密码体制的过程中，Shannon提出了能够破坏对密码系统进行各种统计分析攻击的两个基本操作：扩散(Diffusion)和混淆(Confusion)。扩散的目的是使明文和密文之间的统计关系变得尽可能复杂；混淆的目的是使密文和密钥之间的统计关系变得尽可能复杂。为了使攻击者无法得到密钥，在扩散过程中，明文的统计信息被扩散到密文的更长的统计信息中，使得每一个密文数字与许多明文数字相关，从而使密文的统计信息与明文之间

的统计关系尽量复杂，以至于密文的统计信息对于攻击者来说是无法利用的；在混淆过程中，密文的统计信息与加密密钥的取值之间的关系尽量复杂，以至于攻击者很难从中推测出加密密钥。扩散和混淆给出了分组密码应具有的本质特性，成为分组密码设计的基础。

Feistel 分组密码的基本结构如图 4-1 所示。加密算法的初始输入是一个长度为 $2L$ 位的明文分组序列和一个初始密钥 K，在加密之前先将分组的明文序列等分成长度均为 L 位的 L_0 和 R_0 两部分。加密过程分为 n 轮，其中第 i 轮以第 $i-1$ 轮输出的 L_{i-1} 和 R_{i-1} 作为输入，此外第 i 轮加密过程的输入还包括从初始密钥 K 产生的子密钥 K_i。第 i 轮的加密过程由两步操作实现：第一步先对 R_{i-1} 使用轮函数 F 和子密钥 K_i 进行变换，再将变换结果与 L_{i-1} 进行异或运算，运算结果作为 R_i；第二步将 R_{i-1} 直接作为 L_i 得到第 i 轮的输出值。最终将加密过程的输出序列 L_n 和 R_n 组合起来产生相应的长度为 $2L$ 位的密文。

Feistel 分组密码的第一个加密阶段的示意图如图 4-2 所示。S 操作通过密钥为每一个阶段生成一个子密钥，T 操作为每一轮加密过程中的核心操作，要求为非线性运算，保证加密算法的安全性。

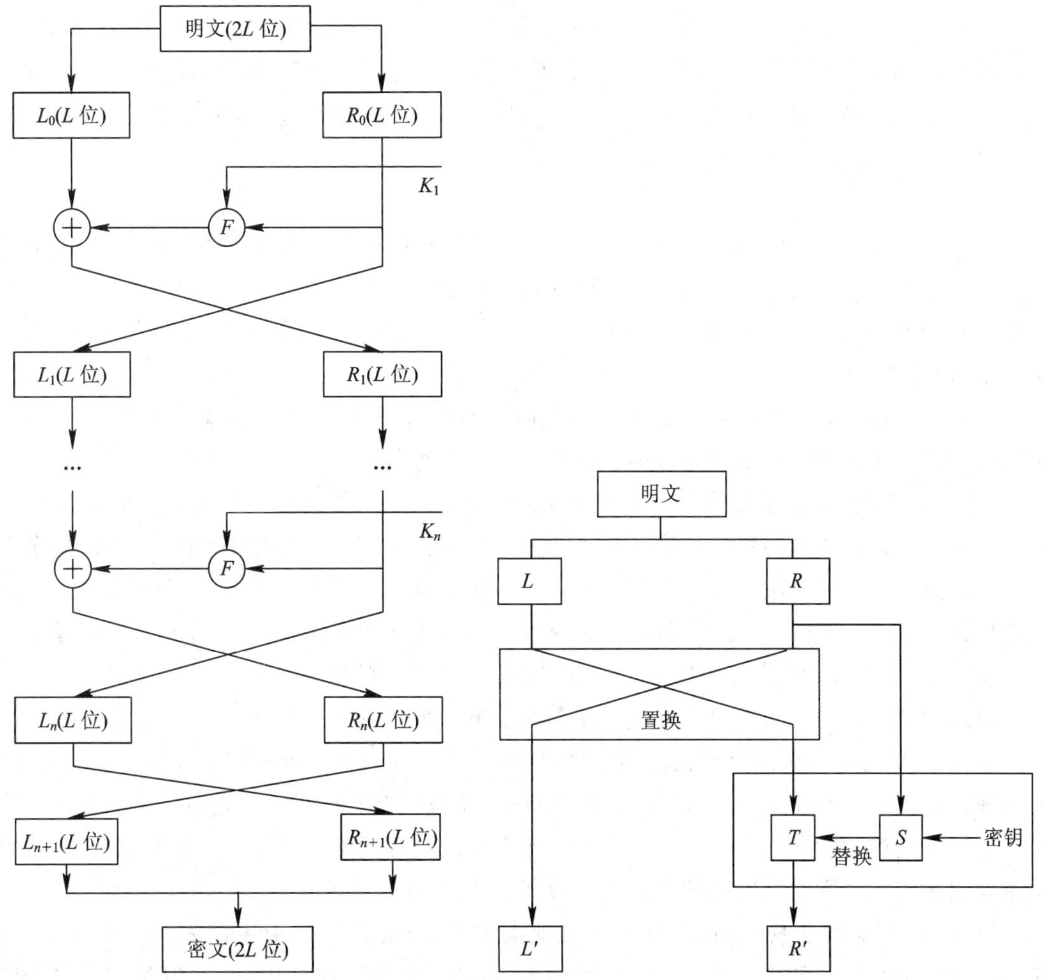

图 4-1　Feistel 分组密码的基本结构

图 4-2　Feistel 分组密码的第一个加密阶段

在 Feistel 分组密码的每一轮加密过程中，第一步操作是一个替换过程，第二步操作是一个置换过程，通过“替换-置换”这两步操作实现了 Shannon 提出的扩散和混淆的目的。根据图 4-1 所示的 Feistel 分组密码的基本结构和图 4-2 所示的 Feistel 分组密码的第一个加密阶段可知，Feistel 分组密码的安全性取决于以下几个方面。

（1）明文消息和密文消息的分组大小：在其他条件相同的情况下，每一轮加密的分组长度越大，加密算法的安全性就越高，而相应的加密速度也越慢，效率越低。

（2）子密钥的大小：算法的安全性随着子密钥长度的增加而提高，但是相应的加密速度会降低，所以设计分组密码时需要在安全性和加密效率之间进行平衡。在实际应用中，一般认为，要保证分组加密算法满足计算安全性，子密钥的长度至少为 128 位。

（3）循环次数：循环次数越多，安全性越高，相应的加密效率也就越低。

（4）子密钥产生算法：在初始密钥给定的情况下，产生子密钥的算法越复杂，加密算法的安全性越高。

（5）轮函数 F：对于轮函数的讨论相对较复杂，一般认为，轮函数 F 越复杂，对应的加密算法的安全性越高。

Feistel 分组密码的解密过程与加密过程是相同的。解密过程将密文作为算法的输入，同时按照与加密过程相反的次序使用子密钥对密文序列进行加密，即第 1 轮使用 K_n，第 2 轮使用 K_{n-1}，依次类推，最后一轮使用 K_1，进行相同次数加密，就得到相应的明文序列。

4.1.2 F 函数的设计准则

Feistel 分组密码的核心是轮函数 F。轮函数 F 在 Feistel 分组密码算法中的作用是对消息序列进行混淆操作。为了保证这样的混淆操作的安全性，设计轮函数 F 的一个基本准则是要求轮函数 F 是非线性的。轮函数 F 的非线性程度越强，则算法的安全性越高，相应的攻击难度也就越大。S-盒是 F 函数的重要组成部分，其设计问题一直是人们关注的重点。对于 S-盒的设计，基本要求是希望 S-盒输入序列的任何变动都使得输出序列产生看似随机的变动，并且这两种变动之间的关系应该是非线性的。

一个好的加密算法必须具有以下特征：密钥要足够大，使得强力攻击法无效或至少是得不偿失，这是最基本的特征；如果加密算法生成的密文通过了随机性测试，那么在很长一段时间里，该加密算法会给人以安全感。对于加密算法的评价，更为正式的要求是加密算法应该具有良好的雪崩效应，即任何输入位或密钥位与输出位之间不应有任何联系。换句话说，密文中的内容不能含有关于密钥或明文的提示，即输入消息序列或密钥位的一个位的值发生改变，相应的输出序列应该使多个位的值发生变化。

设计的 F 函数应该满足严格的雪崩准则(Strict Avalanche Criterion，SAC)。这个准则的具体内容是：对于任意的 i，j，当任何一个输入位 i 发生改变时，S-盒的任何输出位 j 的值发生改变的概率为 1/2。虽然以上准则是对 S-盒的设计提出的，但是由于 S-盒是 F 函数的重要组成部分，所以该准则的要求也可以作为 F 函数的设计要求。

设计的 F 函数还应满足的另一个准则是位独立准则(Bit Independence Criterion，BIC)。这个准则的具体内容是：对于任意的 i，j，k，当任何一个输入位 i 发生改变时，输出位 j 和 k 的值应该独立地发生改变。

S-盒的设计除了要满足 SAC 和 BIC 准则外，还应该满足的一个条件是保证的雪崩准则(Guaranteed Avalanche Criterion，GAC)。这个准则的具体内容是：一个好的 S-盒应该满足∂阶的 GA(Guaranteed Avalanche)。也就是说，若输入序列中有 1 位的值发生改变，则输出序列中至少有∂位的值发生改变。一般要求∂的值介于 2～5。

当然，除了以上要求，关于 F 函数和 S-盒的设计还有其他建议和要求。这些要求和建议都是为了改进 F 函数和 S-盒的非线性和随机性，从而增强分组密码算法的安全性。

4.2 数据加密标准(DES)

DES(Data Encryption Standard，数据加密标准)算法是使用最为广泛的一种分组密码算法。DES 对推动密码理论的发展和应用起了重大作用。学习 DES 算法对掌握分组密码的基本理论、设计思想和实际应用都有重要的参考价值。20 世纪 70 年代中期，美国政府认为需要一个强大的标准加密系统，美国国家标准局(National Bureau of Standards，NBS)提出了开发这种加密算法的请求，最终 IBM 的 Lucifer 加密系统胜出。有关 DES 算法的历史过程如下：

1972 年，美国商业部所属的美国国家标准局开始实施计算机数据保护标准的开发计划。

1973 年 5 月 13 日，美国国家标准局发布文告征集在传输和存储数据中保护计算机数据的密码算法。

1975 年 3 月 17 日，美国国家标准局首次公布 DES 算法描述，认真地进行了公开讨论。

1977 年 1 月 15 日，美国国家标准局正式批准 DES 为无密级应用的加密标准(FIPS－46)。该标准于当年 7 月 1 日正式生效。以后每隔 5 年美国国家安全局对 DES 的安全性进行一次评估，以便确定是否继续使用它作为加密标准。在 1994 年 1 月的评估后，美国国家标准局决定 1998 年 12 月以后不再将 DES 作为数据加密标准。

4.2.1 DES 的描述

DES 是一个包含 16 个阶段的“替换-置换”的分组加密算法，它以 64 位为分组长度对数据进行加密。64 位的分组明文序列作为加密算法的输入，经过 16 轮加密得到 64 位的密文序列。DES 密钥的长度有 64 位，但用户只提供 56 位，其余 8 位由算法提供，分别放在 8，16，24，32，40，48，56，64 位上，结果是每 8 位密钥包含了用户提供的 7 位和 DES 算法确定的 1 位。添加的位是有选择的，使得每个 8 位的块都含有奇数个奇偶校验位(即 1 的个数为奇数)。DES 的密钥可以是任意的 56 位的数，其中极少量的 56 位的数被认为是弱密钥。为了保证加密的安全性，在加密过程中应该尽量避免使用这些弱密钥。

DES 对 64 位的明文分组进行操作。首先通过一个初始置换 IP，将 64 位的明文分成各 32 位长的左半部分和右半部分，只在 16 轮加密过程进行之前进行一次初始置换，在接下来的轮加密过程中不再进行该置换操作。在经过初始置换操作后，对得到的 64 位序列进行 16 轮加密运算(运算函数为 f)，在运算过程中，输入数据与密钥结合。经过 16 轮后，左、右半部分合在一起得到一个 64 位的输出序列，该序列再经过一个末尾置换 IP^{-1}(逆初始置换)获得最终的密文。具体加密流程见图 4－3。

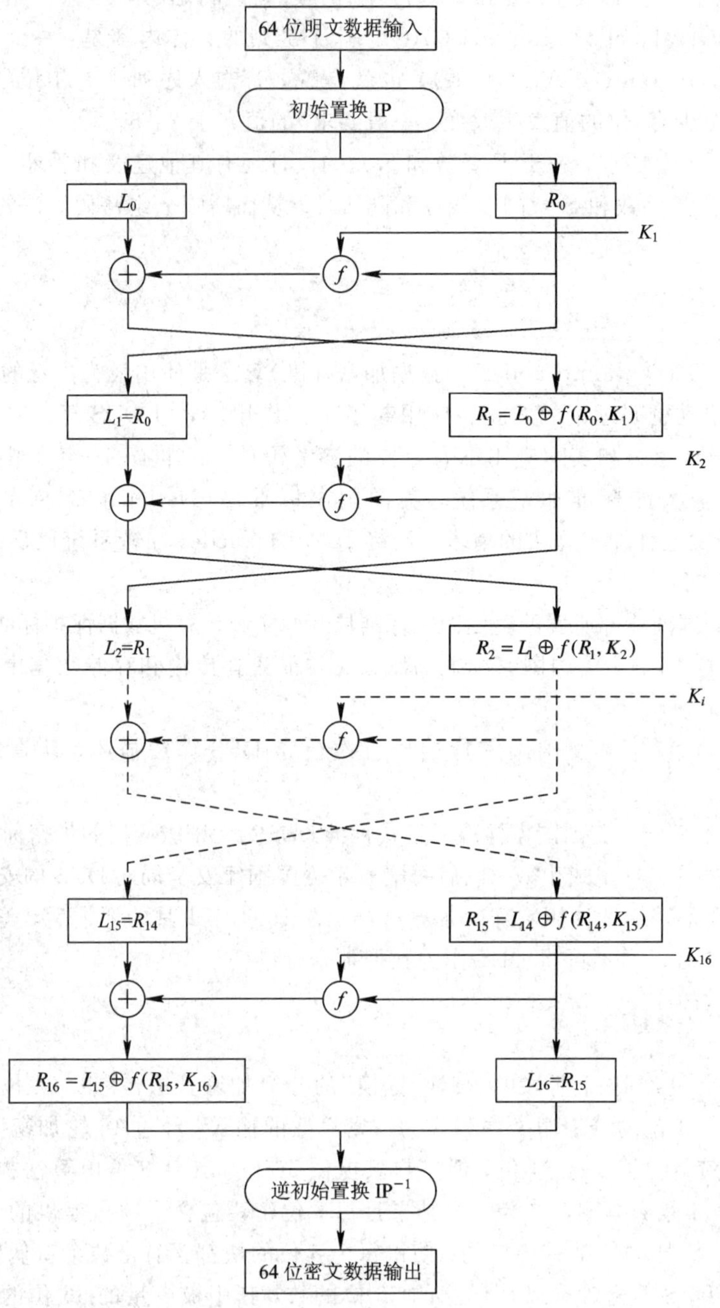

图 4-3 DES 加密流程

初始置换 IP 和对应的逆初始置换 IP^{-1} 操作并不会增强 DES 算法的安全性，它的主要目的是更容易地将明文和密文数据以字节大小放入 DES 芯片中。

DES 的每个阶段使用的是不同的子密钥和上一阶段的输出，但执行的操作相同。这些操作定义在 3 种盒中，分别称为扩充盒(Expansion Box，E-盒)、替换盒(Substitution Box，S-盒)、置换盒(Permutation Box，P-盒)。在每一轮加密过程中，3 个盒子的使用顺序如图 4-4 所示。

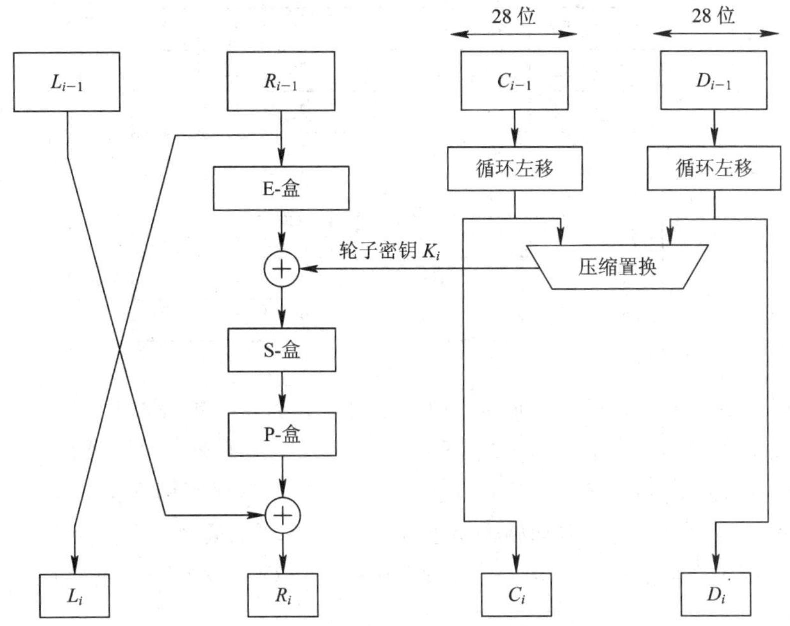

图 4-4　一轮 DES 加密过程

如图 4-4 所示，在每一轮加密过程中，函数 f 的运算包括以下四步：首先将 56 位的密钥等分成长度为 28 位的两部分，根据加密轮数，这两部分密钥分别循环左移 1 位或 2 位后合并成新的 56 位密钥序列，从移位后的 56 位密钥序列中选出 48 位(该部分采用一个压缩置换实现)；其次通过一个扩展变换 E-盒将输入序列 32 位的右半部分扩展成 48 位后与 48 位的轮密钥进行异或运算；接下来通过 8 个 S-盒将异或运算后获得的 48 位的序列替代成一个 32 位的序列；最后对 32 位的序列应用 P-盒进行置换变换得到函数 f 的 32 位输出序列。将函数 f 的输出与输入序列的左半部分进行异或运算后的结果作为新一轮加密过程的输入序列的右半部分，将当前输入序列的右半部分作为新一轮加密过程的输入序列的左半部分。

上述过程重复操作 16 次，便实现了 DES 的 16 轮加密运算。

假设 B_i 是第 i 轮计算的结果，则 B_i 为一个 64 位的序列，L_i 和 R_i 分别是 B_i 的左半部分和右半部分，K_i 是第 i 轮的 48 位密钥，且 f 是实现替换、置换、密钥异或等运算的函数，前 15 轮中每一轮变换的逻辑关系为

$$L_i = R_{i-1} \qquad (i=1, 2, 3, \cdots, 15)$$

$$R_i = L_{i-1} \oplus f(R_{i-1}, K_i) \qquad (i=1, 2, 3, \cdots, 15)$$

第 16 轮变换的逻辑关系为

$$L_{16} = L_{15} \oplus f(R_{15}, K_{16})$$

$$R_{16} = R_{15}$$

下面详细说明 DES 加密过程中的基本操作。

(1) 初始置换。初始置换(Initial Permutation)又称 IP 置换，在第一轮运算之前执行，对输入分组实施如图 4-5 所示的 IP 置换。例如，图 4-5 表示该 IP 置换把输入序列的第 58 位置换到输出序列的第 1 位，把输入序列的第 50 位置换到输出序列的第 2 位，依次类推。

58	50	42	34	26	18	10	2
60	52	44	36	28	20	12	4
62	54	46	38	30	22	14	6
64	56	48	40	32	24	16	8
57	49	41	33	25	17	9	1
59	51	43	35	27	19	11	3
61	53	45	37	29	21	13	5
63	55	47	39	31	23	15	7

图 4-5 初始置换

(2) 密钥置换。DES 加密算法输入的初始密钥为 8 字节，由于每字节的第 8 位用来作为初始密钥的校验位，所以加密算法的初始密钥不考虑每字节的第 8 位，DES 的初始密钥实际对应一个 56 位的序列，每字节的第 8 位作为奇偶校验位以确保密钥不发生错误。DES 密钥的生成过程如图 4-6 所示。首先对初始密钥进行如图 4-7 所示的密钥置换操作，然后从密钥置换后的 56 位密钥中产生出不同的 48 位子密钥(Subkey)，这些子密钥 K_i 通过以下方法产生。

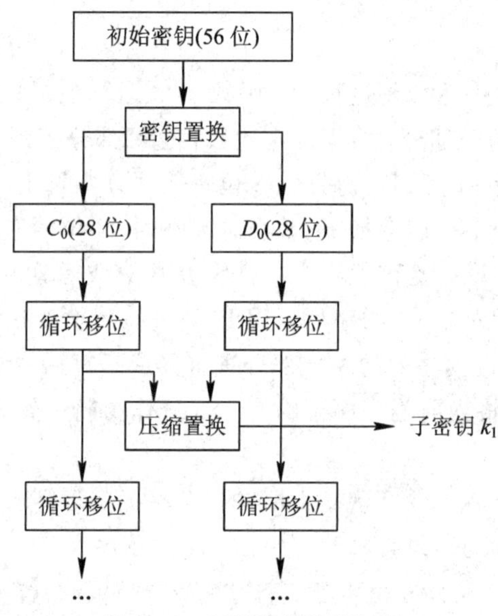

图 4-6 DES 密钥生成过程

57	49	41	33	25	17	9
1	58	50	42	34	26	18
10	2	59	51	43	35	27
19	11	3	60	52	44	36
63	55	47	39	31	23	15
7	62	54	46	38	30	22
14	6	61	53	45	37	29
21	13	5	28	20	12	4

图 4-7 密钥置换

首先将 56 位密钥等分成两部分，然后根据加密轮数，这两部分密钥分别循环左移 1 位或 2 位。表 4－1 给出了对应不同轮数产生子密钥时具体循环左移的位数。

表 4－1　每轮循环左移的位数

轮数	1	2	3	4	5	6	7	8	9	10	11	12	13	14	15	16
位数	1	1	2	2	2	2	2	2	1	2	2	2	2	2	2	1

对两个 28 位的密钥循环左移以后，通过如图 4－8 所示的压缩置换(Compression Permutation，也称为置换选择)从 56 位密钥中选出 48 位作为当前加密的轮密钥。图 4－8 给出的压缩置换不仅置换了 56 位密钥序列的顺序，同时也选择出了一个 48 位的子密钥。例如，56 位密钥中位于第 33 位的密钥对应输出到 48 位轮密钥的第 35 位，而 56 位的密钥中位于第 18 位的密钥在输出的 48 位轮密钥中将不会出现。

14	17	11	24	1	5
3	28	15	6	21	10
23	19	12	4	26	8
16	7	27	20	13	2
41	52	31	37	47	55
30	40	51	45	33	48
44	49	39	56	34	53
46	42	50	36	29	32

图 4－8　压缩置换

图 4－6 所示的产生轮密钥的过程中，由于每一次压缩置换之前都包含一个循环移位操作，所以产生每一个子密钥时使用了不同的初始密钥子集。虽然初始密钥的所有位在子密钥中使用的次数并不完全相同，但在产生的 16 个 48 位子密钥中，初始密钥的每一位大约会被 14 个子密钥使用。由此可见，密钥的设计非常精巧，使得密钥随明文的每次置换而不同，每个阶段使用不同的密钥来执行“替换”或“置换”操作。

(3) 扩展变换。扩展变换(Expansion Permutation，E-盒)将 64 位输入序列的右半部分 R_i 从 32 位扩展到 48 位。扩展变换不仅改变了 R_i 中 32 位输入序列的次序，而且重复了此位。这个操作有以下 3 个基本目的：① 经过扩展变换可以应用 32 位输入序列产生一个与轮密钥长度相同的 48 位序列，从而实现与轮密钥的异或运算；② 扩展变换针对 32 位输入序列提供了一个 48 位的结果，使得在接下来的替代运算中能进行压缩，从而达到更好的安全性；③ 由于输入序列的每一位将影响到两个替换，所以输出序列对输入序列的依赖性将传播得更快，体现出良好的雪崩效应。因此该操作有助于设计的 DES 算法尽可能快地使密文的每一位依赖明文的每一位。

图 4－9 给出了扩展变换中输出位与输入位的对应关系。例如，处于输入分组中第 3 位的数据对应输出序列的第 4 位，而输入分组中第 21 位的数据则分别对应输出序列的第 30 位和第 32 位。

32	1	2	3	4	5
4	5	6	7	8	9
8	9	10	11	12	13
12	13	14	15	16	17
16	17	18	19	20	21
20	21	22	23	24	25
24	25	26	27	28	29
28	29	30	31	32	1

图 4-9 扩展变换

在扩展变换过程中，每一个输出分组的长度都大于输入分组，而且该过程对于不同的输入分组都会产生唯一的输出分组。E-盒的真正作用是确保最终的密文与所有的明文位都有关。

(4) S-盒替换(S-Boxes Substitution)。每一轮加密的48位轮密钥与扩展后的分组序列进行异或运算以后，得到一个48位的结果序列，接下来应用S-盒对该序列进行替换运算。替换由8个S-盒完成，每个S-盒对应6位输入序列，得到相应的4位输出序列。在DES算法中，这8个S-盒是不同的，48位输入被分为8个6位的分组，每一分组对应一个S-盒替换操作，分组1由S-盒1操作，分组2由S-盒2操作，依次类推(见图4-10)。

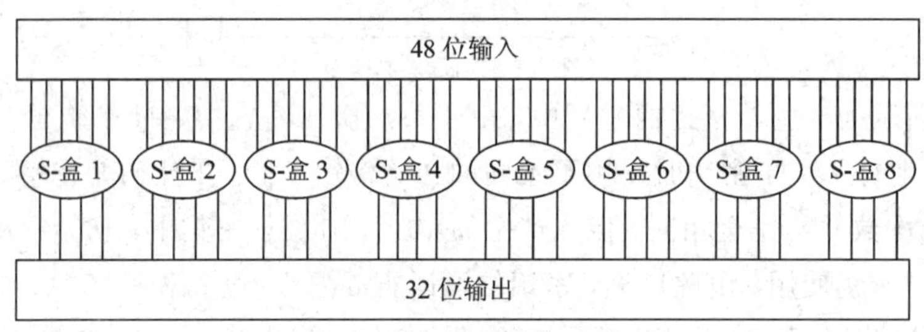

图 4-10 S-盒替换

DES算法中，每个S-盒对应一个4行16列的表，表中的每一项都是一个十六进制的数，相应地对应一个4位的序列。图4-11列出了所有8个S-盒。

14	4	13	1	2	15	11	8	3	10	6	12	5	9	0	7
0	15	7	4	14	2	13	1	10	6	12	11	9	5	3	8
4	1	14	8	13	6	2	11	15	12	9	7	3	10	5	0
15	12	8	2	4	9	1	7	5	11	3	14	10	0	6	13

(a) S-盒 1

15	1	8	14	6	11	3	4	9	7	2	13	12	0	5	10
3	13	4	7	15	2	8	14	12	0	1	10	6	9	11	5
0	14	4	11	10	4	13	1	5	8	12	6	9	3	2	15
13	8	10	1	3	15	4	2	11	6	7	12	0	5	14	9

(b) S-盒 2

10	0	9	14	6	3	15	5	1	13	12	7	11	4	2	8
13	7	0	9	3	4	6	10	2	8	5	14	12	11	15	1
13	6	4	9	8	15	3	0	11	1	2	12	5	10	14	7
1	10	13	0	6	9	8	7	4	15	14	3	11	5	2	12

(c) S-盒 3

7	13	14	3	0	6	9	10	1	2	8	5	11	12	4	15
13	8	11	5	6	15	0	3	4	7	2	12	1	10	14	9
10	6	9	0	12	11	7	13	15	1	3	14	5	2	8	4
3	15	0	6	10	1	13	8	9	4	5	11	12	7	2	14

(d) S-盒 4

2	12	4	1	7	10	11	6	8	5	3	15	13	0	14	9
14	11	2	12	4	7	13	1	5	0	15	10	3	9	8	6
4	2	1	11	10	13	7	8	15	9	12	5	6	3	0	14
11	8	12	7	1	14	2	13	6	15	0	9	10	4	5	3

(e) S-盒 5

12	1	10	15	9	2	6	8	0	13	3	4	14	7	5	11
10	15	4	2	7	12	9	5	6	1	13	14	0	11	3	8
9	14	15	5	2	8	12	3	7	0	4	10	1	13	11	6
4	3	2	12	9	5	15	10	11	14	1	7	6	0	8	13

(f) S-盒 6

4	11	2	14	15	0	8	13	3	12	9	7	5	10	6	1
13	0	11	7	4	9	1	10	14	3	5	12	2	15	8	6
1	4	11	13	12	3	7	14	10	15	6	8	0	5	9	2
6	11	13	8	1	4	10	7	9	5	0	15	14	2	3	12

(g) S-盒 7

13	2	8	4	6	15	11	1	10	9	3	14	5	0	12	7
1	15	13	8	10	3	7	4	12	5	6	11	0	14	9	2
7	11	4	1	9	12	14	2	0	6	10	13	15	3	5	8
2	1	14	7	4	10	8	13	15	12	9	0	3	5	6	11

(h) S-盒 8

图 4-11　S-盒替换

输入序列以一种非常特殊的方式对应 S-盒中的某一项，通过 S-盒的 6 位输入确定其对应的输出序列所在的行和列的值。假定将 S-盒的 6 位输入标记为 b_1，b_2，b_3，b_4，b_5，b_6，则 b_1 和 b_6 组合构成了一个 2 位序列，该 2 位序列对应一个介于 0～3 的十进制数字，该数字表示输出序列在对应的 S-盒中所处的行，输入序列中 b_2～b_5 构成了一个 4 位序列，该 4 位序列对应一个介于 0～15 的十六进制数字，该数字表示输出序列在对应的 S-盒中所处的列，根据行和列的值可以确定相应的输出序列。

【例 4.1】　假设对应第 6 个 S-盒的输入序列为 110011。第 1 位和最后 1 位组合构成的序列为 11，对应的十进制数字为 3，说明对应的输出序列位于 S-盒的第 3 行；中间的 4 位组合构成的序列为 1001，对应的十六进制数字为 9，说明对应的输出序列位于 S-盒的第 9

列。第 6 个 S-盒的第 3 行第 9 列处的数是 14(注意：行、列的记数均从 0 开始，而不是从 1 开始)，14 对应的二进制为 1110，输入序列 110011 对应的输出序列为 1110。

S-盒的设计是 DES 分组加密算法的关键步骤，因为在 DES 算法中，所有其他运算都是线性的，易于分析，而 S-盒是非线性运算，它比 DES 的其他任何操作都能提供更好的安全性。运用 S-盒的替代过程的结果为 8 个 4 位分组序列，它们重新合在一起形成了一个 32 位分组。

(5) P-盒置换(P-boxes Permutation，也称 P 置换)。经过 S-盒替换运算后的 32 位输出应进行 P-盒置换。该置换对 32 位输入序列进行一个置换操作，把每个输入位映射到相应的输出位，任一位不能被映射两次，也不能被略去。图 4-12 给出了 P-盒置换的具体操作。例如，输入序列的第 21 位置换到输出序列的第 4 位，而输入序列的第 4 位被置换到输出序列的第 31 位。

16	7	20	21
29	12	28	17
1	15	23	26
5	18	31	10
2	8	24	14
32	27	3	9
19	13	30	6
22	11	4	25

图 4-12 P-盒置换

将 P-盒置换的结果与该轮输入的 64 位分组的左半部分进行异或运算后，得到本轮加密输出序列的右半部分，本轮加密输入序列的右半部分直接输出，作为本轮加密输出序列的左半部分，相应得到 64 位输出序列。

(6) 逆初始置换。逆初始置换(Inverse Initial Permutation)是初始置换的逆过程，图 4-13 给出了逆初始置换 IP^{-1} 的具体操作。需要说明的是，DES 在 16 轮加密过程中左半部分和右半部分并没有进行交换位置的操作，而是将 R_{16} 与 L_{16} 并在一起形成一个分组作为逆初始置换的输入。这样做保证了 DES 算法加密和解密过程的一致性。

40	8	48	16	56	24	64	32
39	7	47	15	55	23	63	31
38	6	46	14	54	22	62	30
37	5	45	13	53	21	61	29
36	4	44	12	52	20	60	28
35	3	43	11	51	19	59	27
34	2	42	10	50	18	58	26
33	1	41	9	49	17	57	25

图 4-13 逆初始置换

(7) DES 解密。DES 算法的加密过程经过了多次替换、置换、异或和循环移动操作，整个加密过程似乎非常复杂。实际上，DES 算法经过精心选择各种操作而获得了一个非常好的性质——加密和解密可使用相同的算法，即解密过程是将密文作为输入序列进行相应的 DES 加密，与加密过程的唯一不同之处是解密过程使用的轮密钥与加密过程使用的次序相反。如果加密过程中各轮的子密钥分别是 K_1，K_2，K_3，…，K_{16}，那么解密过程中相应的解密子密钥分别是 K_{16}，K_{15}，K_{14}，…，K_1。因此解密过程产生各轮子密钥的算法与加密过程生成轮密钥的算法相同，与加密过程不同的是，解密过程产生子密钥时，初始密钥进行循环右移操作，每产生一个子密钥，对应的初始密钥移动位数分别为 0，1，2，2，2，2，2，2，1，2，2，2，2，2，2，1。这样就可以根据初始密钥生成加密和解密过程所需的各轮子密钥。

下面给出一个 DES 加密的例子。

【例 4.2】 已知明文 m=computer，密钥 k=program，相应的 ASCII 码表示为

$$m=01100011\ 01101111\ 01101101\ 01110000$$
$$01110101\ 01110100\ 01100101\ 01110010$$
$$k=01110000\ 01110010\ 01101111\ 01100111$$
$$01110010\ 01100001\ 01101101$$

其中，k 只有 56 位，必须加入第 8，16，24，32，40，48，56，64 位的奇偶校验位构成 64 位。加入 8 比特奇偶校验位的 64 位密钥为 k=01110000 00111000 10011011 11101100 01110110 10010010 10000101 11011010

其实加入的 8 位奇偶校验位对加密过程不会产生影响。

令 $m=m_1m_2\cdots m_{63}m_{64}$，$k=k_1k_2\cdots k_{63}k_{64}$，其中 $m_1=0$，$m_2=1$，…，$m_{63}=1$，$m_{64}=0$，$k_1=0$，$k_2=1$，…，$k_{63}=1$，$k_{64}=0$。

m 经过 IP 置换后得到

$$L_0=11111111\ 10111000\ 01110110\ 01010111$$
$$R_0=00000000\ 11111111\ 00000110\ 10000011$$

密钥 k 经过置换后得到

$$C_0=11101100\ 10011001\ 00011011\ 1011$$
$$D_0=10110100\ 01011000\ 10001110\ 0110$$

循环左移一位并经压缩置换后得到的 48 位子密钥 k_1

$$k_1=00111101\ 10001111\ 11001101$$
$$00110111\ 00111111\ 01001000$$

R_0 经过扩展变换得到的 48 位序列为

$$10000000\ 00010111\ 11111110$$
$$10000000\ 11010100\ 00000110$$

结果再和 k_1 进行异或运算，得到的结果为

$$10111101\ 10011000\ 00110011$$
$$10110111\ 11101011\ 01001110$$

将得到的结果分成 8 组，即

$$101111\ 011001\ 100000\ 110011$$
$$101101\ 111110\ 101101\ 001110$$

通过 8 个 S-盒得到的 32 位序列为

01110110 00110100 00100110 10100001

对 S-盒的输出序列进行 P 置换，得到

01000100 00100000 10011110 10011111

经过以上操作，得到经过第 1 轮加密的结果序列为

00000000 11111111 00000110 10000011

10111011 10011000 11101000 11001000

以上加密过程进行 16 轮，最终得到加密的密文为

01011000 10101000 01000001 10111000

01101001 11111110 10101110 00110011

需要说明的是，DES 的加密结果可以看作明文 m 和密钥 k 之间的一种复杂函数，所以对应明文或密钥的微小改变，产生的密文序列都将发生很大的变化。

4.2.2 DES 的分析

DES 自被采用作为联邦数据加密标准以来，就遭到了人们猛烈的批评和怀疑。首先是 DES 的密钥长度是 56 位，很多人担心这样的密钥长度不足以抵御穷举式搜索攻击；其次是 DES 的内部结构即 S-盒的设计标准是保密的，使用者无法确信 DES 的内部结构不存在任何潜在的弱点。

S-盒是 DES 强大功能的源泉，8 个不同的 S-盒定义了 DES 的替换模式。查看 DES 的 S-盒结构可以发现，S-盒具有非线性的特征，这意味着给定一个“输入-输出”对的集合，很难预计所有 S-盒的输出。S-盒的另一个很重要的特征是：改变一个输入位，至少会改变两个输出位。例如，如果 S-盒 1 的输入为 010010，其输出位于行 0(二进制为 0000)列 9(二进制为 1001)，值为 10(二进制为 1010)。如果输入的某位改变，假设改变为 110010，那么输出位于行 2(二进制为 0010)列 9(二进制为 1001)，其值为 12(二进制为 1100)。比较这两个值，中间的两个位发生了改变。

事实上，后来的实践表明，DES 的 S-盒被精心设计成能够防止差分分析方法等的攻击。另外，DES 的初始方案——IBM 的 Lucifer 密码体制具有 128 位的密钥长度，DES 的最初方案也有 64 位的密钥长度，但是后来公布的 DES 算法将其减少到 56 位。IBM 声称减少的原因是必须在密钥中包含 8 位奇偶校验位，这意味着 64 位的存储空间只能包含一个 56 位的密钥。

经过人们的不懈努力，对 S-盒的设计已经有了一些基本的设计要求。例如，S-盒的每行必须包括所有可能输出位的组合；如果 S-盒的两个输入只有 1 位不同，那么输出位必须至少有 2 位不同；如果两个输入中间的 2 位不同，那么输出也必须至少有 2 位不同。

许多密码体制都存在着弱密钥，DES 也存在这样的弱密钥和半弱密钥。

如果 DES 的密钥 k 产生的子密钥满足：

$$k_1 = k_2 = \cdots = k_{16}$$

则有

$$\mathrm{DES}_k(m) = \mathrm{DES}_k^{-1}(m)$$

这样的密钥 k 称为 DES 算法的弱密钥。

DES 的弱密钥有以下 4 种：

k=01 01 01 01 01 01 01 01

k=1F 1F 1F 1F 0E 0E 0E 0E

k=E0 E0 E0 E0 F1 F1 F1 F1

k= FE FE FE FE FE FE FE FE

如果 DES 的密钥 k 和 k'满足：

$$\mathrm{DES}_k(m)=\mathrm{DES}_{k'}^{-1}(m)$$

则称密钥 k 和 k'是 DES 算法的一对半弱密钥。半弱密钥只交替地生成两种密钥。

DES 的半弱密钥有以下 6 对：

k=01	FE	01	FE	01	FE	01	FE
k'=FE	01	FE	01	FE	01	FE	01
k=1F	E0	1F	E0	0E	F1	0E	F1
k'=E0	1F	E0	1F	F1	0E	F1	0E
k=01	E0	01	E0	E0	F1	01	F1
k'=E0	01	E0	01	F1	01	F1	01
k=1F	FE	1F	FE	0E	FE	0E	FE
k'=FE	1F	FE	1F	FE	0E	FE	0E
k=01	1F	01	1F	01	0E	01	0E
k'=1F	01	1F	01	0E	01	0E	01
k=E0	FE	E0	FE	F1	FE	F1	FE
k'=FE	E0	FE	E0	FE	F1	FE	F1

以上 0 表示二值序列 0000，1 表示二值序列 0001，E 表示二值序列 1110，F 表示二值序列 1111。

对 DES 攻击最有意义的方法是差分分析方法(Difference Analysis Method)。差分分析方法是一种选择明文攻击法，最初是由 IBM 的设计小组在 1974 年发现的，所以 IBM 在设计 DES 算法的 S-盒和换位变换时有意识地避免差分分析攻击，对 S-盒在设计阶段进行了优化，使得 DES 能够抵抗差分分析攻击。

对 DES 攻击的另一种方法是线性分析方法(Linear Analysis Method)。线性分析方法是一种已知明文攻击法，由 Mitsuru Matsui 在 1993 年提出。这种攻击需要大量的已知“明文-密文”对，但比差分分析方法的少。

当将 DES 用于智能卡等硬件装置时，通过观察硬件的性能特征，可以发现一些加密操作的信息，这种攻击方法叫作旁路攻击法(Side-Channel Attack)。例如，当处理密钥的“1”位时，要消耗更多的能量，通过监控能量的消耗可以知道密钥的每个位。此外，还有一种攻击可用于监控完成一个算法所耗时间的微秒数，所耗时间数也可以反映部分密钥的位。

DES 加密的轮数对安全性也有较大的影响。如果 DES 只进行 8 轮加密过程，则在普通的个人电脑上只需要几分钟就可以破译密码。如果 DES 加密过程进行 16 轮，则应用差分分析攻击比穷尽搜索攻击稍微有效一些。然而如果 DES 加密过程进行 18 轮，则差分分析攻击和穷尽搜索攻击的效率基本一样。如果 DES 加密过程进行 19 轮，则穷尽搜索攻击的效率还要优于差分分析攻击的效率。

总体来说，对DES的破译研究大体上可分为以下三个阶段：

第一阶段是从DES诞生至20世纪80年代末，这一时期，研究者发现了DES的一些可利用的弱点，如DES中明文、密文和密钥间存在互补关系，DES存在弱密钥、半弱密钥等，然而这些弱点都没有对DES的安全性构成实质性威胁。

第二阶段以差分密码分析和线性密码分析这两种密码分析方法的出现为标志。差分密码攻击的关键是基于分组密码函数的差分不均匀性，分析明文对的“差量”对后续各轮输出的“差量”的影响，由某轮的输入差量和输出对来确定本轮的部分内部密钥。线性密码分析的主要思想是寻求具有最大概率的明文若干比特的和、密钥若干比特的和与密文若干比特的和之间的线性近似表达式，从而破译密钥的相应比特。尽管这两种密码分析方法还不能完全破译16轮的DES，但它们成功破译了8轮、12轮的DES，彻底打破了DES密码体制“牢不可破”的神话，奏响了破译DES的前奏曲。

第三阶段是DES被破译阶段。20世纪90年代末，随着大规模集成电路工艺的不断发展，采用穷举法搜索DES密钥空间来进行破译在硬件设备上已经具备条件。由美国电子前沿基金会（Electronic Frontier Foundation，EFF）牵头，密码研究所和高级无线电技术公司参与设计建造了DES破译机。该破译机可用两天多时间破译一份DES加密的密文，而整个破译机的研制经费不到25万美元。DES破译机采用的破译方法是强破译攻击法，这种方法针对特定的加密算法设计出相应的硬件来对算法的密钥空间进行穷举搜索。在2000年的“挑战DES”比赛中，强破译攻击法仅用2个小时就破译了DES算法。

DES密码体制虽然已经被破译，但是从对密码学领域的贡献来看，DES密码体制的提出和广泛使用推动了密码学在理论和实现技术上的发展。DES密码体制对密码技术的贡献可以归纳为以下几点：

(1) DES密码体制公开展示了能完全适应某一历史阶段的信息安全需求的一种密码体制的构造方法。

(2) DES密码体制是世界上第一个数据加密标准，它确立了这样一个原则，即算法的细节可以公开但密码的使用法仍是保密的。

(3) DES密码体制表明用分组密码对密码算法进行标准化这种方法是方便可行的。

(4) 由DES的出现而引起的讨论及附带的标准化工作确立了安全使用分组密码的若干准则。

(5) DES的出现推动了密码分析理论和技术的快速发展，出现了差分分析、线性分析等许多新的有效的密码分析方法。

随着计算机硬件技术的飞速发展，DES的安全性越来越受到人们的质疑。为了提高DES加密算法的安全性，人们一直在研究改进DES算法安全性能的方法。下面介绍两种较为基本的针对DES算法的改进方法。

(1) 改进方法一。

设明文消息x的长度比较大，将其分为64位一组，其结果表示如下：

$$x=x_1 \| x_2 \| x_3 \| \cdots \| x_n$$

相应的密文序列 y 表示为

$$y=y_1 \| y_2 \| y_3 \| \cdots \| y_n$$

其中，$y_i=\mathrm{DES}_k(x_i)(i=1, 2, \cdots, n)$。

在以上加密过程中，当明文序列的结构有一定的固定格式时，相应的密文序列也会表现出一定的规律性，从而导致加密算法不安全。对该问题可以采用分组反馈的方法进行改进。

对明文分组 $x_i(i=2, 3, \cdots, n)$进行加密前，先将明文分组消息和前一组加密的密文分组序列 y_{i-1}进行异或运算，然后对运算的结果序列进行加密操作，即

$$y_i=\begin{cases}\mathrm{DES}_k(x_i) & (i=1)\\ \mathrm{DES}_k(x_i \oplus y_{i-1}) & (i=2, 3, \cdots, n)\end{cases}$$

以上加密过程的流程如图 4-14 所示。

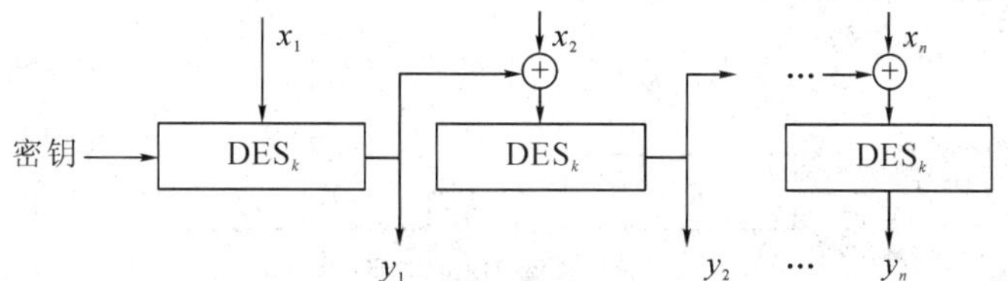

图 4-14　DES 改进算法加密流程

相应的解密过程为

$$x_i=\begin{cases}\mathrm{DES}_k^{-1}(y_i) & (i=1)\\ \mathrm{DES}_k^{-1}(y_i) \oplus y_{i-1} & (i=2, 3, \cdots, n)\end{cases}$$

以上解密过程的流程如图 4-15 所示。

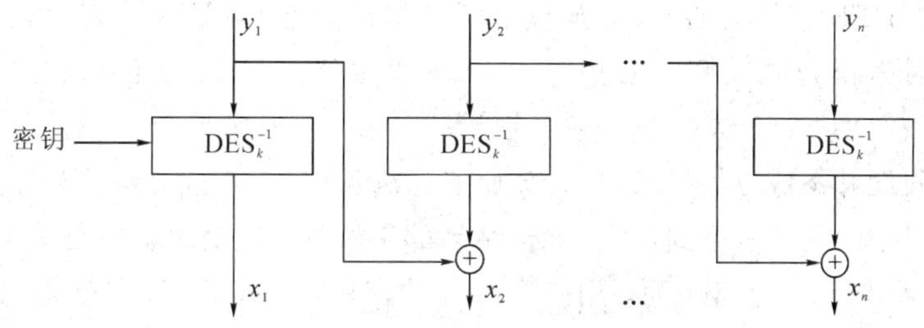

图 4-15　DES 改进算法解密流程

以上改进方法采用了密文反馈的方式进行加密，当明文序列的结构有一定的固定格式时，相应的密文序列表现出的规律性会被隐藏，从而能有效改进加密算法的安全性。

(2) 改进方法二。

由于 DES 算法的密钥长度只有 56 位，因此其安全性较差。最简单的改进算法安全性的方法是应用不同的密钥对同一个分组消息进行多次加密，由此产生了多重 DES 加密算法。

4.2.3　多重 DES

下面分别描述双重 DES 和三重 DES 的加密过程。

1. 双重 DES

最简单的双重 DES 的加密过程是采用两个不同的密钥分两步对明文分组消息进行加密。给定一个明文分组 x 和两个加密密钥 K_1、K_2，相应的密文消息 y 由下式得到：

$$y=\mathrm{DES}_{K_2}[\mathrm{DES}_{K_1}(x)]$$

双重 DES 算法的加密流程如图 4 - 16 所示。

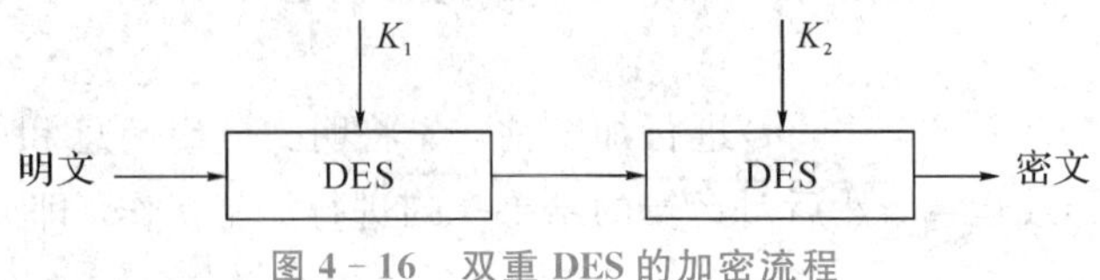

图 4 - 16 双重 DES 的加密流程

相应的解密过程为

$$x=\mathrm{DES}_{K_1}^{-1}(\mathrm{DES}_{K_2}^{-1}(y))$$

双重 DES 算法的解密流程如图 4 - 17 所示。

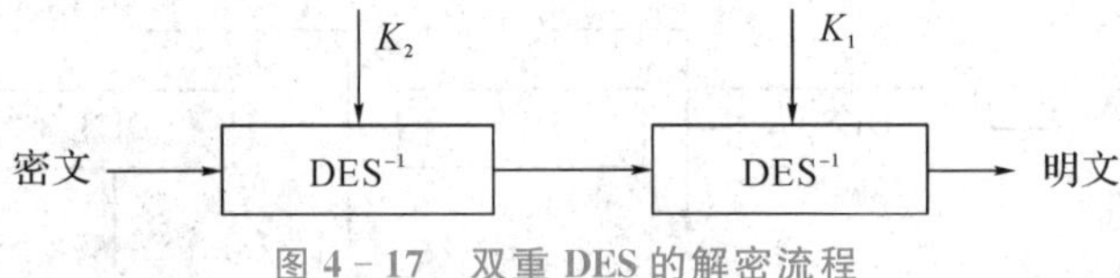

图 4 - 17 双重 DES 的解密流程

相比于传统的 DES 算法，以上改进方案的密钥长度变为 128 位(实际为 112 位)，因此算法的安全性有一定的改进。下面我们对双重 DES 加密方法进行安全性分析。

假设对 DES 与所有的 56 位密钥值给定任意的两个密钥 K_1 和 K_2，如果都可以得到一个密钥 K_3，使得

$$\mathrm{DES}_{K_2}(\mathrm{DES}_{K_1}(x))=\mathrm{DES}_{K_3}(x)$$

成立，那么双重 DES 的两次加密(甚至包括任意多次加密)对算法的安全性来说都没有实质性的意义，因为得到的加密结果都等于 DES 算法使用一个 56 位密钥进行一次加密的结果。

好在这一假设并不成立，如果将 DES 加密算法看作从 64 位分组消息序列到另一个 64 位消息序列的一个映射，考虑到加密/解密结果的唯一性，这个映射应是一个置换。对于所有可能的 2^{64} 个明文消息分组序列，用一个特定的密钥进行 DES 加密就是把每个分组映射为另一个唯一的 64 位消息序列，那么对于 2^{64} 个明文消息分组序列，产生一个置换的不同映射的个数为

$$(2^{64})!=10^{347\,380\,000\,000\,000\,000\,000}$$

另一方面，DES 的每一个密钥都可以定义一个映射，因此由 56 位密钥可以定义的映射个数为

$$2^{56}<<(2^{64})!$$

1992 年，人们证明了由两个不同的密钥组成的双重 DES 对应的映射不会出现在 DES 定义的映射中，这意味着双重 DES 不会等价于 DES。这说明双重 DES 加密算法的密钥空间要大于 DES 算法，所以其安全性优于 DES 算法。

如图 4 - 18 所示，双重 DES 加密算法不能抵抗中间点匹配攻击法(Meet-in-the-Middle

Attack)。如果以存储空间为代价来换取时间消耗的话，破解双重DES花费的时间只比破解标准DES多一点，这个过程需要一个已知“明文-密文”对。如果有足够的存储空间可用，则用每个可能的密钥将已知明文加密并保存加密结果，然后用每一个可能的密钥将密文解密，并将每个结果与内存中的内容进行比较，如果匹配，那么这两个密钥就都找到了。如此，对于一个加密过程，最多需要计算2^{56}个密钥，解密过程也是2^{56}个密钥。也就是说，只有$2\times2^{56}=2^{57}$个密钥，远少于2^{112}个密钥。中间点匹配攻击法不仅限于用来破解双重DES，事实证明，它还可以用来破解其他加密法，甚至可以用来破解密钥管理系统。

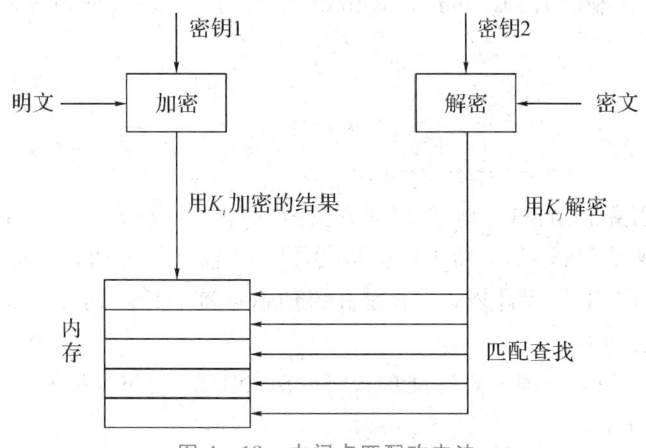

图4-18　中间点匹配攻击法

2. 三重DES

在众多多重DES算法中，由Tuchman提出的三重DES算法是一种被广泛接受的改进方法。在该加密算法中，加密过程用两个不同的密钥K_1和K_2对一个分组消息进行3次DES加密。首先使用第一个密钥进行DES加密，然后使用第二个密钥对第一次的结果进行DES解密，最后使用第一个密钥对第二次的结果进行DES加密，即

$$y=\mathrm{DES}_{K_1}(\mathrm{DES}_{K_2}^{-1}(\mathrm{DES}_{K_1}(x)))$$

三重DES算法的加密流程如图4-19所示。

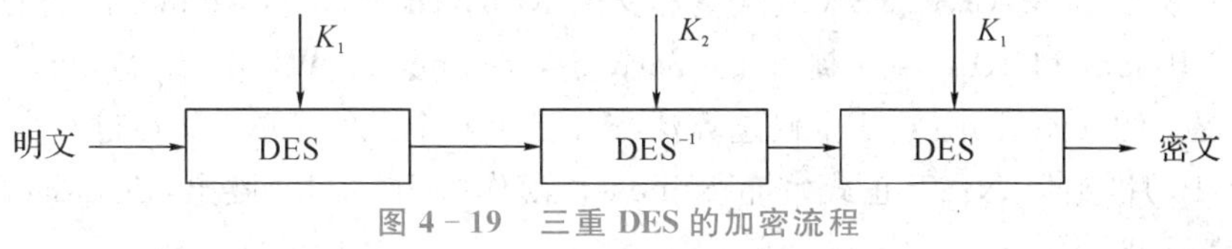

图4-19　三重DES的加密流程

解密过程首先使用第一个密钥进行DES解密，然后使用第二个密钥对第一次的结果进行DES加密，最后使用第一个密钥对第二次的结果进行DES解密，即

$$x=\mathrm{DES}_{K_1}^{-1}(\mathrm{DES}_{K_2}(\mathrm{DES}_{K_1}^{-1}(y)))$$

三重DES算法的解密流程如图4-20所示。

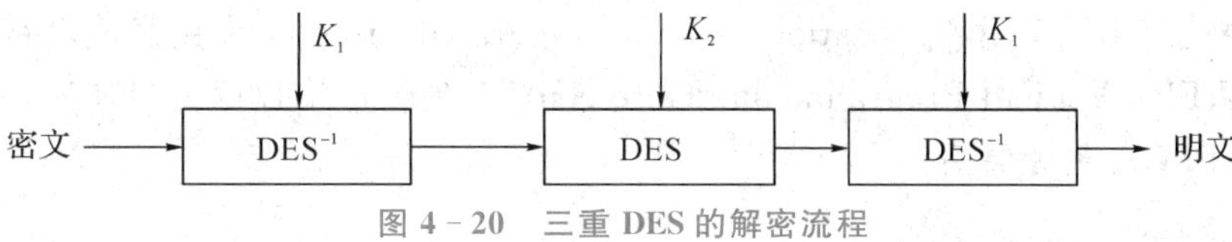

图4-20　三重DES的解密流程

以上这种加密模式称为加密-解密-加密(EDE)模式。DES算法的密钥长度是56位，所以三重DES算法的密钥长度是112位。使用两个密钥的三重DES是一种较受欢迎的改进算法，目前三重DES已经被用于密钥管理标准ANS X9.17和ISO 8732中。

为了找到一种安全有效的DES替代算法。1997年4月15日，美国国家标准技术研究所(National Institute of Standards and Technology，NIST)发起了征集DES的替代算法——AES算法的活动，希望找到一种非保密的可以公开和免费使用的新的分组密码算法，使其成为21世纪秘密和公开部门的数据加密标准。经过长达4年的算法征集和研究，最终确定了将两名比利时人Daemen和Rijmen提出的Rijndael分组加密算法作为DES的替代算法。

4.3 高级数据加密标准(AES)

自从DES加密算法问世以来，美国国家安全局(National Security Agency，NSA)以外的研究人员20年来尝试破解56位DES，取得了不同程度的成功，为此，美国国家标准局提出了一项取代DES的投标计划，这就是高级加密标准AES。对于DES算法的改进工作从1997年开始公开进行。

1997年9月12日，美国国家标准技术研究所(NIST)发布了征集算法的正式公告和具体细节，其要求如下：

(1) 应是对称分组加密，具有可变长度的密钥(128、192或256位)，具有128位的分组长度。

(2) 应比三重DES快，至少与三重DES一样安全。

(3) 应可应用于公共领域并能够在全世界范围内免费使用。

(4) 应至少在30年内是安全的。

1998年8月20日，NIST在第一次AES候选大会上公布了满足条件的来自10个不同国家的15个AES的候选算法。在确定最终算法之前，这些算法先经历了一个很长的公开分析过程。在第二次会议之后，NIST从这15个候选算法中选出了5个AES的候选算法，分别是IBM提交的MARS，RSA实验室提交的RC6，Daemen和Rijmen提交的Rijndael，Anderson、Biham和Knudsen提交的Serpent，Schneier、Whiting、Wagner、Hall和Ferguson提交的Twofish。这5个候选算法都经受了6个月的考验，又经过6个月的测试。到2000年10月2日，NIST正式宣布Rijndael(读作“rain-doll”)胜出，Rijndael被选为高级数据加密标准。

Rijndael能够胜出，除了具有软件实现速度和子密钥生成时间的优势外，另一部分原因是它能用硬件有效地实现。加密速度和硬件实现的特性也是评估加密算法优劣的重要因素。加密算法使用硬件实现主要有两个原因：一是软件实现太慢，不能满足应用需求；二是硬件实现在速度上的优势可以暴露加密算法的一些弱点。目前，将AES嵌入硬件有两种方法：一种是使用ASIC(Application Specific Integrated Circuit，专用集成电路)实现；另一种是使用FPGA(Field Programmable Gate Array，现场可编程逻辑门阵列)实现。这两种方法中，FPGA更为灵活。

4.3.1　AES 数学基础

AES 中的运算是按字节或 4 字节的字定义的，并把 1 字节看成系数在 GF(2)上的次数小于 8 的多项式，即把 1 字节看成有限域 GF(2^8)中的一个元素，把一个 4 字节的字看成系数在 GF(2^8)上且次数小于 4 的多项式。

在有限域 GF(2^8)上的字节运算中，把 $b_7b_6b_5b_4b_3b_2b_1b_0$ 构成的 1 字节看成系数在(0，1)中取值的多项式：

$$b_7x^7+b_6x^6+b_5x^5+b_4x^4+b_3x^3+b_2x^2+b_1x+b_0$$

例如，把十六进制数 23 对应的二进制数 00100011 看成 1 字节，则对应的多项式为 x^5+x+1。

1. 多项式加法

在多项式表示中，两个元素的和是一个多项式，其系数是两个元素的对应系数的模 2 加。

【例 4.3】 求 23 与 64 的模 2 加。

解　采用二进制记法：

$$23\rightarrow 00100011\quad 64\rightarrow 01100100$$

$$00100011\oplus 01100100=01000111\rightarrow 47$$

或者采用其多项式记法：

$$00100011\rightarrow x^5+x+1$$

$$01100100\rightarrow x^6+x^5+x^2$$

$$(x^5+x+1)+(x^6+x^5+x^2)=x^6+x^2+x+1\rightarrow 01000111\rightarrow 47$$

因此，$23\oplus 64=47$。

显然，该多项式加法与简单的以字节为单位的比特异或是一致的。

2. 多项式乘法

有限域 GF(2^8)中两个元素的乘法为模 2 元域 GF(2)上的一个 8 次不可约多项式的多项式乘法。对于 AES，这个 8 次不可约多项式为

$$m(x)=x^8+x^4+x^3+x+1$$

【例 4.4】 计算 23 · 64。

解　由于

$$\begin{aligned}x^8&\equiv(x^4+x^3+x+1)\bmod m(x)\\x^9&\equiv(x^5+x^4+x^2+x)\bmod m(x)\\x^{10}&\equiv(x^6+x^5+x^3+x^2)\bmod m(x)\\x^{11}&\equiv(x^7+x^6+x^4+x^3)\bmod m(x)\end{aligned}$$

所以

$$\begin{aligned}(x^5+x+1)(x^6+x^5+x^2)&=(x^{11}+x^{10}+x^7)+(x^7+x^6+x^3)+(x^6+x^5+x^2)\\&=x^{11}+x^{10}+x^5+x^3+x^2\\&=(x^7+x^6+x^4+x^3)+(x^6+x^5+x^3+x^2)+x^5+x^3+x^2\\&=x^7+x^4+x^3\end{aligned}$$

即

$$(x^5+x+1)(x^6+x^5+x^2)=x^7+x^4+x^3 \quad \text{（多项式表示）}$$

$$00100011 \cdot 01100100=10011000 \quad \text{（二进制表示）}$$

$$23 \cdot 64=98 \quad \text{（十六进制表示）}$$

3. *x* 乘法

把 $b_7b_6b_5b_4b_3b_2b_1b_0$ 构成的 1 字节看成系数在(0，1)中取值的多项式：

$$B(x)=b_7x^7+b_6x^6+b_5x^5+b_4x^4+b_3x^3+b_2x^2+b_1x+b_0$$

用 x 乘以多项式 $B(x)$：

$$xB(x)=b_7x^8+b_6x^7+b_5x^6+b_4x^5+b_3x^4+b_2x^3+b_1x^2+b_0x$$

如果 $b_7=0$，则

$$xB(x)=b_6x^7+b_5x^6+b_4x^5+b_3x^4+b_2x^3+b_1x^2+b_0x$$

构成的字节为$(b_6b_5b_4b_3b_2b_1b_00)$。

如果 $b_7=1$，则

$$\begin{aligned}xB(x)&=x^8+b_6x^7+b_5x^6+b_4x^5+b_3x^4+b_2x^3+b_1x^2+b_0x\\&=(x^4+x^3+x+1)+b_6x^7+b_5x^6+b_4x^5+b_3x^4+b_2x^3+b_1x^2+b_0x\end{aligned}$$

构成的字节为$(00011011)\oplus(b_6b_5b_4b_3b_2b_1b_00)$。

归纳如下：

$$02\rightarrow 00000010\rightarrow x$$

$$\begin{aligned}xB(x)&=b_7x^8+b_6x^7+b_5x^6+b_4x^5+b_3x^4+b_2x^3+b_1x^2+b_0x\\&=b_7(x^4+x^3+x+1)+b_6x^7+b_5x^6+b_4x^5+b_3x^4+b_2x^3+b_1x^2+b_0x\end{aligned}$$

对应的字节为$(000b_7b_70b_7b_7)\oplus(b_6b_5b_4b_3b_2b_1b_00)$。

$$03\rightarrow 00000011\rightarrow x+1$$

$$\begin{aligned}(x+1)B(x)&=b_7x^8+b_6x^7+b_5x^6+b_4x^5+b_3x^4+b_2x^3+b_1x^2+b_0x\\&\quad+b_7x^7+b_6x^6+b_5x^5+b_4x^4+b_3x^3+b_2x^2+b_1x+b_0\\&=b_7(x^4+x^3+x+1)+(b_6x^7+b_5x^6+b_4x^5+b_3x^4+b_2x^3+b_1x^2+b_0x)\\&\quad+(b_7x^7+b_6x^6+b_5x^5+b_4x^4+b_3x^3+b_2x^2+b_1x+b_0)\end{aligned}$$

则构成的字节为$(000b_7b_70b_7b_7)\oplus(b_6b_5b_4b_3b_2b_1b_00)\oplus(b_7b_6b_5b_4b_3b_2b_1b_0)$。

4. 系数在 GF(2^8)上的多项式

4 个字节构成的向量可以表示为系数在 GF(2^8)上的次数小于 4 的多项式。多项式的加法就是对应系数相加，换句话说，多项式的加法就是 4 字节向量的逐比特异或。

规定多项式的乘法运算必须要取模 $M(x)=x^4+1$，这样使得次数小于 4 的多项式的乘积仍然是一个次数小于 4 的多项式。将多项式的模乘运算记为“·”，设

$$a(x)=a_3x^3+a_2x^2+a_1x+a_0$$

$$b(x)=b_3x^3+b_2x^2+b_1x+b_0$$

$$c(x)=a(x)\cdot b(x)=c_3x^3+c_2x^2+c_1x+c_0$$

由于 $x^j \bmod (x^4+1)=x^{j \bmod 4}$，所以

$$c_0 = a_0 b_0 \oplus a_3 b_1 \oplus a_2 b_2 \oplus a_1 b_3$$
$$c_1 = a_1 b_0 \oplus a_0 b_1 \oplus a_3 b_2 \oplus a_2 b_3$$
$$c_2 = a_2 b_0 \oplus a_1 b_1 \oplus a_0 b_2 \oplus a_3 b_3$$
$$c_3 = a_3 b_0 \oplus a_2 b_1 \oplus a_1 b_2 \oplus a_0 b_3$$

可将上述计算表示为

$$\begin{pmatrix} c_0 \\ c_1 \\ c_2 \\ c_3 \end{pmatrix} = \begin{pmatrix} a_0 & a_3 & a_2 & a_1 \\ a_1 & a_0 & a_3 & a_2 \\ a_2 & a_1 & a_0 & a_3 \\ a_3 & a_2 & a_1 & a_0 \end{pmatrix} \begin{pmatrix} b_0 \\ b_1 \\ b_2 \\ b_3 \end{pmatrix}$$

注意到 $M(x)$不是 GF(2^8)上的不可约多项式(甚至也不是 GF(2)上的不可约多项式)，因此非 0 多项式的这种乘法不是群运算。不过在 Rijndael 密码中，对多项式 $b(x)$，这种乘法运算只限于乘一个固定的有逆元的多项式 $a(x) = a_3 x^3 + a_2 x^2 + a_1 x + a_0$。

4.3.2 AES 的描述

AES 是作为 DES 的替代标准出现的，全称为 Advanced Encryption Standard，即高级加密标准。AES 明文分组长度为 128 位，即 16 字节，密钥长度可以为 16 字节、24 字节、32 字节，即 128 位密钥、192 位密钥、256 位密钥。根据不同的密钥长度，AES 算法可以分为三个版本：AES-128、AES-192、AES-256。不同的密钥长度，其加密轮数也不同，如 AES-128 的加密轮数为 10 轮，AES-192 的加密轮数为 12 轮，AES-256 的加密轮数为 14 轮。

与 DES 不同，AES 算法没有使用 Feistel 型结构，其结构称为 SPN 结构。AES 算法也由多个轮组成，其中每个轮分为 BytesSub、ShiftRows、MixColumns、AddRoundKey 4 个步骤，即字节代换、行移位、列混淆和密钥加。

对于 128 位的消息分组，AES 加密算法的执行过程如下：

(1) 输入长度为 128 位的分组明文 x，将其按照一定的规则赋值给消息矩阵 State，然后将对应的轮密钥矩阵 Roundkey 与消息矩阵 State 进行异或运算 AddRoundkey(State, Roundkey)。

(2) 在加密算法的前 $N-1$ 轮中，每一轮加密先对消息 x 应用 AES 算法的 S-盒进行一次字节代换操作，称为 ByteSubs(State)；对消息矩阵 State 进行行移位操作，称为 ShiftRows(State)；然后对消息矩阵 State 进行列混淆操作，称为 MixColumns(State)；最后与轮密钥 Roundkey 进行密钥加运算 AddRoundkey(State, Roundkey)。

(3) 对前 $N-1$ 轮加密的结果消息矩阵 State 再依次进行 ByteSubs(State)、ShiftRows(State)和 AddRoundkey(State, Roundkey)操作。

(4) 将输出的结果消息矩阵 State 定义为密文 y。

AddRoundkey(State, Roundkey)、ByteSubs(State)、ShiftRows(State)和 MixColumns(State)也被称为 AES 算法的内部函数。

AES 算法的具体加密流程如图 4-21 所示。

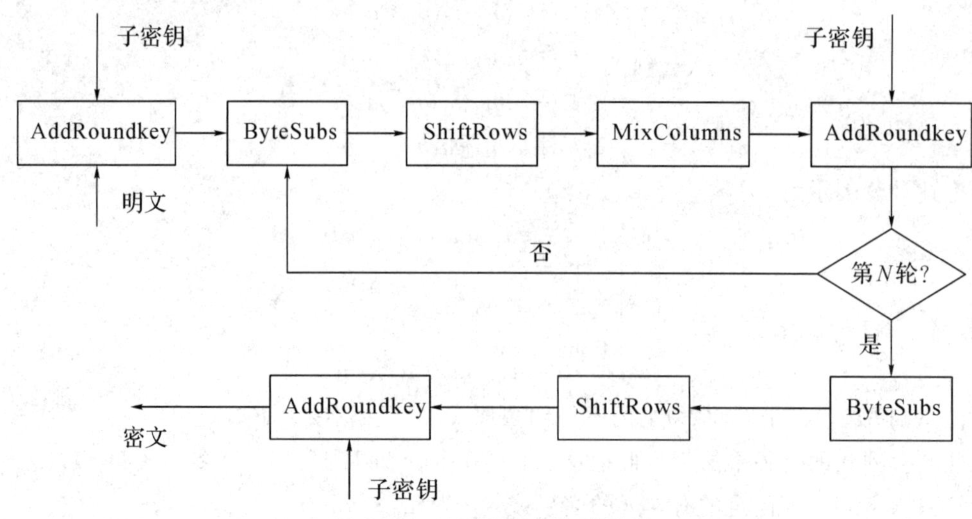

图 4－21　AES 算法的加密流程

下面对 AES 算法加密过程中用到的相关操作进行详细描述。

AES 中的操作都是以字节为对象的，操作所用到的变量是由一定数量的字节构成的。输入的明文消息 x 长度是 128 位，将其表示为 16 字节 x_0，x_1，…，x_{15}，初始化消息矩阵 State 如图 4－22 所示。

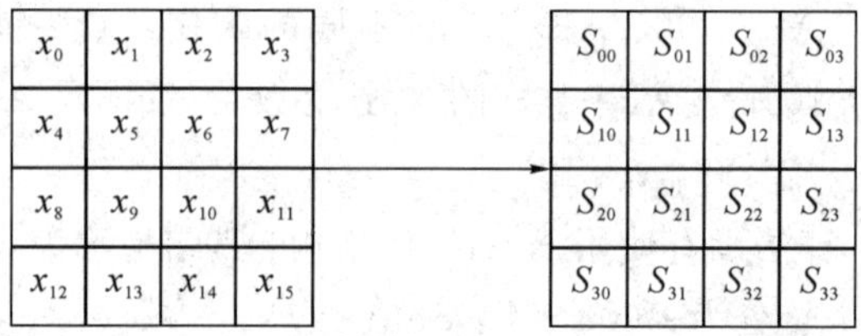

图 4－22　初始化消息矩阵 State

1. 字节代换(ByteSubs)

函数 ByteSubs(State)对消息矩阵 State 中的每个元素(每个元素对应每一个字节)进行一个非线性替换，任一个非零元素 $x \in F_{2^8}$(即由不可约的 8 次多项式生成的伽罗瓦域)被下面的变换所代替：

$$y = \boldsymbol{A}x^{-1} + \boldsymbol{b} \tag{4-1}$$

其中：

$$\boldsymbol{A} = \begin{pmatrix} 1 & 1 & 1 & 1 & 1 & 0 & 0 & 0 \\ 0 & 1 & 1 & 1 & 1 & 1 & 0 & 0 \\ 0 & 0 & 1 & 1 & 1 & 1 & 1 & 0 \\ 0 & 0 & 0 & 1 & 1 & 1 & 1 & 1 \\ 1 & 0 & 0 & 0 & 1 & 1 & 1 & 1 \\ 1 & 1 & 0 & 0 & 0 & 1 & 1 & 1 \\ 1 & 1 & 1 & 0 & 0 & 0 & 1 & 1 \\ 1 & 1 & 1 & 1 & 0 & 0 & 0 & 1 \end{pmatrix},\ \boldsymbol{b} = \begin{pmatrix} 0 \\ 1 \\ 1 \\ 0 \\ 0 \\ 0 \\ 1 \\ 1 \end{pmatrix}$$

这里 $\boldsymbol{b}$ 为固定的向量值 63(用二进制表示)。上述变换的非线性性质来自 x^{-1}(即 x 在阶为 8 的伽罗瓦域 F_{2^8} 中的逆元)，如果将该变换直接作用于变量 x，那么该变换就是一个线性变换。另外，由于常数矩阵 $\boldsymbol{A}$ 是一个可逆矩阵，所以函数 ByteSubs(State)是可逆的。

上面给出的 AES 算法中的 ByteSubs(State)操作相当于 DES 算法中 S-盒的作用。该代换矩阵也可以看作 AES 算法的 S-盒。实际上，函数 ByteSubs(State)对 State 中每一个字节进行的非线性代换与表 4-2 给出的 AES 算法的“S-盒”对 x 进行代换的结果是等价的。

表 4-2　AES 算法的 S-盒

变量 x	变量 x															
	0	1	2	3	4	5	6	7	8	9	A	B	C	D	E	F
0	63	7C	77	7B	F2	6B	6F	C5	30	01	67	2B	FE	D7	AB	76
1	CA	82	C9	7D	FA	59	47	F0	AD	D4	A2	AF	9C	A4	72	C0
2	B7	FD	93	26	36	3F	F7	CC	34	A5	E5	F1	71	D8	31	15
3	04	C7	23	C3	18	96	05	9A	07	12	80	E2	EB	27	B2	75
4	09	83	2C	1A	1B	6E	5A	A0	52	3B	D6	B3	29	E3	2F	84
5	53	D1	00	ED	20	FC	B1	5B	6A	CB	BE	39	4A	4C	58	CF
6	D0	EF	AA	FB	43	4D	33	85	45	F9	02	7F	50	3C	9F	A8
7	51	A3	40	8F	92	9D	38	F5	BC	B6	DA	21	10	FF	F3	D2
8	CD	0C	13	EC	5F	97	44	17	C4	A7	7E	3D	64	5D	19	73
9	60	81	4F	DC	22	2A	90	88	46	EE	B8	14	DE	5E	0B	DB
A	E0	32	3A	0A	49	06	24	5C	C2	D3	AC	62	91	95	E4	79
B	E7	C8	37	6D	8D	D5	4E	A9	6C	56	F4	EA	65	7A	AE	08
C	BA	78	25	2E	1C	A6	B4	C6	E8	DD	74	1F	48	BD	8B	8A
D	70	3E	B5	66	48	03	F6	0E	61	35	57	B9	86	C1	1D	9E
E	E1	F8	98	11	69	D9	8E	94	9B	1E	87	E9	CE	55	28	DF
F	8C	A1	89	0D	BF	E6	42	68	41	99	2D	0F	B0	54	BB	16

下面对表 4-2 给出的对应关系的有效性进行简单的验证。

设 $x=00001001$，将其转换成 2 个十六进制的数字形式 $x=09$，通过表 4-2 给出的对应关系可知，与 x 对应的 $y=01$。

这个对应关系如果按照公式(4-1)进行计算，相应的过程为

$$\begin{pmatrix}y_7\\y_6\\y_5\\y_4\\y_3\\y_2\\y_1\\y_0\end{pmatrix}=\begin{pmatrix}1&1&1&1&1&0&0&0\\0&1&1&1&1&1&0&0\\0&0&1&1&1&1&1&0\\0&0&0&1&1&1&1&1\\1&0&0&0&1&1&1&1\\1&1&0&0&0&1&1&1\\1&1&1&0&0&0&1&1\\1&1&1&1&0&0&0&1\end{pmatrix}x^{-1}+\begin{pmatrix}b_7\\b_6\\b_5\\b_4\\b_3\\b_2\\b_1\\b_0\end{pmatrix}=\mathbf{A}\cdot\begin{pmatrix}0\\1\\0\\0\\1\\1\\1\\1\end{pmatrix}+\begin{pmatrix}0\\1\\1\\0\\0\\0\\1\\1\end{pmatrix}=\begin{pmatrix}0\\0\\0\\0\\0\\0\\0\\1\end{pmatrix}$$

将其转换成两个十六进制的数字形式 $y=01$(其中 $x^{-1}=4F$)。可以发现两种方法的结果是一致的。

2. 行移位(ShiftRows)

函数 ShiftRows(State)在消息矩阵 State 的每行上进行操作，对于长度为 128 位的消息分组，它进行如图 4-23 所示的变换。

图 4-23 消息矩阵 State 的行移位变换

这个函数的运算结果实际上是对 State 进行一个简单的换位操作，它重排了元素的位置而不改变元素本身的值，其中消息矩阵 State 的第 1 行元素不进行变化，第 2 行元素循环左移一位，第 3 行元素循环左移两位，第 4 行元素循环左移三位，得到相应的结果矩阵。所以函数 ShiftRows(State)也是可逆的。

3. 列混淆(MixColumns)

函数 MixColumns(State)对 State 的每一列进行操作。以下只描述该函数对一列进行操作的详细过程。

首先取当前的消息矩阵 State 中的一列，定义为

$$\begin{pmatrix}S_0\\S_1\\S_2\\S_3\end{pmatrix}$$

把这一列表示成一个三次多项式：

$$S(x)=S_3x^3+S_2x^2+S_1x+S_0$$

其中，$S(x)$的系数是字节，所以多项式定义在 F_{2^8} 上。

列 $S(x)$上的运算定义为：将多项式 $S(x)$乘以一个固定的三次多项式 $C(x)$，使其与 x^4+1 互素，然后和多项式 x^4+1 进行取模运算。具体如下：

$$D(x)\equiv(S(x)\cdot C(x))\bmod(x^4+1) \tag{4-2}$$

其中：

$$C(x)=(03)x^3+(01)x^2+(01)x+(02)$$

$C(x)$的系数也是F_{2^8}中的元素。

式(4-2)中的乘法和一个四次多项式进行取模运算是为了使运算结果输出一个三次多项式，从而保证获得一个从一列(对应一个三次多项式)到另一列(对应另一个三次多项式)的变换，这个变换在本质上是一个使用已知密钥的代换。同时，由于$F_2[x]$(伽罗瓦域F_2上的所有多项式集合)上的多项式$C(x)$与x^4+1是互素的，所以$C(x)$在$F_2[x]$中关于x^4+1的$C^{-1}(x)\bmod(x^4+1)$存在，式(4-2)的乘法运算是可逆的。

式(4-2)的乘法运算也写为矩阵乘法：

$$\begin{pmatrix}D_0\\D_1\\D_2\\D_3\end{pmatrix}=\begin{pmatrix}02&03&01&01\\01&02&03&01\\01&01&01&03\\03&01&01&02\end{pmatrix}\begin{pmatrix}S_0\\S_1\\S_2\\S_3\end{pmatrix}$$

4. 密钥加(AddRoundkey)

函数 AddRoundkey(State，Roundkey)将 Roundkey 和 State 中的元素逐字节、逐位地进行异或运算。其中，Roundkey 由一个固定的密钥编排方案产生，每一轮的 Roundkey 是不同的。

下面举例说明 AES 的每一个迭代，注意观察所有操作对输出的影响。假设消息表示成十六进制：

42　6f　62　20　6c　6f　6f　6b　20　61　74　20　74　68　69　73

写成4×4的消息矩阵，形式为

$$\begin{pmatrix}42&6c&20&74\\6f&6f&61&68\\62&6f&74&69\\20&6b&20&73\end{pmatrix}$$

该矩阵为 AES 的 S-盒的输入。第一个输入为42，它指定了 S-盒中行为4、列为2的单元，其内容为2c。以此类推，在 S-盒中查找出与每个输入元素对应的元素，从而生成输出矩阵：

$$\begin{pmatrix}2c&50&b7&92\\a8&a8&ef&45\\aa&a8&92&f9\\b7&7f&b7&8f\end{pmatrix}$$

这种替换实现了 AES 的第一次打乱。接下来的一个阶段是旋转各行：

$$\begin{pmatrix}2c&50&b7&92\\a8&ef&45&a8\\92&f9&aa&a8\\8f&b7&7f&b7\end{pmatrix}$$

该操作通过混淆行的顺序来实现 AES 的第一次扩散。接下来的一个阶段进行乘法操

作。对第一列进行如下转换：

$$\begin{pmatrix}72\\d1\\ad\\66\end{pmatrix}=\begin{pmatrix}02&03&01&01\\01&02&03&01\\01&01&01&03\\03&01&01&02\end{pmatrix}\begin{pmatrix}2c\\a8\\92\\8f\end{pmatrix}$$

根据以上运算过程，可以计算出消息矩阵与固定矩阵相乘的结果矩阵为

$$\begin{pmatrix}72&19&66&4b\\d1&d1&be&91\\ad&d0&d0&07\\66&46&23&74\end{pmatrix}$$

接下来要用到子密钥，将上画的矩阵和子密钥

$$\begin{pmatrix}01&a3&90&12\\e1&44&20&11\\cc&73&04&a9\\59&06&30&b4\end{pmatrix}$$

进行异或运算，得到

$$\begin{pmatrix}73&ba&f3&59\\30&95&9e&80\\61&a0&d4&a6\\3f&40&13&c0\end{pmatrix}$$

将得到的第一轮输出与初始输入进行比较，转换成二进制，可以发现在全部的 128 位中有 76 位发生了改变，而这仅仅是一轮，还要进行另外的 10 轮。经过循环迭代，将得到最终的加密消息。

4.3.3 AES 的密钥生成

本节讨论 AES 的密钥编排方案。对于需要进行 N 轮加密的 AES 算法，共需要 $N+1$ 个子密钥，其中一个为种子密钥。我们以 128 位的种子密钥 key 为例，给出产生 11 个轮密钥的方法。初始密钥 key 按照字节划分为 key[0]，key[1]，…，key[15]，由于密钥编排算法以字为基础(每个字包含 32 位)，所以每一个轮密钥由 4 个字组成，11 个轮密钥共包含 44 个字，在此表示为 $w[0]$，$w[1]$，…，$w[43]$。轮密钥生成过程中，首先将密钥按矩阵的列进行分组，然后添加 40 个新列进行扩充。如果前 4 个列(即由密钥给定的那些列)为 $w[0]$，$w[1]$，$w[2]$，$w[3]$，那么新列以递归方式产生。具体算法步骤如下：

(1) 初始化函数 RCon[i](i=1，…，10)：

RCon[1]=01000000
RCon[2]=02000000
RCon[3]=04000000
RCon[4]=08000000
RCon[5]=10000000
RCon[6]=20000000

$$\text{RCon}[7]=40000000$$
$$\text{RCon}[8]=80000000$$
$$\text{RCon}[9]=1\text{B}000000$$
$$\text{RCon}[10]=36000000$$

(2) 当 $0\leqslant i\leqslant 3$ 时，有

$$w[i]=(\text{key}[4i],\ \text{key}[4i+1],\ \text{key}[4i+2],\ \text{key}[4i+3])^{\mathrm{T}}$$

(3) 当 $4\leqslant i\leqslant 43$ 且 $i\neq 0 \bmod 4$ 时，有

$$w[i]=w[i-4]\oplus w[i-1]$$

(4) 当 $4\leqslant i\leqslant 43$ 且 $i=0 \bmod 4$ 时，有

$$w[i]=w[i-4]\oplus(\text{SubWord}(\text{RotWord}(w[i-1]))\oplus \text{RCon}[i/4])$$

其中，$(\text{SubWord}(\text{RotWord}(w[i-1]))\oplus \text{RCon}[i/4])$是 $w[i-1]$的一种转换形式，其实现方式如下：

首先，对 $w[i-1]$中的元素进行循环移位，每次一个字节。这里操作 $\text{RotWord}(B_0, B_1, B_2, B_3)$表示对 4 字节$(B_0, B_1, B_2, B_3)$进行循环移位操作，即

$$\text{RotWord}(B_0, B_1, B_2, B_3)=(B_1, B_2, B_3, B_0)$$

其次，将这 4 字节作为 S-盒的输入，输出是 4 个新的字节，这里操作 $\text{SubWord}(B_0, B_1, B_2, B_3)$表示对 4 字节$(B_0, B_1, B_2, B_3)$进行置换变换，即

$$\text{SubWord}(B_0, B_1, B_2, B_3)=(B'_0, B'_1, B'_2, B'_3)$$

其中，$B'_i=\text{SubBytes}(B_i)(i=0, 1, 2, 3)$。

最后，将置换变换的结果与 $\text{RCon}[i/4]$进行异或运算。

如此，第 i 轮的轮密钥组成了列 $w[4i]$，$w[4i+1]$，$w[4i+2]$，$w[4i+3]$，该过程如图 4-24 所示。举例来说，如果初始的 128 位种子密钥(以十六进制表示)为

3ca10b21　57f01916　902e1380　acc107bd

那么 4 个初始值为

$$w[0]=3\text{ca}10\text{b}21$$
$$w[1]=57\text{f}01916$$
$$w[2]=902\text{e}1380$$
$$w[3]=\text{acc}107\text{bd}$$

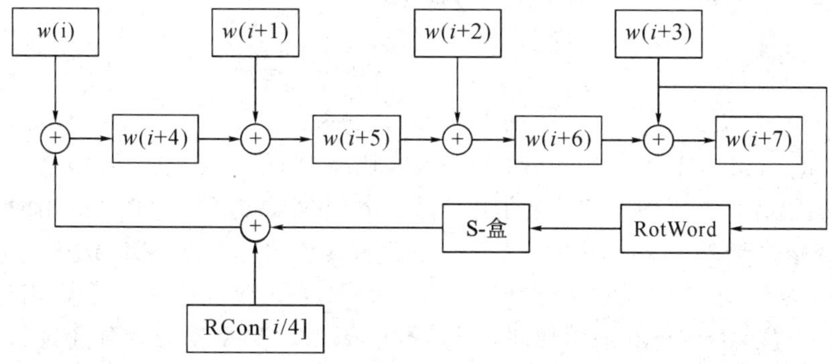

图 4-24　AES 的子密钥的生成过程

下一个子密钥段为 $w[4]$，由于 4 是 4 的倍数，因此

$$\text{SubWord}(\text{RotWord}(w[i-1]))\oplus \text{RCon}[i/4]=\text{SubWord}(\text{RotWord}(w[3]))\oplus \text{RCon}[1]$$

的计算过程如下：

首先将 $w[3]$ 的元素移位，acc107bd 变成 c107bdac。

其次将 c107bdac 作为 S-盒的输入，输出是 78857a91。

最后利用 RCon[1]＝01000000，与 78857a91 做异或运算，其结果为 79857a91，于是

$$\begin{aligned} w[4] &= w[0]\oplus(\text{SubWord}(\text{RotWord}(w[3]))\oplus \text{RCon}[1]) \\ &= \text{3ca10b21}\oplus\text{79857a91} \\ &= \text{452471b0} \end{aligned}$$

其余的 3 个子密钥的计算结果分别为

$$\begin{aligned} w[5] &= w[1]\oplus w[4]=\text{57f0915}\oplus\text{452472b0}=\text{12d468a5} \\ w[6] &= w[2]\oplus w[5]=\text{902e1380}\oplus\text{12d468a5}=\text{82fa7b25} \\ w[7] &= w[3]\oplus w[6]=\text{acc107bd}\oplus\text{82fa7b25}=\text{2e3b7c98} \end{aligned}$$

于是第一轮的密钥为 452471b012d468a582fa7b252e3b7c98。

以上是 AES 算法的整个加密过程。与 DES 算法相同的是，AES 算法的解密也是加密的逆过程，由于 AES 算法的内部函数都是可逆的，所以解密过程仅仅是将密文作为初始输入，按照轮子密钥相反的方向对输入的密文再进行加密的过程，该过程加密的最终结果就可以恢复出相应的明文。

4.3.4 AES 的分析

在 AES 算法中，每一轮加密常数不同可以消除可能产生的轮密钥的对称性，同时，轮密钥生成算法的非线性特性消除了产生相同轮密钥的可能性。加/解密过程中使用不同的变换可以避免出现类似 DES 算法中出现的弱密钥和半弱密钥的可能。

经过验证，目前采用的 AES 加/解密算法能够有效抵御已知的针对 DES 的攻击方法，如部分差分攻击、相关密钥攻击等。到目前为止，公开报道中对于 AES 算法所能采取的最有效的攻击方法只能是穷尽密钥搜索攻击，所以 AES 算法是安全的。尽管如此，已经出现了一些能够破解轮数较少的 AES 的攻击方法。这些攻击方法是差分分析法和现行分析法的变体。不可能差分(Impossible Differential)攻击法已经成功破解了 6 轮的 AES-128，平方(Square)攻击法已成功破解了 7 轮的 AES-128 和 AES-192，冲突(Collision)攻击法也已成功破解了 7 轮的 AES-128 和 AES-192。以上这些攻击方法对 10 轮的 AES-128 的破解都失败了，但这表明 AES 可能存在有待发现的弱点。

4.4 IDEA 算法

IDEA(International Data Encryption Algorithm，国际数据加密标准)是由瑞士联邦技术学院的中国学者来学嘉博士和著名密码学家 James Massey 于 1990 年提出的一种对称分组密码，后经修改于 1992 年最后完成。这是近年来提出的各种分组密码中一个很成功的方案，目前它的主要用途是作为内置于 PGP(Pretty Good Privacy，完美隐私)中的一种加密算法。IDEA 的优点是解密和加密相同，只是密钥各异，加/解密速度都非常快，能够方便地用软件和硬件实现。

IDEA 是一个分组长度为 64 位的分组密码，它的密钥长度是 128 位，加密过程共进行

8 轮。应注意的是，IDEA 的加密结构没有采用传统的 Feistel 密码结构，它使用了三种不同的操作：逐位异或$\oplus$运算、模 2^{16} 整数加＋运算、模 $2^{16}+1$ 整数乘$\odot$运算。这三种运算是不兼容的，即三种运算中任意两种都不满足分配率，例如，$a+(b\odot c)\neq(a+b)\odot(a+c)$；三种运算中任意两种都不满足结合律，例如，$a+(b\oplus c)\neq(a+b)\oplus c$。三种运算结合起来使用可对算法的输入提供复杂的变换，使得对 IDEA 的密码分析比仅对使用异或运算的 DES 更为困难。

对于模 2^{16}（即 65536）整数加＋，其输入和输出作为 16 位无符号整数。例如，当 $a=(0110111001101001)_2=28265$，$b=(0111000001101101)_2=28781$ 时，

$$\begin{aligned}a+b&\equiv(a+b)\bmod 2^{16}\\&\equiv(28265+28781)\bmod 2^{16}\\&\equiv 57046\\&=(1101111011010110)_2\end{aligned}$$

对于模 $2^{16}+1$ 整数乘$\odot$，其输入、输出中除 16 位全为 0 作为 2^{16} 处理外，其余的输出序列均作为长为 16 位的无符号整数处理。例如，当 $a=(0000000000000000)_2=2^{16}=65536$，$b=(1000000000000000)_2=2^{15}=32768$ 时，有

$$\begin{aligned}a\odot b&\equiv(2^{16}\times 2^{15})\bmod(2^{16}+1)\\&\equiv -2^{15}\bmod(2^{16}+1)\\&\equiv -32768\bmod(2^{16}+1)\\&\equiv 32769\bmod(2^{16}+1)\\&\equiv(2^{15}+1)\bmod(2^{16}+1)\\&=(1000000000000001)_2\end{aligned}$$

当 $a=(0111001101010100)_2=29524$，$b=(0110111101100011)_2=28515$ 时，有

$$\begin{aligned}a\odot b&\equiv(29524\times 28515)\bmod(2^{16}+1)\\&\equiv 54091\bmod(2^{16}+1)\\&=(1101001101001111)_2\end{aligned}$$

IDEA 算法的强度主要是由有效的混淆和扩散特性保证的，算法中的扩散是由乘加结构（MA 盒）的基本单元实现的。如图 4－25 所示，该结构的输入是 2 个 16 位的子段和 2 个 16 位的子密钥，输出也是 2 个 16 位的子段。这一结构在算法中重复使用了 8 次，扩散效果非常好。这使得 IDEA 可以抵抗差分分析法和线性分析法的攻击。

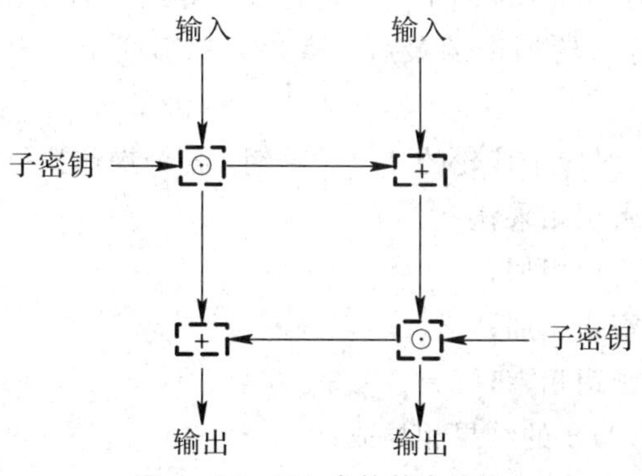

图 4－25　MA 盒的基本结构

IDEA 算法的加密流程如图 4-26 所示。

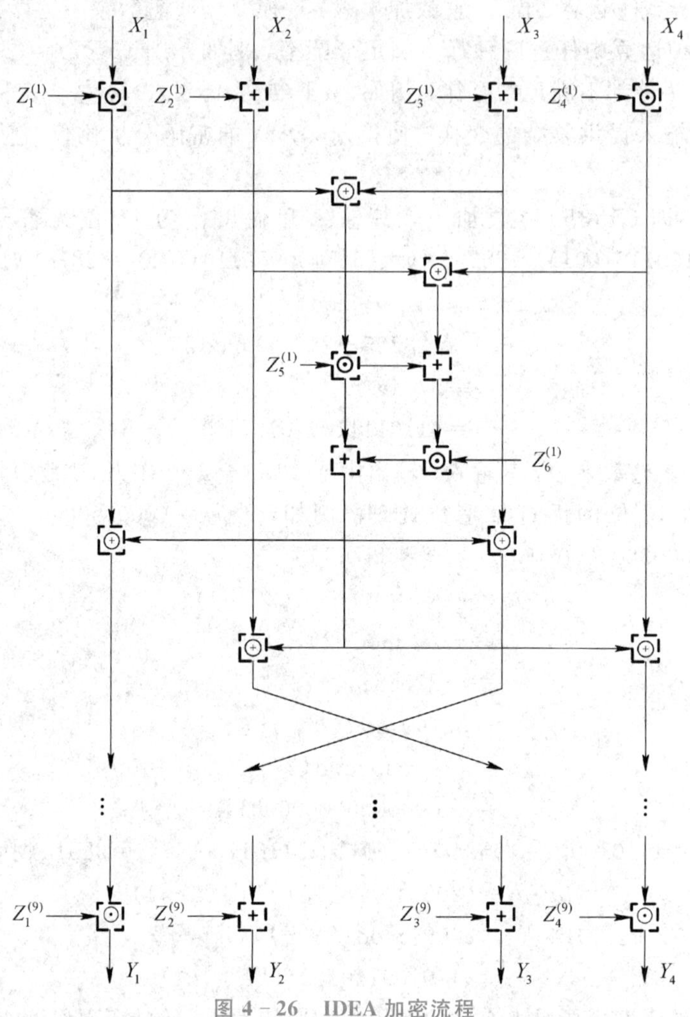

图 4-26 IDEA 加密流程

根据 IDEA 算法的加密流程可知，64 位的明文消息被分成 4 个 16 位的子分组 X_1，X_2，X_3 和 X_4。加密算法以 X_1，X_2，X_3，X_4 作为初始输入，总共进行 8 轮加密。在每一轮加密过程中，这 4 个子分组之间相互进行逐位异或$\oplus$运算、模 2^{16} 整数加$+$运算、模 $2^{16}+1$ 整数乘$\odot$运算，并且与 16 个 16 位的子密钥进行逐位异或$\oplus$运算、模 2^{16} 整数加$+$运算、模 $2^{16}+1$ 整数乘$\odot$运算。每一轮加密的最后，第 2 个和第 3 个子分组交换，完成一轮加密过程。

每一轮加密过程中，对应于该轮的 6 个子密钥，各个操作执行顺序如下：

(1) X_1 和第 1 个子密钥相乘；

(2) X_2 和第 2 个子密钥相加；

(3) X_3 和第 3 个字密钥相加；

(4) X_4 和第 4 个子密钥相乘；

(5) 将第(1)步和第(3)步的结果相异或；

(6) 将第(2)步和第(4)步的结果相异或；

(7) 将第(5)步的结果和第5个子密钥相乘;

(8) 将第(6)步和第(7)步的结果相加;

(9) 将第(8)步的结果与第6个子密钥相乘;

(10) 将第(7)步和第(9)步的结果相加;

(11) 将第(1)步和第(9)步的结果相异或;

(12) 将第(3)步和第(9)步的结果相异或;

(13) 将第(2)步和第(10)步的结果相异或;

(14) 将第(4)步和第(10)步的结果相异或。

每一轮加密的结果,输出的是第(11)(12)(13)和(14)步操作结果形成的4个长度为16位的子分组。将得到的4个分组的中间两个分组值进行交换(最后一轮加密除外)后,即作为下一轮加密的输入。

经过8轮加密操作后,依据最后一轮对应的4个子密钥得到最终的输出变换:

(1) X_1 和第1个子密钥相乘;

(2) X_2 和第2个子密钥相加;

(3) X_3 和第3个子密钥相加;

(4) X_4 和第4个子密钥相乘。

最后这4个子分组连接在一起产生密文(Y_1, Y_2, Y_3, Y_4)。

IDEA加密算法中每一轮需要6个子密钥,最后输出过程需要4个子密钥,所以进行加密所需的子密钥共52个。

对于子密钥的产生,给定加密算法的一个128位的初始密钥 $k=k_1k_2\cdots k_{128}$,将其分成8个子密钥,每一个子密钥的长度都是16位;将初始密钥分组产生的这8个子密钥作为第一轮加密所需的6个子密钥 $Z_1^{(1)}$, $Z_2^{(1)}$, …, $Z_6^{(1)}$ 和第二轮加密的前两个子密钥 $Z_1^{(2)}$, $Z_2^{(2)}$,即

$$Z_1^{(1)}=k_1k_2\cdots k_{16},\quad Z_2^{(1)}=k_{17}k_{18}\cdots k_{32},\quad Z_3^{(1)}=k_{33}k_{34}\cdots k_{48},$$
$$Z_4^{(1)}=k_{49}k_{50}\cdots k_{64},\quad Z_5^{(1)}=k_{65}k_{66}\cdots k_{80},\quad Z_6^{(1)}=k_{81}k_{82}\cdots k_{96},$$
$$Z_1^{(2)}=k_{97}k_{98}\cdots k_{112},\quad Z_2^{(2)}=k_{113}k_{114}\cdots k_{128}$$

然后将128位的初始密钥 k 左移25位,得到

$$k_{26}k_{27}\cdots k_{128}k_1k_2\cdots k_{25}$$

将它分成8个长度分别为16位的子密钥,前4个作为第二轮加密的子密钥 $Z_3^{(2)}$, $Z_4^{(2)}$, $Z_5^{(2)}$, $Z_6^{(2)}$,后4个作为第三轮加密的前4个子密钥 $Z_1^{(3)}$, $Z_2^{(3)}$, $Z_3^{(3)}$, $Z_4^{(3)}$。再将128位的初始密钥 k 循环左移25位,同样经过分组产生接下来的8个子密钥,以此类推,直到完全产生加密过程所需的52个子密钥后,密钥生成算法结束。

IDEA算法的解密过程与加密过程基本一样,只是需要将密文消息作为加密过程的输入。同时,每一轮的子密钥需要求逆运算,而且和加密过程的子密钥有一些微小的差别,解密过程的子密钥是加密子密钥的 $\mathrm{mod}\,2^{16}$ 加法逆,或是 $\mathrm{mod}\,(2^{16}+1)$ 乘法逆。表4-3给出了IDEA算法中加密子密钥和相应的解密子密钥,这里 Z^{-1} 表示 $Z\,\mathrm{mod}\,(2^{16}+1)$ 的乘法逆,即

表 4-3 IDEA 算法加密子密钥和相应的解密子密钥

轮数	加密子密钥	解密子密钥
1	$Z_1^{(1)}\ Z_2^{(1)}\ Z_3^{(1)}\ Z_4^{(1)}\ Z_5^{(1)}\ Z_6^{(1)}$	$Z_1^{(9)-1}\ -Z_2^{(9)}\ -Z_3^{(9)}\ Z_4^{(9)-1}\ Z_5^{(8)}\ Z_6^{(8)}$
2	$Z_1^{(2)}\ Z_2^{(2)}\ Z_3^{(2)}\ Z_4^{(2)}\ Z_5^{(2)}\ Z_6^{(2)}$	$Z_1^{(8)-1}\ -Z_3^{(8)}\ -Z_2^{(8)}\ Z_4^{(8)-1}\ Z_5^{(7)}\ Z_6^{(7)}$
3	$Z_1^{(3)}\ Z_2^{(3)}\ Z_3^{(3)}\ Z_4^{(3)}\ Z_5^{(3)}\ Z_6^{(3)}$	$Z_1^{(7)-1}\ -Z_3^{(7)}\ -Z_2^{(7)}\ Z_4^{(7)-1}\ Z_5^{(6)}\ Z_6^{(6)}$
4	$Z_1^{(4)}\ Z_2^{(4)}\ Z_3^{(4)}\ Z_4^{(4)}\ Z_5^{(4)}\ Z_6^{(4)}$	$Z_1^{(6)-1}\ -Z_3^{(6)}\ -Z_2^{(6)}\ Z_4^{(6)-1}\ Z_5^{(5)}\ Z_6^{(5)}$
5	$Z_1^{(5)}\ Z_2^{(5)}\ Z_3^{(5)}\ Z_4^{(5)}\ Z_5^{(5)}\ Z_6^{(5)}$	$Z_1^{(5)-1}\ -Z_3^{(5)}\ -Z_2^{(5)}\ Z_4^{(5)-1}\ Z_5^{(4)}\ Z_6^{(4)}$
6	$Z_1^{(6)}\ Z_2^{(6)}\ Z_3^{(6)}\ Z_4^{(6)}\ Z_5^{(6)}\ Z_6^{(6)}$	$Z_1^{(4)-1}\ -Z_3^{(4)}\ -Z_2^{(4)}\ Z_4^{(4)-1}\ Z_5^{(3)}\ Z_6^{(3)}$
7	$Z_1^{(7)}\ Z_2^{(7)}\ Z_3^{(7)}\ Z_4^{(7)}\ Z_5^{(7)}\ Z_6^{(7)}$	$Z_1^{(3)-1}\ -Z_3^{(3)}\ -Z_2^{(3)}\ Z_4^{(3)-1}\ Z_5^{(2)}\ Z_6^{(2)}$
8	$Z_1^{(8)}\ Z_2^{(8)}\ Z_3^{(8)}\ Z_4^{(8)}\ Z_5^{(8)}\ Z_6^{(8)}$	$Z_1^{(2)-1}\ -Z_3^{(2)}\ -Z_2^{(2)}\ Z_4^{(2)-1}\ Z_5^{(1)}\ Z_6^{(1)}$
输出变换	$Z_1^{(9)}\ Z_2^{(9)}\ Z_3^{(9)}\ Z_4^{(9)}$	$Z_1^{(1)-1}\ -Z_2^{(1)}\ -Z_3^{(1)}\ Z_4^{(1)-1}$

$$Z \odot Z^{-1} \equiv 1 \bmod (2^{16}+1)$$

$-Z$ 表示 $Z \bmod 2^{16}$ 的加法逆，即

$$Z+(-Z) \equiv 0 \bmod 2^{16}$$

在 IDEA 中，对于模 $2^{16}+1$ 的乘法运算，0 子分组用 $2^{16}=-1$ 来表示，所以 0 的乘法逆是 0。例如，当 $Z=(1101010111000001)_2=54721$ 时，根据 $(54721)^{-1} \bmod (2^{16}+1) \equiv 46929$，可以得到 $Z^{-1}=46929=(1011011101010001)_2$；根据 $54721+10815=65536=2^{16}$，可以得到 $-Z=(0010101000111111)_2=10815$。

IDEA 的密钥长度是 128 位。假如采用穷举搜索的方法对 IDEA 进行攻击，那么要获得密钥需要进行 2^{128} 次加密运算，设计一个每秒能测试 10 亿个密钥的计算机，并采用 10 亿台同样的计算机来进行并行处理，也将花费 10^{13} 年才能完成计算。所以目前虽然有许多人都在分析和研究 IDEA 算法，但是还没有 IDEA 被攻破的报道。当然，IDEA 算法是一个相对较新的分组加密算法，算法本身还有许多问题有待进一步地深入研究。

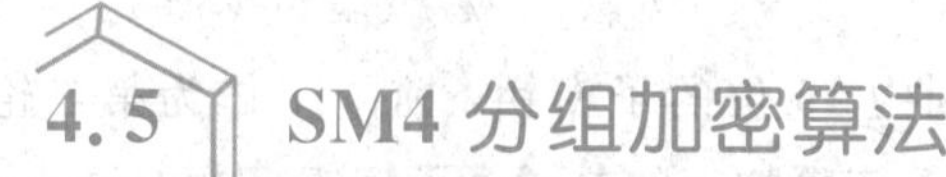

4.5 SM4 分组加密算法

SM4 算法是我国商用密码算法的重要组成部分，是我国自主设计的分组对称密码算法。SM4 算法于 2006 年公开发布，2012 年 3 月成为国家密码行业标准(GM/T 0002—2012)，2016 年 8 月成为国家标准(GB/T 32907—2016)，2016 年 10 月 ISO/IEC SC27 会议专家组将 SM4 算法纳入 ISO 标准的学习期，SM4 算法开始了 ISO 标准化的历程。

SM4 分组密码算法主要用于无线局域网和可信计算系统，是我国制定的 WAPI(Wireless LAN Authentication and Privacy Infrastructure，无线局域网鉴别和保密基础结构)标准的组成部分，同时也可以用于其他环境下的数据加密保护。

4.5.1　SM4 算法的描述

SM4 分组密码算法是一个迭代分组密码算法，由加解密算法、密钥扩展算法组成。SM4 分组密码算法采用非对称 Feistel 分组密码结构，明文分组长度为 128 位，密钥长度也是 128 位。加密算法和密钥扩展算法均采用 32 轮非线性迭代结构。解密算法和加密算法的结构相同，其中解密运算的轮密钥的使用顺序和加密运算刚好相反。

1. 密钥参数

SM4 分组密码算法的系统参数为

$$\mathrm{FK}=(\mathrm{fk}_0,\ \mathrm{fk}_1,\ \mathrm{fk}_2,\ \mathrm{fk}_3)$$

$$\mathrm{CK}=(\mathrm{ck}_0,\ \mathrm{ck}_1,\ \cdots,\ \mathrm{ck}_{31})$$

其中，所有的 fk_i 和 ck_i 均为 32 位，这两组系统参数主要用在密钥扩展算法中计算加密的轮密钥。

SM4 分组密码算法的加密密钥长度为 128 位，将其均分为 4 个 32 位的字，可以表示成

$$\mathrm{MK}=(\mathrm{mk}_0,\ \mathrm{mk}_1,\ \mathrm{mk}_2,\ \mathrm{mk}_3)$$

其中，每一个 mk_i 为 32 位。

SM4 分组密码算法的轮密钥用在 32 轮加密中，轮密钥表示为

$$\mathrm{RK}=(\mathrm{rk}_0,\ \mathrm{rk}_1,\ \cdots,\ \mathrm{rk}_{31})$$

其中，每一个 rk_i 为 32 位。轮密钥 RK 由加密密钥 MK 和系统参数 FK，CK 共同生成。

2. 加密算法

SM4 的加密算法由 32 轮迭代运算和 1 次反序变换 R 组成。加密前首先将 128 位的明文输入划分为 4 组，即 $X=(X_0,\ X_1,\ X_2,\ X_3)$，其中每一个 X_i 都是 32 位，每一次参与迭代运算的轮密钥为 rk_i，加密过程如下：

(1) 执行 32 轮迭代运算

$$X_{i+4}=X_i \oplus T(X_{i+1}\oplus X_{i+2}\oplus X_{i+3}\oplus \mathrm{rk}_i)\quad (i=0,\ 1,\ \cdots,\ 31)$$

上式右端称为 SM4 算法的加密轮函数，其中“$\oplus$”表示逐位模 2 加(或者逐位异或)，T 是一个 32 位到 32 位的可逆变换。

(2) 对最后一轮的迭代输出进行反序变换，得到密文输出

$$Y=(Y_0,\ Y_1,\ Y_2,\ Y_3)=R(X_{32},\ X_{33},\ X_{34},\ X_{35})=(X_{35},\ X_{34},\ X_{33},\ X_{32})$$

迭代过程中用到的可逆变换 T 是由一个非线性变换 τ 和一个线性变换 l 复合而成，即 $T(x)=l(\tau(x))$。其中非线性变换 τ 由 4 个并行的 S-盒构成，将输入 τ 的 32 位等分为 4 组，每一组 8 位，即 $A=(a_0,\ a_1,\ a_2,\ a_3)$，则 τ 的 32 位输出为 $B=(b_0,\ b_1,\ b_2,\ b_3)$，其中

$$b_i=S(a_i)\quad (i=1,\ 2,\ 3,\ 4)$$

S-盒的具体数据如图 4-27 所示，表中的所有数据都用十六进制表示。输入 S-盒的前 4 位用来选择表中的行，后 4 位用来选择表中的列，表中由行值和列值唯一确定的 8 位作为输出。例如，输入“EF”(或者“11101111”)得到的输出为“84”(或者“10000100”)。

	0	1	2	3	4	5	6	7	8	9	A	B	C	D	E	F
0	D6	90	E9	FE	CC	E1	3D	B7	16	B6	14	C2	28	FB	2C	05
1	2B	67	9A	76	2A	BE	04	C3	AA	44	13	26	49	86	06	99
2	9C	42	50	F4	91	EF	98	7A	33	54	0B	43	ED	CF	AC	62
3	E4	B3	1C	A9	C9	08	E8	95	80	DF	94	FA	75	8F	3F	A6
4	47	07	A7	FC	F3	73	17	BA	83	59	3C	19	E6	85	4F	A8
5	68	6B	81	B2	71	64	DA	8B	F8	EB	0F	4B	70	56	9D	35
6	1E	24	0E	5E	63	58	D1	A2	25	22	7C	3B	01	21	78	87
7	D4	00	46	57	9F	D3	27	52	4C	36	02	E7	A0	C4	C8	9E
8	EA	BF	8A	D2	40	C7	38	B5	A3	F7	F2	CE	F9	61	15	A1
9	E0	AE	5D	A4	9B	34	1A	55	AD	93	32	30	F5	8C	B1	E3
A	1D	F6	E2	2E	82	66	CA	60	C0	29	23	AB	0D	53	4E	6F
B	D5	DB	37	45	DE	FD	8E	2F	03	FF	6A	72	6D	6C	5B	51
C	8D	1B	AF	92	BB	DD	BC	7F	11	D9	5C	41	1F	10	5A	D8
D	0A	C1	31	88	A5	CD	7B	BD	2D	74	D0	12	B8	E5	B4	B0
E	89	69	97	4A	0C	96	77	7E	65	B9	F1	09	C5	6E	C6	84
F	18	F0	7D	EC	3A	DC	4D	20	79	EE	5F	3E	D7	CB	39	48

图 4-27　SM4 的 S-盒

线性变换 l 以非线性变换 τ 的 32 位输出值作为输入，输出 32 位变换值。若输入记做 B，输出记做 C，则具体的变换为

$$C=l(B)=B\oplus(B<<<2)\oplus(B<<<10)\oplus(B<<<18)\oplus(B<<<24)$$

其中，“$<<<i$”表示 32 位二进制(或 8 位十六进制)循环左移 i 位。例如：

$$\text{AB012345}<<<10=\text{048D16AC}$$

SM4 的完整加密过程如图 4-28 所示。

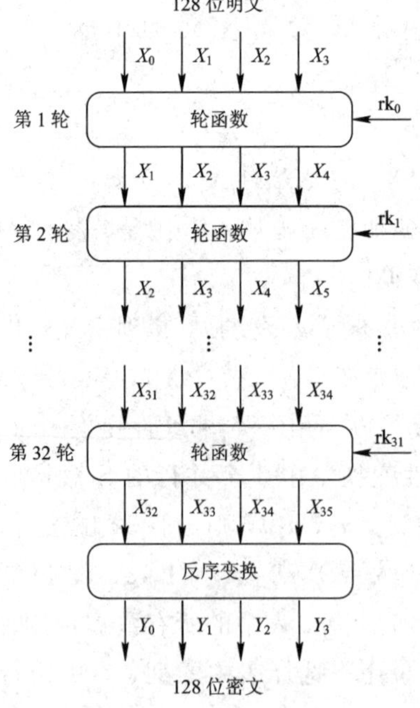

图 4-28　SM4 算法加密流程

SM4 加密过程中的轮函数如图 4-29 所示。SM4 算法的轮函数仍然可以看作一种特殊的 Feistel 分组密码结构，与 DES 不同的是，SM4 使用的是一种非对称的 Feistel 结构，即在每一轮迭代计算的时候，输入分组可以看成不对称的左右两个部分。其中左半部分包含 1 个 32 位分组 X_i，右半部分包含 3 个 32 位分组 X_{i+1}，X_{i+2}，X_{i+3}。而迭代计算的最后一步在进行分组交换的时候，新计算出来的分组 X_{i+4} 被置于最右端，原来位于右边的 3 个分组 X_{i+1}，X_{i+2}，X_{i+3} 依次左移一位，下一轮迭代计算的时候，重新按照上述过程分组。

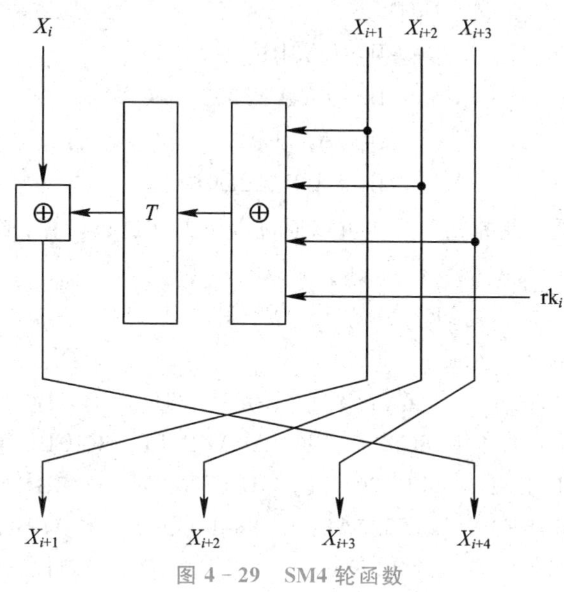

图 4-29　SM4 轮函数

3. 解密算法

SM4 的解密算法的流程与加密算法相同，所不同的仅仅是轮密钥的使用顺序。解密时进行 32 轮迭代计算所使用的轮密钥顺序为

$$RK'=(rk_{31},\ rk_{30},\ \cdots,\ rk_0)$$

解密算法输入的密文

$$Y=(Y_0,\ Y_1,\ Y_2,\ Y_3)=(X_{35},\ X_{34},\ X_{33},\ X_{32})$$

容易验证，每一轮迭代解密计算都可以得到上一组 X_i，迭代 32 次后对最后一轮输出再进行一次反序变换即可恢复原始的明文数据。

$$X_i=X_{i+4}\oplus T(X_{i+3}\oplus X_{i+2}\oplus X_{i+1}\oplus rk_i)\quad (i=31,\ 30,\ \cdots,\ 0)$$

$$X=(X_0,\ X_1,\ X_2,\ X_3)=R(X_3,\ X_2,\ X_1,\ X_0)$$

4. 密钥扩展算法

SM4 加密算法中所使用的 32 个轮密钥是由加密密钥和系统参数通过密钥扩展算法而生成的，设加密密钥为

$$MK=(mk_0,\ mk_1,\ mk_2,\ mk_3)$$

则轮密钥按照以下方式生成。

首先，根据加密密钥和系统参数 FK 计算 4 个初始迭代值，即

$$K_i=mk_i\oplus fk_i\quad (i=1,\ 2,\ 3,\ 4)$$

然后，利用这些初始值和系统参数 CK 进行多轮迭代计算，生成 32 个轮密钥 rk_i，即

$$rk_i = K_{i+4} = K_i \oplus T'(K_{i+1} \oplus K_{i+2} \oplus K_{i+3} \oplus ck_i) \quad (i=0, 1, \cdots, 31)$$

其中，T' 是一个 32 位到 32 位的可逆变换，也是由一个非线性变换和一个线性变换复合而成的，与加密算法中的 T 不同的是，线性变换替换成了新的 l'，即

$$l'(B) = B \oplus (B <<< 13) \oplus (B <<< 23)$$

即 $T'(x) = l'(\tau(x))$。

系统参数 FK 是一组常量，具体为

$$fk_0 = \text{A3B1BAC6}$$
$$fk_1 = \text{56AA3350}$$
$$fk_2 = \text{677D9197}$$
$$fk_3 = \text{B27022DC}$$

系统参数 CK 也是一组常量，具体可以通过以下方式进行计算：将每一个 ck_i 均分为 4 个 8 位字节，记为 $ck_i = (ck_{i,0}, ck_{i,1}, ck_{i,2}, ck_{i,3})$，则

$$ck_{i,j} = [(4i+j) \times 7] \bmod 256$$

于是容易计算出所有的 32 个 ck_i：

00070E15	1C232A31	383F464D	545B6269
70777E85	8C939AA1	A8AFB6BD	C4CBD2D9
E0E7EEF5	FC030A11	181F262D	343B4249
50575E65	6C737A81	888F969D	A4ABB2B9
C0C7CED5	DCE3EAF1	F8FF060D	141B2229
30373E45	4C535A61	686F767D	848B9299
A0A7AEB5	BCC3CAD1	D8DFE6ED	F4FB0209
10171E25	2C333A41	484F565D	646B7279

4.5.2 SM4 算法的分析

1. 算法结构分析

(1) SM4 算法中的轮函数的核心是非线性变换 τ，而 τ 的核心主要是 S-盒。S-盒在本质上可以看作一个多输入多输出的布尔函数，具体在 SM4 中，输入、输出的长度都为 8。S-盒是很多分组密码算法中唯一的非线性组件，主要用来提供混淆，提高算法的非线性度，隐藏其代数结构，因此 S-盒的密码性质直接影响整个分组密码算法的安全强度。分组密码的设计必须考虑 S-盒的密码强度，通常衡量 S-盒安全强度的指标包括非线性度、差分均匀性等。

为了提高加密的安全性，通常要求密码变换的代数表达式具有足够高的次数和复杂度。可以利用多项式插值的方法求得 SM4 算法 S-盒的代数表达式，这是一个 254 次 255 项的多项式，具有最高的复杂程度。此外，SM4 算法的 S-盒还满足完全性和雪崩效应，其中，完全性指的是输出的每一位都和输入的每一位有关，即当把输出位写成输入位的代数表达式时，该表达式包含所有的变量；雪崩效应指的是当改变输入的 1 位，大约有一半的输出位发生改变。

(2) SM4 算法中的轮函数使用的线性变换 l 用来提供扩散。轮函数中的 S-盒的输出仅仅与它的输入有关，与其他 S-盒的输入无关，引入线性变换可以有效地打乱这些 S-盒的输出，使这些 S-盒的输入和输出与其他 S-盒的输出尽可能相关。好的线性变换可以使 S-盒的输出得到扩散，使密码算法能够抵抗差分分析和线性分析。SM4 算法的线性变换具有良好的扩散性。

(3) 分组密码算法中的轮密钥一般是由加密密钥生成的，理论上，轮密钥在统计上总是相关的。研究表明，在实用性密码算法的设计中，轮密钥的统计独立是不可能做到的，算法的设计者只是尽可能使轮密钥趋于统计独立。密钥扩展算法的目的是使轮密钥之间的统计相关性不易被攻击者利用，或者说使轮密钥看起来更像是统计独立的。SM4 算法中的密钥扩展算法充分考虑了加密算法对密钥扩展算法的安全需求及其实现的便利性，尽可能使算法达到更高的性能。该算法满足以下准则：

① 轮密钥之间不存在明显的统计相关性。

② 不存在弱密钥。

③ 密钥扩展的速度不低于加密算法的速度，并且所占的资源较少。

④ 利用加密密钥可以直接生成任何一个轮密钥。

2. 抗攻击性能分析

SM4 分组密码算法自 2006 年 1 月发布以来，国内外众多的科研机构和科研人员对其安全性进行了大量的分析和评估，使用的方法几乎涵盖了当前已知的所有分组密码分析方法，如差分密码分析、线性密码分析、不可能差分分析等。公开的评估结果表明，SM4 能够抵抗目前已知的所有攻击，具有足够的安全强度。

SM4 分组密码算法最好的分析结果如表 4-4 所示。

表 4-4　SM4 分组密码算法最好的分析结果

攻击方法	攻击轮数	时间复杂度	数据复杂度	存储复杂度
差分攻击	23	$2^{126.7}$	2^{118}	$2^{120.7}$
线性攻击	23	2^{122}	$2^{126.54}$	2^{116}
多维线性攻击	23	$2^{122.7}$	$2^{122.6}$	$2^{120.6}$
不可能差分攻击	17	2^{132}	2^{117}	—
零相关线性攻击	14	$2^{120.7}$	$2^{123.5}$	2^{73}
积分攻击	14	$2^{96.5}$	2^{32}	—
矩形攻击	18	$2^{110.77}$	2^{127}	2^{130}

(1) 差分攻击。在差分密码分析方面，对 SM4 算法最好的分析是手动推导活跃 S-盒个数的差分模式，通过低轮数的拼接推导得出 19 轮的区分器，利用 19 轮的区分器进行扩展攻击到 23 轮。

(2) 线性攻击。在线性密码分析方面，对 SM4 算法最好的分析是利用一条 19 轮的线性逼近构造了一个 23 轮的线性攻击，数据复杂度要优于同样轮数的多维线性攻击。该攻击方案的时间复杂度为 2^{122} 次算法加密，数据复杂度为 $2^{126.54}$ 个已知明文，存储复杂度为 2^{116} 。

(3) 多维线性攻击。在多维线性分析方面，对 SM4 算法最好的分析结果是一个 23 轮的多维线性分析结果，时间复杂度为 $2^{122.7}$ 次算法加密，数据复杂度为 $2^{122.6}$ 个已知明文，存储复杂度为 $2^{120.6}$ 。

(4) 不可能差分攻击。在不可能差分分析方面，对 SM4 算法最好的分析是将分析做到了 17 轮，需要的数据复杂度为 2^{117} 个选择明文，时间复杂度为 2^{132} 次内存查询。

(5) 零相关线性攻击。在零相关线性分析方面，对 SM4 算法最好的分析是一个 14 轮的多维零相关线性分析结果，需要的数据复杂度为 $2^{123.5}$ 个已知明文，时间复杂度为 $2^{120.7}$ 次算法加密，存储复杂度为 2^{73} 个分组长度。

(6) 积分攻击。在积分分析方面，对 SM4 算法最好的分析结果是一个 12 轮积分区分器，能够攻击 14 轮 SM4 算法，需要的数据复杂度为 2^{32} 个选择明文，时间复杂度为 $2^{96.5}$ 次算法加密。

(7) 矩形攻击。在矩阵分析方面，对 SM4 算法最好的分析结果是一个 16 轮的矩形区分器，可以攻击到 18 轮，需要的数据量为 $2^{110.77}$ 个选择明文，时间复杂度为 2^{127} 次算法加密，数据存储量为 2^{130} 。

从公开的研究结果可以看出，目前还没有任何一种攻击方法能够在理论上攻破 24 轮的 SM4 算法，因此从传统的分析方法来看，SM4 算法具有较强的安全性。尤其是对比 AES 等已经有全轮攻击方案的分组密码算法，SM4 具有一定的安全优势。

4.6 分组密码的工作模式

分组密码是将消息作为分组数据进行加密和解密的。通常，大多数消息的长度大于分组密码的消息分组长度，这样在进行加密和解密过程中，长的消息会被分成一系列连续排列的消息分组。本小节我们讨论基于分组密码的几种工作模式，这些工作模式不仅能够增强分组密码算法的不确定性，还具有将明文消息添加到任意长度(该性质能够实现密文长度与明文长度的不对等)、控制错误传播等作用。

分组密码的明文分组长度是固定的，而实际应用中待加密消息的数据量是不定的，数据格式可能是多种多样的。为了能在各种应用场合使用 DEA，1980 年 12 月，美国在 FIPS 74 和 FIPS 81 中定义了 DES 算法的 4 种工作模式，这些工作模式也适用于任何的分组密码算法。4 种常用的工作模式如下：

(1) 电码本模式(Electronic-Codebook Mode，ECB 模式)。

(2) 密码分组链接模式(Cipher-Block-Chaining，CBC 模式)。

(3) 密码反馈模式(Cipher-Feedback Mode，CFB 模式)。

(4) 输出反馈模式(Output-Feedback Mode，OFB 模式)。

除了上面的 4 种工作模式外，还有一种比较新的工作模式——计数器模式(Counter Mode，CTR 模式)。

CTR 模式已被采纳为 NIST 标准之一。现在，正在进行对 AES 算法的工作模式的研发工作，这些 AES 的工作模式可能会包括以前 DES 的工作模式，还可能增加新的工作模式。

为了方便描述以上的工作模式，定义以下几种符号：

$E(x)$：分组密码算法的加密过程。

$D(y)$：分组密码算法的解密过程。

n：分组密码算法的分组长度。

$P_1, P_2, \cdots, P_m$：输入到工作模式中的明文消息的 m 个连续分组。

$C_1, C_2, \cdots, C_m$：从工作模式中输出的密文消息的 m 个连续分组。

$LSB_u(A)$：消息分组 A 中最低 u 位的取值，例如 $LSB_3(11001101)=101$。

$MSB_v(A)$：消息分组 A 中最高 v 位的取值，例如 $MSB_2(01001100)=01$。

$A \| B$：消息分组 A 和 B 的链接。

1. ECB 模式

ECB 模式是分组密码的一个直接应用，其中，加密(或解密)一系列连续排列的消息分组 $P_1, P_2, \cdots, P_m$ 的过程是将它们依次分别加密(或解密)。由于这种工作模式类似于电报密码本中指定码字的过程，所以被形象地称为电码本模式。ECB 模式定义如下：

ECB 加密：$C_i \leftarrow E(P_i)(i=1, 2, \cdots, m)$。

ECB 解密：$P_i \leftarrow D(C_i)(i=1, 2, \cdots, m)$。

ECB 工作模式的加密流程如图 4－30 所示。

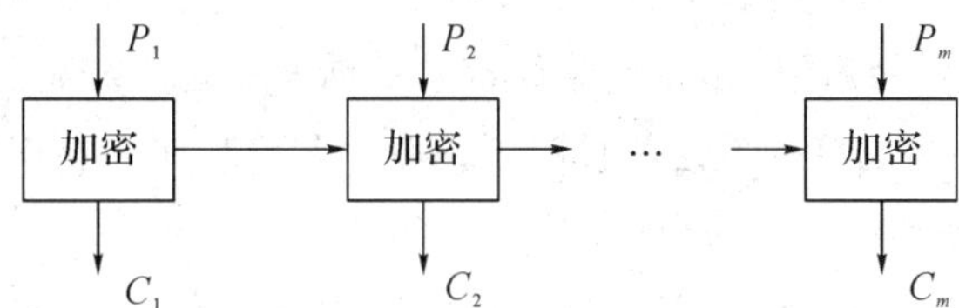

图 4－30　ECB 模式的加密流程

ECB 模式中每一个明文分组的加密都采用同一个密钥 key，产生出相应的密文分组。这样的加密方式使得当改变一个明文消息分组值的时候，仅仅会引起相应的密文分组取值发生变化，而其他密文分组不受影响，该性质在通信信道不十分安全的情况下会比较有利。ECB 模式的一个明显缺点是加密相同的明文分组会产生相同的密文分组，安全性较差，建议在大多数情况下不要使用 ECB 模式。ECB 模式用于短数据(如加密密钥)是非常理想的，因此，如果需要安全地传递 DES 密钥，ECB 模式是最合适的模式。

2. CBC 模式

CBC 模式是用于一般数据加密的一个普通的分组密码算法，可以解决 ECB 的安全缺陷，使得重复的明文分组产生不同的密文分组。CBC 模式也是用一个密钥 key，其输出是一个 n 位的密文分组序列，这些密文分组链接在一起使得每一个密文分组不仅依赖于其所对应的明文分组，而且依赖于所有以前的明文分组。CBC 模式定义如下：

CBC 加密：输入为 IV，$P_1, P_2, \cdots, P_m$；输出为 IV，$C_1, C_2, \cdots, C_m$；

$$C_0 \leftarrow \mathrm{IV};$$

$$C_i \leftarrow E(P_i \oplus C_{i-1}) \quad (i=1, 2, \cdots, m)。$$

CBC 解密：输入为 IV，C_1，C_2，…，C_m；输出为 IV，P_1，P_2，…，P_m；

$C_0 \leftarrow \mathrm{IV}$；

$P_i \leftarrow D(C_i) \oplus C_{i-1} \quad (i=1, 2, \cdots, m)$。

CBC 工作模式的加密流程如图 4-31 所示。

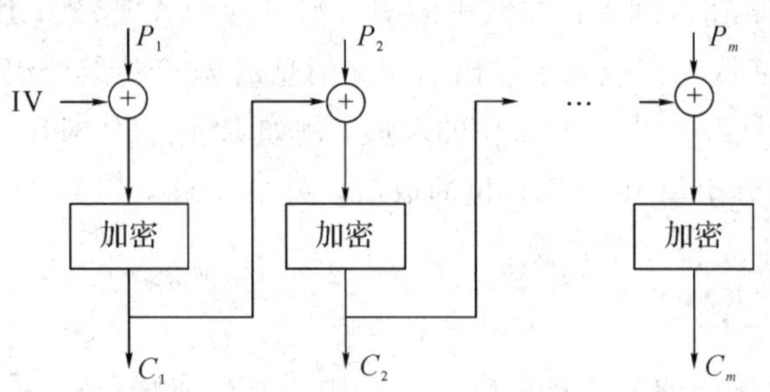

图 4-31　CBC 模式的加密流程

以上加密过程中，第一个密文分组 C_1 的计算需要一个特殊的输入分组 C_0，习惯上称之为初始向量 IV。IV 对于收发双方都应是已知的，为使其安全性提高，IV 应像密钥一样被保护起来，可使用 ECB 模式来发送 IV。IV 是一个长度为 n 位的随机序列，每一次进行会话加密时都要使用一个新的随机序列 IV，由于初始向量 IV 可以看作是密文分组，所以其取值可以公开，但一定是不可预知的。在加密过程中，由于 IV 的随机性，第一个密文分组 C_1 被随机化，同样，后续的输出密文分组都将被前面的密文分组随机化。因此，CBC 模式输出的是随机化的密文分组。发送给接收者的密文消息应该包括 IV。因此，对于 m 个分组的明文消息，CBC 模式将输出 $m+1$ 个密文分组。

鉴于 CBC 模式的链接机制，它适合加密长度较长的明文消息。

3. CFB 模式

CFB 模式的特点是在加密过程中反馈后续的密文分组，这些密文分组从工作模式的输出端返回作为分组密码算法的输入。设消息的分组长度为 s，其中 $1 \leqslant s \leqslant n$。CFB 模式要求以 IV 作为初始的 n 位随机输入分组，因为在系统中，IV 是在密文的位置中出现，所以 IV 的取值可以公开。CFB 模式定义如下所示。

CFB 加密：输入为 IV，P_1，P_2，…，P_m；输出为 IV，C_1，C_2，…，C_m；

$I_1 \leftarrow \mathrm{IV}$；

$I_i \leftarrow \mathrm{LSB}_{n-s}(I_{i-1}) \| C_{i-1} \quad (i=2, 3, \cdots, m)$；

$O_i \leftarrow E(I_i) \quad (i=1, 2, \cdots, m)$；

$C_i \leftarrow P_i \oplus \mathrm{MSB}_s(O_i) \quad (i=1, 2, \cdots, m)$。

CFB 解密：输入为 IV，C_1，C_2，…，C_m；输出为 IV，P_1，P_2，…，P_m；

$I_1 \leftarrow \mathrm{IV}$；

$I_i \leftarrow \mathrm{LSB}_{n-s}(I_{i-1}) \| C_{i-1} \quad (i=2, 3, \cdots, m)$；

$O_i \leftarrow E(I_i) \quad (i=1, 2, \cdots, m)$；

$P_i \leftarrow C_i \oplus \mathrm{MSB}_s(O_i) \quad (i=1, 2, \cdots, m)$。

CFB 工作模式的加密流程如图 4－32 所示。

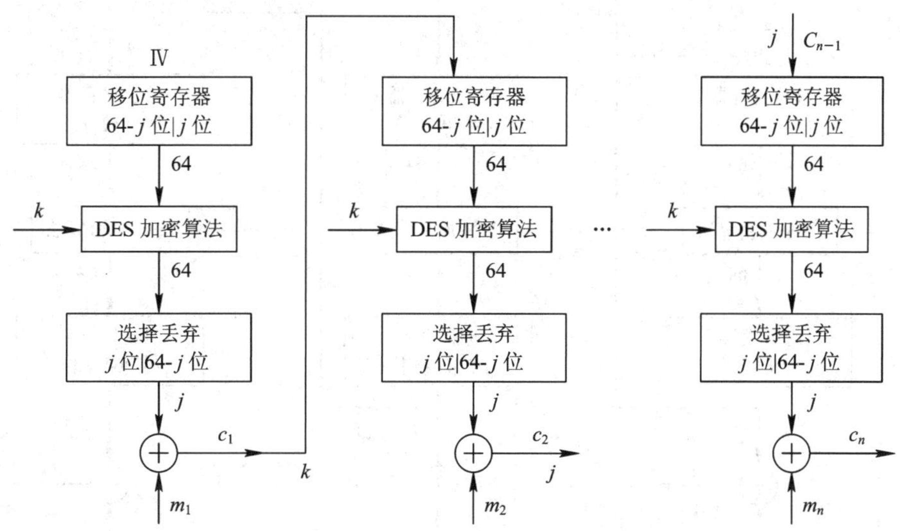

图 4－32　CFB 模式的加密流程

在以上的 CFB 工作模式中，分组密码算法的加密函数用在加密和解密的两端，因此分组密码算法的加密函数 $E(x)$ 可以是任意的单向变换。在 CFB 中改变一个明文分组 P_i 的取值，则其对应的密文 C_i 与其后所有的密文分组都会受到影响。

4. OFB 模式

OFB 模式在结构上类似密码反馈模式。OFB 模式的特点是将分组密码算法的连续输出分组反馈回去。OFB 模式要求 IV 作为初始的 n 位随机输入分组。因为在这种工作模式中 IV 出现在密文的位置中，所以它的取值不需要保密。OFB 模式定义如下所示。

OFB 加密：输入为 IV，P_1，P_2，…，P_m；输出为 IV，C_1，C_2，…，C_m；

$$I_1 \leftarrow \mathrm{IV};$$
$$I_i \leftarrow O_{i-1} \qquad (i=2, 3, \cdots, m);$$
$$O_i \leftarrow E(I_i) \qquad (i=1, 2, \cdots, m);$$
$$C_i \leftarrow P_i \oplus O_i \qquad (i=1, 2, \cdots, m)。$$

OFB 解密：输入为 IV，C_1，C_2，…，C_m；输出为 IV，P_1，P_2，…，P_m；

$$I_1 \leftarrow \mathrm{IV};$$
$$I_i \leftarrow O_{i-1} \qquad (i=2, 3, \cdots, m);$$
$$O_i \leftarrow E(I_i) \qquad (i=1, 2, \cdots, m);$$
$$P_i \leftarrow C_i \oplus O_i \qquad (i=1, 2, \cdots, m)。$$

OFB 工作模式的加密流程如图 4－33 所示。

在 OFB 模式中，加密和解密是相同的：将输入的消息分组与反馈过程生成的密钥流进行异或运算。反馈过程实际上构成了一个有限状态机，其状态完全由分组加密算法的加密密钥和 IV 决定。所以，如果密码分组发生了传输错误，那么只有相应位置上的明文分组会发生错误。

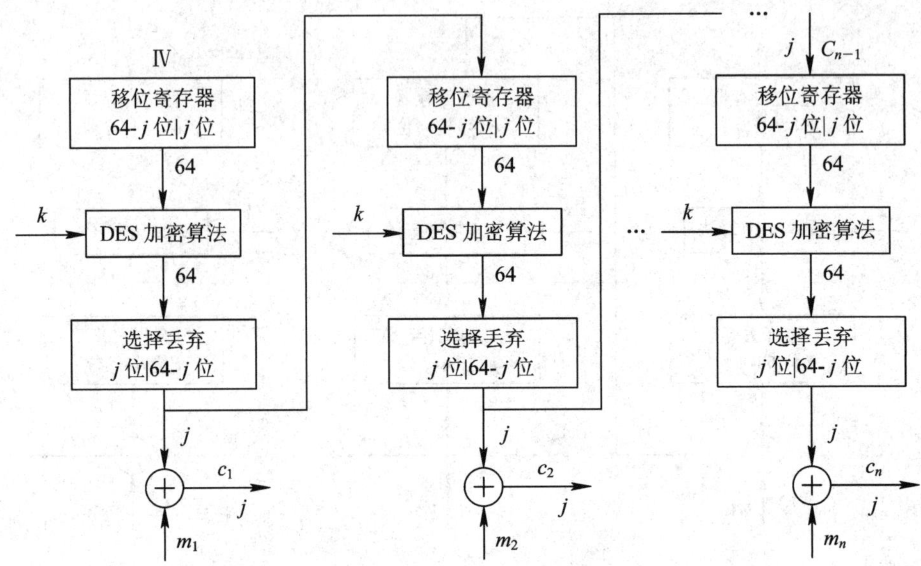

图 4-33 OFB 模式的加密流程

5. CTR 模式

CTR 模式的特点是将计数器 Ctr 从初始值 IV 开始计数,所得到的值发送给分组密码算法。随着计数器 Ctr 的增加,分组密码算法输出连续的分组构成一个位串,该位串被用来与明文分组进行异或运算。记 IV$=\mathrm{Ctr}_1$(其他的计数器值 Ctr_i 可以由 IV 计算而来)。CTR 模式定义如下所示。

CTR 加密:输入为 Ctr_1, P_1, P_2, …, P_m;输出为 Ctr_1, C_1, C_2, …, C_m;

$$C_i \leftarrow P_i \oplus E(\mathrm{Ctr}_i) \quad (i=1, 2, \cdots, m)。$$

CTR 解密:输入为 Ctr_1, C_1, C_2, …, C_m;输出为 Ctr_1, P_1, P_2, …, P_m;

$$P_i \leftarrow C_i \oplus E(\mathrm{Ctr}_i) \quad (i=1, 2, \cdots, m)。$$

CTR 工作模式的加密流程如图 4-34 所示。

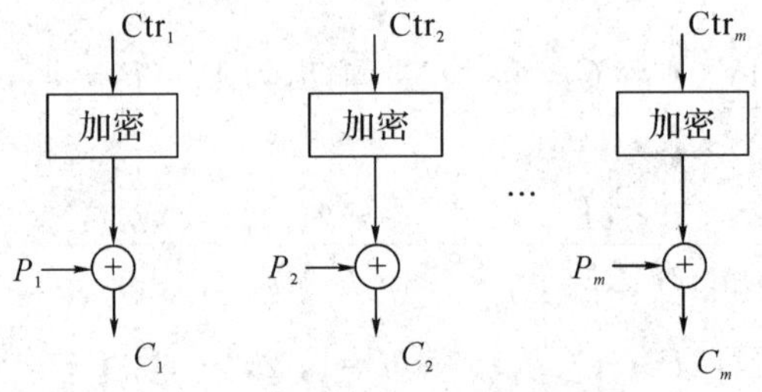

图 4-34 CTR 模式的加密流程

因为没有反馈,CTR 模式的加密和解密能够同时进行,这是 CTR 模式比 CFB 模式和 OFB 模式优越的地方。

表 4-5 给出了上述 5 种分组密码工作模式的优缺点对比。

表 4-5　分组密码工作模式一览表

工作模式	特　点
ECB 模式	优点：可并行运算，速度快；一个密钥可以加密多个消息；加密速度与分组密码的加密速度相同；易于标准化。 缺点：不能进行预处理；分组加密的结果不能隐蔽明文消息模式，即相同的明文组蕴含着相同的密文组；不能抵抗组的重放、嵌入、删除等攻击；加密长度只能是分组的倍数；一个密文错误会影响当前加密的整个明文分组
CBC 模式	优点：引入了随机的初始向量，对于相同的明文消息分组，加密结果具有一定的随机性，使得分组加密结果能隐藏明文消息模式；一个密钥可以加密多个消息；加密速度与分组密码的加密速度相同。 缺点：不能进行预处理；不能进行并行处理；会出现错误传播，一个密文错误不仅会影响当前加密的整个明文分组，而且会影响下一个明文分组的相应位
CFB 模式	优点：可以进行预处理；分组加密的结果能隐藏明文消息模式；一个密钥可以加密多个消息；加密速度与分组密码的加密速度相同；可以加密、传送小于分组长度的数据。 缺点：不能进行并行处理；一个明文分组解密错误将影响多个消息分组的解密
OFB 模式	优点：可以进行预处理；分组加密的结果能隐藏明文消息模式；一个密钥可以加密多个消息；加密速度与分组密码的加密速度相同；错误传播小，密文中的 1 位错误只导致明文中的 1 位错误；可以预处理；消息长度是任意的；可在线处理(随时处理明文)。 缺点：不能进行并行处理；系统要求通信双方必须同步，否则不能正确解密；一个密文错误会影响当前加密的整个明文分组
CTR 模式	优点：设计比较简单；加/解密过程相同；可进行预处理；可并行运算，速度快；安全性好。 缺点：始终保存一个状态值，且加/解密双方必须保持同步，否则不能正确解密

4.7 分组密码的安全性

随着密码分析技术的发展，安全性成为分组密码设计必须考虑的重要因素。前面在介绍分组密码体制 DES、AES 和 IDEA 时，对其安全性已经作了初步分析。本节将简单介绍常见的分组密码的分析技术。

目前，分组密码的分析技术主要有以下几种：

(1) 穷尽搜索攻击。

(2) 线性密码分析攻击。

(3) 差分密码分析攻击。

(4) 相关的密钥密码分析攻击。

在以上 4 种攻击方法中，线性密码分析攻击和差分密码分析攻击是人们所熟悉的分组密码分析方法。

线性密码分析是对迭代密码的一种已知明文攻击，最早由 Mitsuru Matsui 在 1993 年提出，线性密码分析攻击使用线性近似值来描述分组密码。鉴于分组密码的非线性结构是加密安全的主要源泉，线性分析方法试图发现这些结构中的一些弱点，其实现途径是通过查找非线性的线性近似来实现。该密码分析方法的基本思想是：假设在一个明文位子集合与加密过程的最后一轮加密即将进行代换加密的输入序列位子集合之间能够找到一个概率上的线性关系。如果攻击者拥有大量的用同一组未知密钥加密的明文和相应的密文对，攻击者对每一个明文和相应的密文采用所有可能的候选密钥对加密过程的最后一轮解密相应的密文。对每一个候选的密钥，攻击者计算包含在线性关系式中的相关状态位的异或值，然后确定上述的线性关系是否成立。如果线性关系成立，就在对应特定候选密钥的计数器上加1。反复进行以上过程，最后得到的计数器频率距离明文和相应的密文对个数的一半最远的候选密钥最有可能含有密钥位的正确值。

以上过程意味着如果攻击者将明文的一些位和密文的一些位分别进行异或运算，然后再将这两个结果进行异或运算，能够得到一个位的值，该位的值是将密钥的一些位进行异或运算的结果，这就是概率为 p 的线性近似值。如果 $p\neq 1/2$，那么就可以使用该偏差，用已知的明文和相应的密文来猜测密钥的具体位置。

差分密码分析是对迭代密码的一种选择明文攻击，由 Eli Biham 和 Adi Shamir 于1990年提出，可以攻击很多分组密码。差分密码分析攻击通过对那些明文有特殊差值关系的密文对进行比较分析来攻击相应的分组密码算法。该密码分析方法的基本思想是：通过分析明文对的差值对密文对的差值的影响来恢复某些密钥位。选择具有固定差分关系的一对明文位序列，这两个明文序列可以随机选取，只要它们符合特定差分的条件，攻击者甚至可以不必知道两个明文序列的具体值。然后通过对相应的密文序列中的差分关系的分析，按照不同的概率分配给不同的密钥；选择新的满足条件的明文序列，重复以上过程。随着分析的密文序列越来越多，相应的密钥对应的概率分布也越来越清晰，最有可能的密钥序列将逐步显现出来。差分密码分析方法需要某种特性的明文和相应的密文之间的比较，攻击者寻找明文对应的某种差分的密文对，这些差分中的一部分会有较高的重现概率。差分密码分析方法用这种特征来计算可能的密钥概率，最后可以确定出最可能的密钥。差分密码分析方法需要大量的已知“明文-密文”对，使得该方法不是一个很实用的攻击方法，但它对评估分组加密算法的整体安全性很有用。

习　题

4-1　为了保证分组密码算法的安全强度，对分组密码算法的要求有哪些？

4-2　什么是雪崩效应？

4-3　什么是 Feistel 密码结构？Feistel 密码结构的实现依赖的主要参数有哪些？

4-4　什么是分组密码的操作模式？有哪些主要的分组密码操作模式？其工作原理是什么？各有何特点？

4-5　在8位的 CFB 模式中，若传输中一个密文字符发生了一位错误，这个错误将传播多远？

4-6　为什么要使用三重 DES？

4-7　AES 的基本变换有哪些？其基本的变换方法是什么？

4-8　通过公式(4-1)计算对应 $x=01010011$ 的输出序列 y。

4-9　在 AES 分组密码中，涉及有限域 $GF(2^8)$ 上的乘法运算，即取不可化约多项式 $m(x)=x^8+x^4+x^3+x+1$，$a(x)$ 和 $b(x)$ 为 $GF(2^8)$ 上的多项式，$a(x)\cdot b(x)$ 定义为

$$a(x)\cdot b(x)\equiv a(x)b(x)\bmod m(x)$$

若 $a(x)=x^6+x^4+x^2+x+1$，$b(x)=x^4+1$，求 $a(x)\cdot b(x)$。

第5章

序列密码

序列密码也叫作流密码(Stream Cipher)，它是一种基本的对称密码体制。序列密码一直是在军事和外交场合中使用的主要密码技术之一，鉴于详细介绍序列密码需要较多的理论知识，本章重点介绍序列密码中基于反馈移位寄存器 FSR(Feedback Shift Register)的密钥流(Key Stream)生成器的设计。

5.1 序列密码的基本原理

5.1.1 序列密码的设计思想

计算机技术带来的基本改变是信息的表示。在其内部，计算机是以二进制位(0 和 1)来表示信息的。这样，所有的信息都必须转换成计算机的位进行存储和操作。字符是通过 ASCII 码(American Standard Code for Information Interchange，美国信息交换标准码)转换成 0，1 数串的，这促使人们将加密算法的设计放在计算机的特征上而不是语言的结构上。也就是说，将加密算法的设计焦点放在二进制(位)而不是字母上。Shannon 证明了一次一密密码体制是不可破译的，这意味着，若能够以一种方式产生一个随机序列，这一序列由密钥确定，则可利用这样的序列进行加密。基于 0－1 序列的异或运算，人们提出了序列密码，其密钥是一个 0－1 随机序列。

序列密码每次只对明文中的单个位(或字节)进行运算(加密变换)，因此，序列密码的密钥生成方法是其关键，通常密钥流由种子密钥通过密钥流生成器产生。加密过程所需的密钥流可以利用以移位寄存器为基础的电路来产生，这促使线性和非线性移位寄存器理论迅速发展，加上有效的数学工具，从而使得序列密码理论迅速发展。序列密码的主要原理是通过随机数发生器产生性能优良的伪随机序列(密钥流)，使用该序列加密信息流(逐位加密)，得到密文序列。由于每一个明文都对应一个随机的加密密钥，所以序列密码在理论上属于无条件安全的密码体制。序列密码的基本加密过程如图 5－1 所示。

按照加密、解密过程中密钥流工作方式的不同，序列密码一般分为同步序列密码(Synchronous Stream Cipher)和自同步序列密码(Self-Synchronous Stream Cipher)两种。

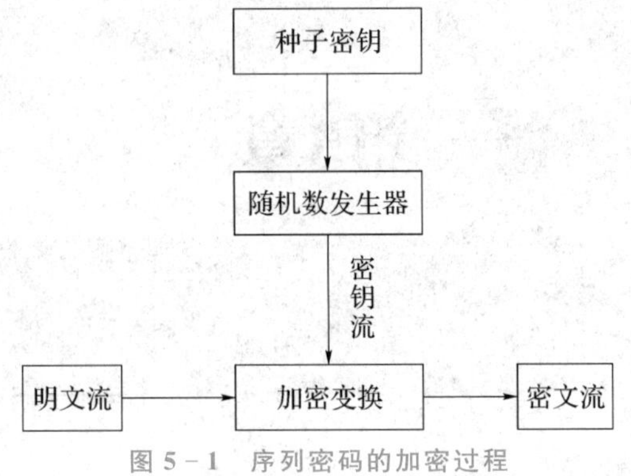

图 5－1　序列密码的加密过程

1．同步序列密码

在同步序列密码中，密钥流的产生完全独立于消息流(明文流或密文流)，如图 5－2 所示。在这种工作方式下，如果传输过程中丢失一个密文字符，发送方和接收方就必须使它们的密钥生成器重新同步，这样才能正确地加密、解密后续的序列，否则加密、解密将失败。

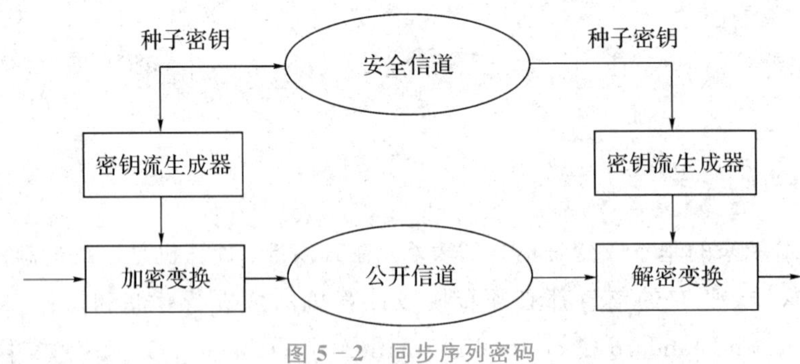

图 5－2　同步序列密码

图 5－2 的操作过程可用如下函数描述：

$$\begin{cases} \sigma_{i+1}=F(\sigma_i, k) \\ k_i=G(\sigma_i, k) \\ c_i=E(k_i, m_i) \\ m_i=D(k_i, c_i) \end{cases} \tag{5-1}$$

其中，密钥流 k_i 是由种子密钥 k 产生的，σ_i 是密钥流生成器的内部状态，m_i 是明文流，c_i 是密文流，F 是状态转移函数，G 是密钥流 k_i 的产生函数，E 是同步序列密码的加密变换，D 是同步序列密码的解密变换。

由于同步序列密码各操作位之间相互独立，因此应用这种方式进行加密、解密时无错误传播，操作过程中产生一位错误时只会影响一位，不会影响后续位，这是同步序列密码的一个重要特点。

同步序列密码具有以下性质：

(1) 同步性：在同步序列密码中，消息的发送者和接收者必须同步才能正确地解密，即通信双方使用相同的密钥，并对同一位置进行操作。一旦密文字符在传输过程中被插入或删除，系统的同步性被破坏，那么解密过程将失败。这时只有借助其他附加技术重建同步，解密过程才能够继续进行。重建同步的技术包括：重新初始化，在密文序列的规则间隔中设置特殊记号，当明文消息序列包含足够的冗余度时，也可以尝试密钥流所有可能的偏移。

(2) 无错误传播性：密文字符在传输过程中被修改(未被删除)，并不影响其他密文字符的解密。

(3) 主动攻击可检测性：主动攻击者对密文字符进行的插入、删除或重放操作都会立即破坏系统的同步性，从而可能被解密器检测出来。同时，主动攻击者可能会有选择地改动密文字符，并准确地知道这些改动对明文的影响。所以，必须采用其他的附加技术保证被加密数据的完整性。

2. 自同步序列密码

与同步序列密码相比，自同步序列密码是一种有记忆变换的密码，如图5-3所示。每一个密钥字符是由前面 n 个密文字符推导出来的(其中 n 为定值)，即在传输过程中，如果丢失或更改了一个字符，则这一错误就要向前传播 n 个字符。因此，自同步序列密码有错误传播现象。不过，在收到 n 个正确的密文字符以后，密码自身会实现重新同步。

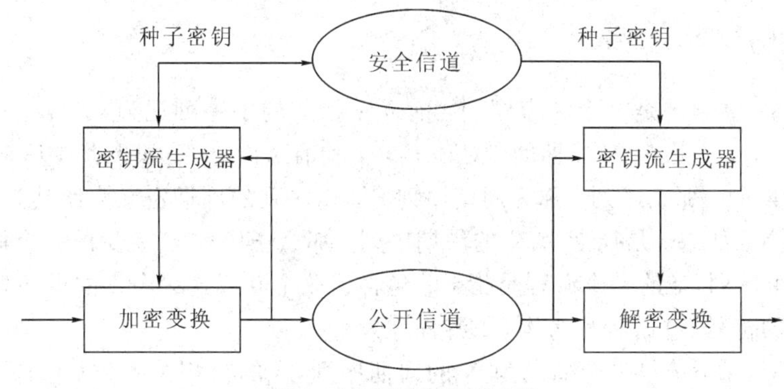

图5-3　自同步序列密码

图5-3的操作过程可用如下函数描述：

$$\begin{cases} \sigma_{i+1}=F(\sigma_i,\ c_i,\ c_{i-1},\ \cdots,\ c_{i-n+1},\ k) \\ k_i=G(\sigma_i,\ k) \\ c_i=E(k_i,\ m_i) \\ m_i=D(k_i,\ c_i) \end{cases} \tag{5-2}$$

其中，密钥流 k_i 是由种子密钥 k 产生的，σ_i 是密钥流生成器的内部状态，m_i 是明文流，c_i 是密文流，F 是状态转移函数，G 是密钥流 k_i 的产生函数，E 是同步序列密码的加密变换，D 是同步序列密码的解密变换。

自同步序列密码具有以下性质：

(1) 自同步性：自同步序列密码在解密过程中依赖固定个数以前的密文字符，因此，当密文字符被插入或删除时，密码的自同步性就会体现出来。自同步序列密码在同步性遭到破坏时，可以自动重建正确的解密过程，而且只有固定数量的明文字符不可恢复。

(2) 错误传播的有限性：假设一个自同步序列密码的状态依赖于 n 个以前的密文字符，在密文序列传输的过程中，当一位的密文字符被改动(插入或删除)时，那么至多会有 n 位随后的密文字符解密出错，然后恢复正确的解密过程。

(3) 主动攻击可检测性：主动攻击者对密文字符的任何改动都会引发一些密文字符的解密出错，因此增加了被解密器检测出的可能性。同时，自同步序列密码在检测主动攻击者发起的对密文字符的插入、删除、重放等攻击时更加困难，所以必须采取附加的技术来保证被加密数据的完整性。

(4) 明文统计扩散性：每个明文字符都会影响其后的整个密文，即明文的统计学特征被扩散到了密文中。因此，自同步序列密码对利用明文的冗余度发起的攻击有较强的抗攻击能力。

在自同步序列密码系统中，密文流参与了密钥流的生成，这使得对密钥流的分析非常复杂，从而导致了对自同步序列密码进行系统的理论分析非常困难。因此，目前应用较多的流密码是自同步序列密码。

使用序列密码系统的一个关键是要有对应的随机序列，而现实中通过随机数发生器产生的序列只能是一个伪随机序列，要从数学上证明密钥流生成器是否产生了随机序列是不现实的，因此需要对生成序列的随机性进行评价，下节将给出判断生成的伪随机序列具有随机性的评价指标。

5.1.2 序列随机性能评价

令 $s=s_0, s_1, s_2, \cdots$ 是一个无穷序列，前 n 项组成的子序列记为 $s^n=s_0, s_1, \cdots, s_{n-1}$。序列 $s=s_0, s_1, s_2, \cdots$ 称为 N 周期的，对于 $i\geqslant 0$，均有 $s_i=s_{i+N}$。如果存在正整数 N，使得序列 s 是 N 周期的，那么序列 s 称为周期序列。周期序列的周期定义为使其为 N 周期序列的最小正整数 N。如果 s 是周期为 N 的周期序列，那么子序列 s^N 为 s 的一个周期。

令 s 是一个序列，s 的一个游程是指 s 的包含连续个 0 或连续个 1 的子序列，且其前后均为与其不同的符号。0 游程称为沟，1 游程称为块。

令 $s=s_0, s_1, s_2, \cdots$ 是一个周期为 N 的周期序列，s 的自相关系数 $C(t)$ 为一个自变量取整数的函数，定义如下：

$$C(t)=\frac{1}{N}\sum_{i=0}^{N-1}(2s_i-1)\cdot(2s_{i+t}-1)\quad(0\leqslant t\leqslant N-1) \tag{5-3}$$

自相关系数是用来衡量序列 s 和 s 的 t 个位置的移位之间的相似性的量，自相关系数越小，说明序列 s 的随机性能越好。

Golomb 随机性假设包括以下 3 个条件：

(1) 在序列的一个周期内，0 和 1 的个数至多相差 1。

(2) 在序列的一个周期内，长为 1 的游程个数占总游程数的 $\frac{1}{2}$，长为 2 的游程个数占总游程数的 $\frac{1}{2^2}$，依此类推，长为 i 的游程个数占总游程数的 $\frac{1}{2^i}$，且在等长的游程中，0 游程和 1 游程各占一半。

(3) 自相关系数是二值的，即对某个整数 K，有

$$N\cdot C(t)=\sum_{i=0}^{N-1}(2s_i-1)\cdot(2s_{i+t}-1)=\begin{cases}N & (t=0)\\ K & (1\leqslant t\leqslant N-1)\end{cases} \tag{5-4}$$

满足上述 3 个条件的序列称为伪随机序列。其中，条件(1)说明序列 s 中 0 和 1 出现的概率基本相等；条件(2)说明在已知位置 n 前若干位置上的值的前提下，在第 n 个位置上出

现0和1的概率是相等的；条件(3)说明如果将 s_i 与 s_{i+t} 进行比较，无法得到关于序列 s 的实质性信息(如周期等)。

接下来我们将介绍对长度是 n 位的二进制序列 $s=s_0, s_1, \cdots, s_{n-1}$ 进行随机性检验常用的5个统计测试，它们是判断二进制序列 s 是否具有随机性的一些统计量。

(1) 频率测试。频率该测试的目的是确定 s 中0和1的个数是否相等。令 n_0，n_1 分别表示 s 中0和1的个数。频率测试使用的统计量为

$$X_1=\frac{(n_0-n_1)^2}{n^2} \tag{5-5}$$

当 $n\geqslant 10$ 时，该统计量近似服从自由度为1的 χ^2 分布。

(2) 序列测试。序列测试的目的是确定 s 的子序列00，01，10，11的个数是否相等。令 n_0，n_1 分别表示 s 中0和1的个数，n_{00}，n_{01}，n_{10}，n_{11} 分别表示 s 中子序列00，01，10，11的个数。序列测试使用的统计量为

$$X_2=\frac{4}{n-1}(n_{00}^2+n_{01}^2+n_{10}^2+n_{11}^2)-\frac{2}{n}(n_0^2+n_1^2)+1 \tag{5-6}$$

当 $n\geqslant 21$ 时，该统计量近似服从自由度为2的 χ^2 分布。

(3) 扑克测试。扑克测试的目的是确定每个部分的长度是 m 位的序列在 s 中出现的次数是否相等。令 m 是一个满足 $\left\lfloor\frac{n}{m}\right\rfloor\geqslant 5\times 2^m$ 的正整数，且令 $k=\left\lfloor\frac{n}{m}\right\rfloor$。将序列 s 分成 k 个互不相交的部分，每个部分的长度为 m 位，令 n_i 为第 i 种长度为 m 位的序列出现的次数，$1\leqslant i\leqslant 2^m$。扑克测试使用的统计量为

$$X_3=\frac{2^m}{k}\left(\sum_{i=1}^{2^m}n_i^2\right)-k \tag{5-7}$$

该统计量近似服从自由度为 2^m-1 的 χ^2 分布。

(4) 游程测试。根据对序列随机性的要求，在长度为 n 位的随机序列中，所期待的长度为 i 位的0游程(或1游程)的个数为 $e_i=\frac{n-i+3}{2^{i+2}}$。令 k 为满足 $e_i\geqslant 5$ 的 i 的最大整数，令 B_i，G_i 分别为 s 中长度为 i 位的0游程和1游程的个数，$1\leqslant i\leqslant k$。游程测试使用的统计量为

$$X_4=\sum_{i=1}^{k}\frac{(B_i-e_i)^2}{e_i}+\sum_{i=1}^{k}\frac{(G_i-e_i)^2}{e_i} \tag{5-8}$$

该统计量近似服从自由度为 $2k-2$ 的 χ^2 分布。

(5) 自相关测试。自相关测试的目的是检验序列 s 与其发生移位后所形成的序列之间的相关性。令 d 为一个固定的整数，$1\leqslant d\leqslant\left\lfloor\frac{n}{2}\right\rfloor$。序列 s 与 s 发生 d 个移位后所形成的序列中的不同位数为 $A(d)=\sum_{i=0}^{n-d-1}s_i\oplus s_{i+d}$，其中 $\oplus$ 表示异或操作。自相关测试的统计量为

$$X_5=\frac{2\times\left(A(d)-\frac{n-d}{2}\right)}{\sqrt{n-d}} \tag{5-9}$$

当 $n-d\geqslant 10$ 时，该统计量近似服从 $N(0, 1)$ 分布。

【例5.1】 对长度 $n=160$ 位的随机序列 s：

11100 01100 01000 10100 11101 11100 10010 01001 11100 01100 01000 10100 11101 11100 10010 01001 11100 01100 01000 10100 11101 11100 10010 01001 11100 01100 01000 10100 11101 11100 10010 01001

分别对其进行以下随机性测试：

(1) 频率测试：$n_0=84$，$n_1=76$，所以

$$X_1=\frac{(n_0-n_1)^2}{n^2}=0.4$$

(2) 序列测试：$n_{00}=44$，$n_{01}=40$，$n_{10}=40$，$n_{11}=35$，所以

$$X_2=\frac{4}{n-1}(n_{00}^2+n_{01}^2+n_{10}^2+n_{11}^2)-\frac{2}{n}(n_0^2+n_1^2)+1=0.6252$$

(3) 扑克测试：$m=3$，$k=53$。长度为 3 的片段 000，001，010，011，100，101，110，111 出现的次数分别为 5，10，6，4，12，3，6，7，所以

$$X_3=\frac{2^m}{k}\left(\sum_{i=1}^{2^m}n_i^2\right)-k=9.6415$$

(4) 游程测试：$e_1=20.25$，$e_2=10.0625$，$e_3=5$，$k=3$，长度为 1，2，3 的 1 游程的个数分别为 25，4，5；长度为 1，2，3 的 0 游程的个数分别为 8，20，12，所以

$$X_4=\sum_{i=1}^{k}\frac{(B_i-e_i)^2}{e_i}+\sum_{i=1}^{k}\frac{(G_i-e_i)^2}{e_i}=31.7913$$

(5) 自相关测试：取 $d=8$，则 $A(d)=100$，所以

$$X_5=\frac{2\times\left(A(d)-\frac{n-d}{2}\right)}{\sqrt{n-d}}=3.8933$$

对于显著性水平 $\alpha=0.05$，相应的统计量 X_1，X_2，X_3，X_4，X_5 的阈值分别为 3.8415，5.9915，14.0671，9.4877，1.96。因此通过以上计算结果可知，序列 s 通过了频率测试、序列测试和扑克测试，但是没有通过游程测试和自相关测试。

5.2 反馈移位寄存器

由序列随机性能评价指标的介绍可知，对序列密码的安全性要求越高，相应地，对密钥流的随机性要求就越高。因此，在设计密钥流生成方法时，不仅要考虑安全性，还要考虑以下两个因素：

(1) 生成密钥流的密钥 k 应该易于分配和管理。

(2) 密钥流生成方法应该易于快速实现。

基于以上分析，下面介绍常用来生成密钥流的密钥流生成器的基本部件——反馈移位寄存器(Feedback Shift Register FSR)。

一个反馈移位寄存器由移位寄存器和反馈函数两部分组成。移位寄存器是一个位序列，它的长度用位表示，如果移位寄存器的长度是 n 位，则称为 n 位移位寄存器。每次运算的结果实际只改变序列中的一个值，其中移位寄存器中除最右端的位以外，其余所有位向右移一位，新的最左端位的值根据寄存器中其他位的值计算得到。移位寄存器的输出值常常是序列中的最低有效位。移位寄存器的周期是指输出序列从开始到重复时的长度。反馈函数是 n 元布尔函数，函数中的运算有逻辑与、逻辑或、逻辑补等运算，最后的函数值为 0 或 1。

5.2.1　线性反馈移位寄存器

反馈移位寄存器，特别是线性反馈移位寄存器(Linear Feedback Shift Register LFSR)，是许多密钥流生成器的基本器件。目前出现的许多密钥流生成器都使用线性反馈移位寄存器，LFSR的优点如下：

(1) LFSR非常适合于硬件实现。

(2) LFSR可以产生大周期的序列。

(3) LFSR产生的序列具有良好的统计特性。

(4) LFSR在结构上具有一定的特点，便于利用代数方法对其进行分析。

LFSR的结构如图5-4所示。其中每个C_i为0或1，图中闭合的半圆表示"与"运算。一个长度为L位的线性反馈移位寄存器(LFSR)由0，1，…，$L-1$共L个级(或延迟单元)和一个时钟构成，每个级都有1位的输入和1位的输出，并且可以存储1位字符；时钟用于控制数据的移动。每个时间单位内执行下述操作：

(1) 输出0级所存储的字符，作为输出序列的一部分。

(2) 对每个$i(1\leqslant i\leqslant L-1)$，将第$i$级的存储内容移入第$i-1$级。

(3) 第$L-1$级中存储的新元素称为反馈比特s_j，它由0，1，…，$L-1$级中的一个固定的子集合的内容进行模2相加而得到。

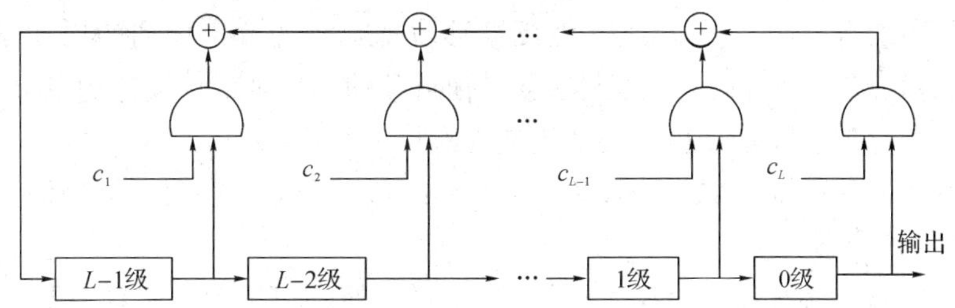

图5-4　长度为L的线性反馈移位寄存器结构

图5-4所示的线性反馈移位寄存器可以记为$\langle L, C(D)\rangle$，其中$C(D)=1+c_1D+c_2D^2+\cdots+c_LD^L\in\mathbb{Z}_2[D]$为特征多项式。若$C(D)$的次数为$L$(即$c_L=1$)，则称相应的线性移位寄存器LFSR为非奇异的。对于每一个$i(0\leqslant i\leqslant L-1)$，若第$i$级的初始存储值为$s_i\in\{0, 1\}$，则称$[s_{L-1}, s_{L-2}, \cdots, s_1, s_0]$为线性移位寄存器LFSR的初始状态。

如果已知线性反馈移位寄存器LFSR的结构如图5-4所示，相应的初始状态为$[s_{L-1}, s_{L-2}, \cdots, s_1, s_0]$，那么输出序列$s=s_0, s_1, s_2, \cdots$可以通过以下递推公式唯一确定：

$$s_j=(c_1s_{j-1}+c_2s_{j-2}+\cdots+c_Ls_{j-L}) \bmod 2 \quad (j\geqslant L) \tag{5-10}$$

【例5.2】 线性移位寄存器LFSR$\langle 4, 1+D+D^4\rangle$的结构如图5-5所示。

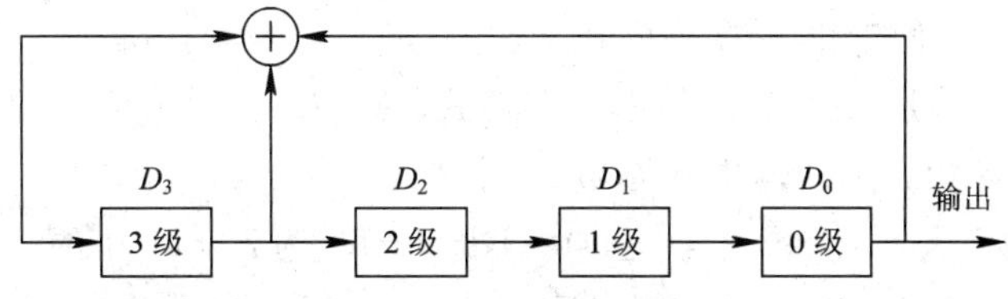

图5-5　线性移位寄存器LFSR$\langle 4, 1+D+D_4\rangle$的结构

当LFSR的初始状态为[0, 0, 0, 0]，那么相应的输出序列为0序列。当LFSR的初始

状态为$(D_3, D_2, D_1, D_0)=[0, 1, 1, 0]$时，对应每一个时刻 t，相应的 D_3，D_2，D_1，D_0 各级中所存储的二进制数见表 5－1。

表 5－1 LFSR⟨4，$1+D+D^4$⟩对应的存储器状态

t	0	1	2	3	4	5	6	7	8	9	10	11	12	13	14	15
D_3	0	0	1	0	0	0	1	1	1	1	0	1	0	1	1	0
D_2	1	0	0	1	0	0	0	1	1	1	1	0	1	0	1	1
D_1	1	1	0	0	1	0	0	0	1	1	1	1	0	1	0	1
D_0	0	1	1	0	0	1	0	0	0	1	1	1	1	0	1	0

该线性反馈移位寄存器 LFSR 的输出序列为 $s=0, 1, 1, 0, 0, 1, 0, 0, 0, 1, 1, 1, 1, 0, 1, \cdots$，该输出序列的周期为 15。

5.2.2 LFSR 输出序列的周期与随机性

线性反馈移位寄存器输出序列的性质完全由其反馈函数决定。L 级线性反馈移位寄存器最多有 2^L 个不同的状态。若其初始状态为 0，则其后续状态恒为 0；若其初始状态不为 0，则其后续状态不会为 0。因此，L 级线性反馈移位寄存器的输出序列的周期不大于 2^L-1（不考虑 0 状态），只要选择合适的反馈函数，便可使输出序列的周期达到最大值 2^L-1。由线性反馈移位寄存器 LFSR 产生序列的周期性有以下结论：

(1) 线性反馈移位寄存器 LFSR⟨L，$C(D)$⟩的每一个输出序列是周期的，当且仅当特征多项式 $C(D)$的次数为 L。

在线性反馈移位寄存器 LFSR⟨L，$C(D)$⟩是奇异的（即 $C(D)$的次数小于 L）情况下，并不是所有的 LFSR⟨L，$C(D)$⟩输出序列都有周期。在忽略掉输出序列中开始的固定有限项后，得到的新序列是周期的，但此时的序列周期不会达到 2^L-1。

(2) 对于线性反馈移位寄存器 LFSR⟨L，$C(D)$⟩，设 $C(D)\in\mathbb{Z}_2[D]$是一个 L 次的特征多项式。

① 若 $C(D)$在 $\mathbb{Z}_2[D]$上是不可约的，那么非奇异的 LFSR⟨L，$C(D)$⟩的 2^L-1 个非零状态中的每一个都可以产生一个周期为 N 的输出序列，其中 N 为 $C(D)$在 $\mathbb{Z}_2[D]$中能够整除 $1+D^N$ 的最小正整数。

② 若 $C(D)$为本原多项式，那么非奇异的 LFSR⟨L，$C(D)$⟩的 2^L-1 个非零状态中的每一个均能产生具有最大可能周期为 2^L-1 的输出序列。

根据以上结论，我们给出 m 序列的定义：

若 $C(D)\in\mathbb{Z}_2[D]$是一个 L 次的本原多项式，则⟨L，$C(D)$⟩称为最大长度 LFSR。最大长度 LFSR 在非零状态下的输出称为 m 序列。

根据 m 序列的定义，例 5.2 中，$C(D)=1+D+D^4$ 为 $\mathbb{Z}_2[D]$中的一个本原多项式，所以相应的 LFSR⟨4，$1+D+D^4$⟩的输出序列是一个 m 序列，其最大可能周期为 $N=2^4-1=15$。

m 序列有以下性质：

(1) 设 k 为整数($1\leqslant k\leqslant L$)，且 $\bar{s}$ 的长度为 2^L+k-2 的任意子序列，那么 $\bar{s}$ 的每一个长度为 k 的非零子序列恰好出现 2^{L-k} 次，而且 $\bar{s}$ 的长度为 k 的零子序列恰好出现 $2^{L-k}-1$ 次。也就是说，具有固定长度且长度至多为 L 的模型分布几乎是均匀的。

(2) m 序列满足 Golomb 随机性假设。

下面对性质(2)进行分析。当线性反馈移位寄存器的初始状态相同时，输出序列也是相同的，所以 LFSR 在产生 m 序列的过程中必须遍历 2^L-1 个非 0 状态中的每一个，然后才会出现重复。这 2^L-1 个状态，在 s_1 位有 2^{L-1} 个 1，其余 $2^{L-1}-1$ 个是 0，所以满足 Golomb 随机性假设的第一个条件。

由于线性反馈移位寄存器 LFSR 中不可能出现全 0 状态，所以输出序列不会出现 0 的 L 游程，而且必然有一个 1 的 L 游程，但不可能有长度大于 L 的 1 游程。因为如果出现一个 1 的 $L+1$ 游程，必然会有两个全是 1 的状态相邻，根据 LFSR 的设计原理，这是不可能的。所以可以知道值为 1、长度为 L 的游程必然出现在以下的情况中，即

$$\underbrace{0,\ 1,\ 1,\ \cdots,\ 1,\ 1,\ 0}_{L\text{位}}$$

当以上的 $L+2$ 位通过移位寄存器时，会依次产生以下状态：

$$\underbrace{0,\ 1,\ 1,\ \cdots,\ 1,\ 1}_{L-1\text{位}},\underbrace{1,\ 1,\ \cdots,\ 1,\ 1}_{L\text{位}},\underbrace{1,\ 1,\ \cdots,\ 1,\ 1}_{L-1\text{位}},\ 0$$

由于 0，1，1，…，1，1 和 1，1，…，1，1，0 这两个状态只能各出现一次，所以不会有其他的 1 的 $L-1$ 游程。同理，输出序列中会出现 0 的 $L-1$ 游程，即

$$\underbrace{1,\ 0,\ 0,\ \cdots,\ 0,\ 0,\ 1}_{L-1\text{位}}$$

它产生 1，0，0，…，0，0 和 0，0，…，0，0，1 两个状态。

当 $L=2$ 时，以上分析过程已经验证了所有的情况。

当 $L>2$ 时，设 r 为不大于 $L-2$ 的任意一个正整数，则任何 1 的 r 游程就意味着输出序列中存在序列

$$\underbrace{0,\ 1,\ 1,\ \cdots,\ 1,\ 1,\ 0}_{r\text{位}}$$

为了计算 1 的 r 游程的数目，只要计算左边的 $r+2$ 个比特的状态数目就可以了。因为任一个 1 的 r 游程总会在通过移位寄存器时处在当前的位置，其余的 $L-r-2$ 位可以是由 0 和 1 构成的任何状态，所以 1 的 r 游程的数目是 2^{L-r-2}。于是在每一个周期中出现 1 的游程的数目为

$$1+\sum_{r=1}^{L-2}2^{L-r-2}=2^{L-2}$$

同样，0 游程的数目也是 2^{L-2}。因此 m 序列满足 Golomb 随机性假设的第二个条件。

根据换行定理，即周期为 2^L-1 的 m 序列，其异相关自相关函数等于 $\dfrac{-1}{2^L-1}$，m 序列满足 Golomb 随机性假设的第三个条件。

以上结论表明，应用线性反馈移位寄存器 LFSR 产生的 m 序列具有良好的随机性能。

5.3 基于 LFSR 的生成器

线性反馈移位寄存器被广泛应用于序列密码的密钥流生成器中。线性反馈移位寄存器产生的序列具有较好的统计特性，非常适合用硬件来实现。此外线性反馈移位寄存器已经用代数技术分析过，因此可靠性较高。

基于 LFSR 的序列密码的基本结构如图 5-6 所示。

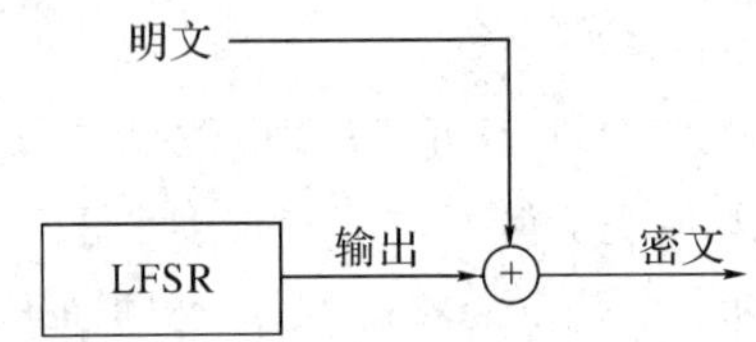

图 5-6 基于 LFSR 的序列密码的基本结构

如果线性反馈移位寄存器产生的是 m 序列，则算法的密钥取决于 LFSR 的初始状态和 LFSR 的参数 $c_1, c_2, \cdots, c_L$ 的取值情况。鉴于线性反馈移位寄存器 LFSR 对应的特征多项式是本原多项式，而 L 次的本原多项式共有 $\lambda(L)$ 个（$\lambda(L)=\phi(2^L-1)/L$，（ϕ 为欧拉函数），LFSR 的非零初始状态共有 2^L-1 个，所以应用线性反馈移位寄存器 LFSR 产生 m 序列的算法密钥共有 $\lambda(L)\times(2^L-1)$ 个。

对于以上所有可能的密钥，基于 LFSR 的密钥流生成器应该具备以下性质：

（1）大周期。

（2）大线性复杂度。

（3）较好的统计特性。

以上性质被认为是密钥流生成器在密码学上计算安全的必要条件。要达到以上要求，在设计线性反馈移位寄存器 LFSR 时应该考虑以下因素：

（1）为保证密钥流生成器产生的输出序列具有大周期，设计相应的线性反馈移位寄存器 LFSR 时，应该始终选择最大长度的 LFSR，也就是说，设计的 LFSR 应该具有形式 $\langle L, C(D)\rangle$，其中 $C(D)\in\mathbb{Z}_2[D]$ 是一个 L 次的本原多项式。

（2）基于线性反馈移位寄存器的密钥流生成器中的 LFSR 可能存在已知的或者秘密的特征多项式。对于 LFSR 已知的特征多项式，秘密密钥通常由 LFSR 的初始内容构成；对于秘密的特征多项式，密钥流生成器的秘密密钥通常由初始内容和特征多项式两者共同构成。所以对于长度为 L 而且具有秘密特征多项式的线性反馈移位寄存器 LFSR，应该从域 $\mathbb{Z}_2[D]$ 上所有次数为 L 的本原多项式所组成的集合中随机均匀地选择特征多项式。

（3）在实际设计线性反馈移位寄存器时，通常使用秘密特征多项式的形式。因为这种设计能够更好地抵御使用预计算来分析特殊特征多项式的攻击，而且采用秘密特征多项式设计 LFSR 产生的输出序列也更能经得起统计分析。虽然基于秘密特征多项式设计的 LFSR 需要额外的电路来完成硬件实现，但是由于这种形式的 LFSR 具有更好的安全性，所以以上缺点可以通过选择更短的线性反馈移位寄存器进行弥补。

（4）在设计线性反馈移位寄存器时，为了便于实现，可以选择稀疏的 LFSR，也就是说，采用的特征多项式中只有很少一部分系数是非零的。这样就只需要在 LFSR 的各种状态之间构造很少的特征多项式来计算反馈位。当然，某些使用稀疏的特征多项式设计的

LFSR 可能会受到一些特殊的攻击。

以上讨论了基于线性反馈移位寄存器的密钥流发生器设计 LFSR 应该考虑的因素。接下来我们给出基于线性反馈移位寄存器设计密钥流生成器的方法。

使用一个或多个线性反馈移位寄存器时，通常要求 LFSR 具有不同的长度和不同的特征多项式。对于采用两个 LFSR 的密钥流生成器，当两个 LFSR 的长度互素，并且它们的特征多项式是本原多项式时，密钥流生成器得到的输出序列将具有最大的长度。密钥流生成器的密钥是 LFSR 的初始状态，每一次取 LFSR 中的一位，然后将 LFSR 移位一次(也称为一个时钟)。密钥流生成器的输出位是 LFSR 中一些位的函数，该函数一般要求是非线性的，称为组合函数，相应的整个密钥流生成器也称为一个组合生成器(如果密钥流生成器的输出位是单个 LFSR 的函数，则相应密钥流生成器称为过滤生成器)。

下面通过介绍几种基本的组合生成器，来进一步说明基于线性反馈移位寄存器的密钥流生成器的工作原理。

1. Geffe 生成器

Geffe 生成器使用了 3 个线性反馈移位寄存器，它们以非线性的方式组合，其中 2 个 LFSR 作为复合器的输入，第 3 个 LFSR 用来控制复合器的输出。Geffe 生成器的基本结构如图 5-7 所示。

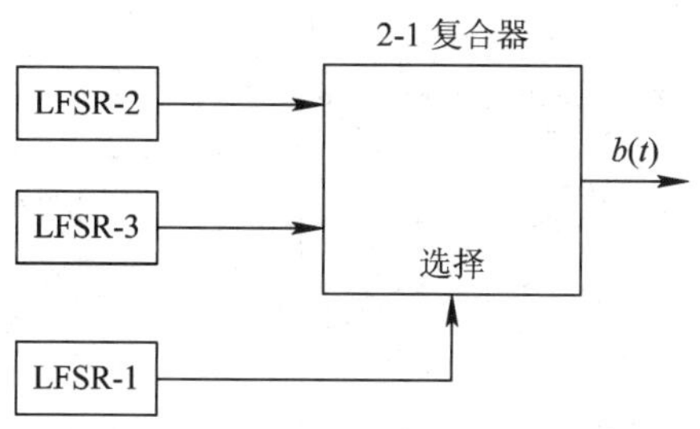

图 5-7 Geffe 生成器的基本结构

设 s_1，s_2，s_3 分别是 Geffe 生成器中 3 个 LFSR 的输出位，则相应的 Geffe 生成器的输出表示为

$$k=(s_1 \wedge s_2)\oplus((\neg s_1)\wedge s_3)=(s_1 \wedge s_2)\oplus s_1 \wedge s_3 \oplus s_3$$

上式意味着，当 LFSR-1 输出 1 时，LFSR-1 与 LFSR-2 相连；当 LFSR-1 输出 0 时，LFSR-1 与 LFSR-3 相连。如果已知 3 个 LFSR 的长度分别为 n_1，n_2，n_3，那么相应的 Geffe 生成器的线性复杂性为

$$(n_1+1)\times n_3+n_1\times n_2$$

该 Geffe 生成器的周期是 3 个 LFSR 周期的最小公倍数，所以当 3 个 LFSR 的本原的特征多项式的次数互素时，相应的 Geffe 生成器的周期就是 3 个 LFSR 周期的乘积，即 $\prod_{i=1}^{3}(2^{n_i}-1)$。

Geffe 生成器在密码学意义上是不安全的，因为第 1 个和第 3 个 LFSR 的状态信息会在 Geffe 生成器的输出序列中表现出来。

2. Jennings 生成器

Jennings 生成器使用了 2 个线性反馈移位寄存器，通过 1 个复合器将 2 个 LFSR 组合起来，其基本结构如图 5-8 所示。

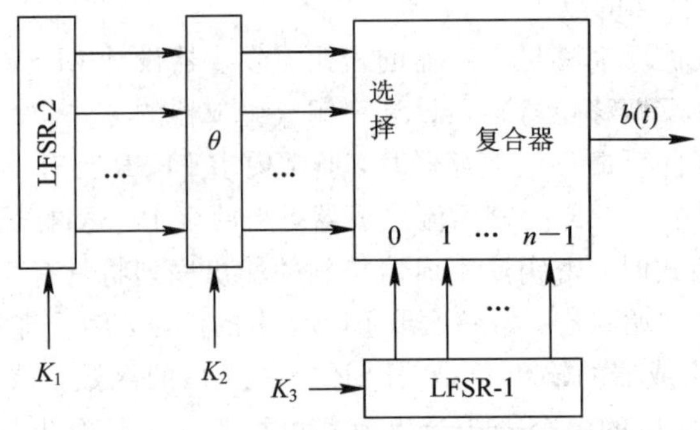

图 5-8 Jennings 生成器的基本结构

在 Jennings 生成器中，LFSR-1 控制的复合器为每一个输出位选择 LFSR-2 的一位，用一个函数将 LFSR-2 的输出映射到复合器的输入。密钥流生成器的密钥是 2 个线性反馈移位寄存器和映射函数的初始状态。

3. J-K 触发器

J-K 触发器也使用了 2 个线性反馈移位寄存器，其中 LFSR-1 是一个 m 级的线性反馈移位寄存器，LFSR-2 是一个 n 级的线性反馈移位寄存器。J-K 触发器的基本结构如图 5-9 所示。

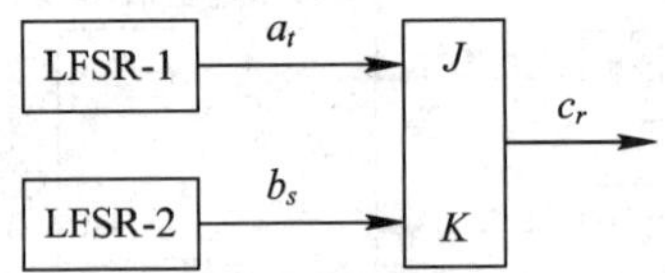

图 5-9 J-K 触发器的基本结构

J-K 触发器的工作表如表 5-2 所示。

表 5-2 J-K 触发器工作表

J	K	c_n
0	0	c_{n-1}
0	1	0
1	0	1
1	1	$\neg c_{n-1}$

设 J-K 触发器中线性反馈移位寄存器 LFSR-1 的输出序列为 a_1，a_2，…，周期为 m，线性反馈移位寄存器 LFSR-2 的输出序列为 b_1，b_2，…，周期为 n，其中 m 与 n 互素，J-K 触发器的输出序列为 c_1，c_2，…。由于 J-K 触发器的输出序列中的位一般都与其前一位有关，通常令 $c_0=0$，所以 J-K 触发器的输出序列可以通过以下递推公式计算：

$$c_n \equiv [(a_n+1)(b_n+1)\times c_{n-1}+(a_n+1)b_n\cdot 0+a_n(b_n+1)+a_nb_n(c_{n-1}+1)] \bmod 2$$
$$\equiv [(a_n+b_n+1)\times c_{n-1}+a_n] \bmod 2$$

J-K 触发器产生的输出序列虽然具有较好的随机性，但当输出序列的部分值已知时，通过一定的方法可以给出以上递推方程的部分解。

例如，知道 J-K 触发器输出序列中 c_n 和 c_{n+1} 的值时，通过递推关系，有

(1) 如果 $c_n=c_{n+1}=0$，则 $a_{n+1}=0$。

(2) 如果 $c_n=0$，$c_{n+1}=1$，则 $a_{n+1}=1$。

(3) 如果 $c_n=1$，$c_{n+1}=0$，则 $b_{n+1}=1$。

(4) 如果 $c_n=c_{n+1}=1$，则 $b_{n+1}=0$。

上述例子说明，通过 c_n 和 c_{n+1} 的值可以计算出 a_{n+1} 和 b_{n+1} 的值，所以 J-K 触发器密钥流生成机制也存在安全问题。

4. 普勒斯体制

普勒斯(Pless)生成器是由 8 个线性反馈移位寄存器组成 4 个 J-K 触发器，外加 1 个循环计数器连接而成的。普勒斯生成器的基本结构如图 5-10 所示。

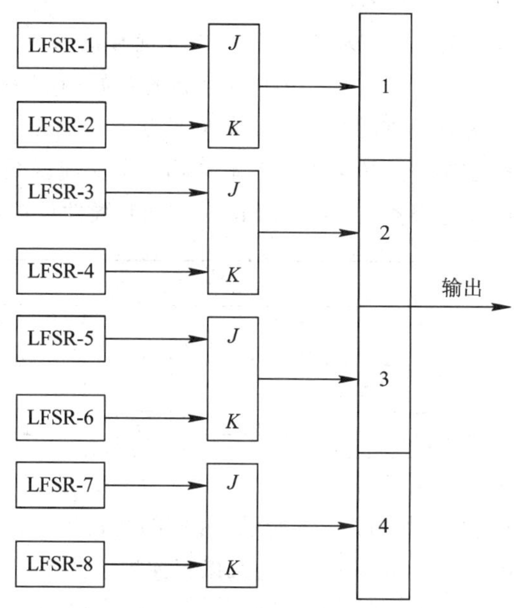

图 5-10　普勒斯生成器的基本结构

在普勒斯生成器中，循环计数器的作用是决定在每一个时间脉冲作用下的输出单元。这个密钥流生成器的密钥是由 8 个线性反馈移位寄存器和它们相应的初始状态、J-K 触发器的初始状态与输出单元的顺序组成的。

普勒斯提出的 8 个线性反馈移位寄存器的级数不仅使得各个线性反馈移位寄存器对之间达到级数互素，而且达到各个 J-K 触发器的输出周期，从而使得最终的输出序列的周期为以上各周期的乘积。

5.4 非线性反馈移位寄存器

本节介绍一些有关非线性反馈移位寄存器的基本结论。

(1) 如果一个函数有 n 个二元输入和 1 个二元输出，则称该函数为包含 n 个变元的布尔函数。

在包含 n 个变元的函数中共有 2^{2^n} 个不同的布尔函数，所以相应的 n 级移位寄存器中

共有 2^{2^n} 个不同的反馈函数，而 n 级线性反馈移位寄存器对应的线性反馈函数只有 2^n 种，因此在反馈移位寄存器中，非线性反馈函数比线性反馈函数的数量更多。应强调的是，并非所有这些非线性反馈函数都能产生具有良好特性的输出序列。关于一般的非线性反馈移位寄存器的研究目前仍然处于初级阶段，应用较多的仍然是在线性反馈移位寄存器的基础上进行非线性化的设计。

（2）长度为 L 的反馈移位寄存器(FSR)由标号为 0，1，…，$L-1$ 的 L 级(或延迟单元)构成，其中每一级均可存储 1 位，并且有 1 位的输入和输出，而且还有一个时钟来控制数据的运动。FSR 在每一个时间单位内执行以下操作：

① 将第 0 级中的存储内容输出构成输出序列的一部分。

② 对每一个 $i(1\leqslant i\leqslant L-1)$，将第 i 级的存储内容移入第 $i-1$ 级。

③ 第 $L-1$ 级中存储的新元素为反馈比特 $s_j=f(s_{j-1}, s_{j-2}, \cdots, s_{j-L})$，其中反馈函数 f 是一个布尔函数，且 $1\leqslant i\leqslant L$，s_{j-1} 为第 $L-i$ 级中先前存储的位。

如果对每一个 $j(1\leqslant i\leqslant L-1)$，第 i 级中所存储的初始内容为 $s_i\in\{0, 1\}$，则相应的 $[s_{L-1}, s_{L-2}, \cdots, s_1, s_0]$ 称为该反馈移位寄存器的初始状态。

图 5-11 给出了一个反馈移位寄存器的基本结构。当反馈函数 f 是一个线性函数时，FSR 就是一个线性反馈移位寄存器；否则，FSR 是一个非线性反馈移位寄存器。

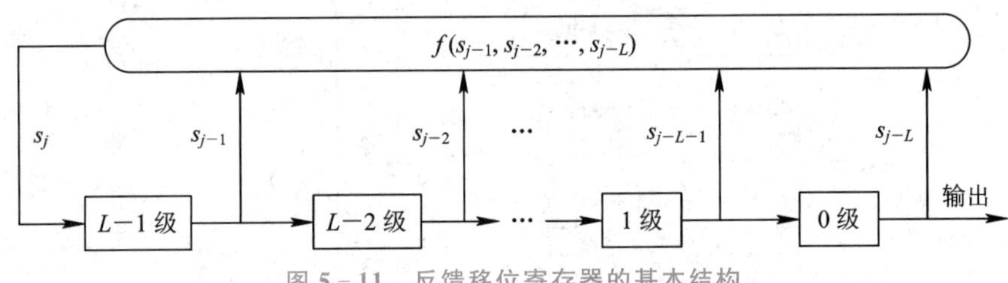

图 5-11 反馈移位寄存器的基本结构

已知反馈移位寄存器的结构如图 5-11 所示，相应的初始状态为 $[s_{L-1}, s_{L-2}, \cdots, s_1, s_0]$，那么 FSR 的输出序列 $s=s_0, s_1, s_2, \cdots$ 可以通过以下递推公式唯一确定：

$$s_j=f(s_{j-1}, s_{j-2}, \cdots, s_{j-L}) \quad (j\geqslant L) \tag{5-11}$$

（3）如果反馈移位寄存器的每一个输出序列都是周期序列，则该反馈移位寄存器称为非奇异的。

当反馈移位寄存器的反馈函数为 $f(s_{j-1}, s_{j-2}, \cdots, s_{j-L})$ 时，当且仅当反馈函数 f 具有以下形式：

$$f(s_{j-1}, s_{j-2}, \cdots, s_{j-L})=s_{j-L}\oplus g(s_{j-1}, s_{j-2}, \cdots, s_{j-L+1}) \quad (\text{其中 } g \text{ 是布尔函数})$$

则称该反馈移位寄存器是非奇异的。一个长度为 L 的非奇异反馈移位寄存器的输出序列的周期最大为 2^L。

（4）如果一个长度为 L 的非奇异反馈移位寄存器的输出序列的周期均为 2^L，那么该反馈移位寄存器称为 de Bruijn FSR，相应的输出序列称为 de Bruijn 序列。

【例 5.3】 设非线性反馈函数为 $f(x_1, x_2, x_3)=1\oplus x_1\oplus x_2\oplus x_2x_3$，则相应的反馈移位寄存器记为 FSR。

表 5-3 给出了对应初始状态为 $(x_1, x_2, x_3)=[0, 0, 0]$，在每个 t 时间单位后，该反馈移位寄存器的 3 级中所存储的内容。

表 5-3 FSR 存储内容变化情况

t	x_3	x_2	x_1	输出
0	0	0	0	
1	1	0	0	0
2	1	1	0	0
3	1	1	1	0
4	0	1	1	1
5	1	0	1	1
6	0	1	0	1
7	0	0	1	0

根据结论(4)可知，反馈函数 $f(x_1, x_2, x_3)=1\oplus x_1\oplus x_2\oplus x_2x_3$ 对应的 FSR 输出序列是一个 de Bruijn 序列，其周期为 8，循环为 0，0，0，1，1，1，0，1，…。

5.5 序列密码的攻击法

事实证明，在一定条件下，序列密码是不可破译的。Shannon 已经证明，如果密钥流完全随机，且与明文一样长，那么它是破译不了的。当然，要生成真正随机的密钥流是很困难的。要求密钥流和明文一样长，意味着不能重复，这也是困难的。因此，大多数序列密码只是近似满足这些条件，因此它们并不是不可破译的。

本节简要介绍针对序列密码的常见攻击方法。

5.5.1 插入攻击法

插入攻击法很简单，它要求能在明文流中插入一个位，并能截获密文流。假设原始明文流、密钥流和密文流分别为

$$\begin{matrix} m_1 & m_2 & m_3 & m_4 & m_5 & \cdots \\ k_1 & k_2 & k_3 & k_4 & k_5 & \cdots \\ c_1 & c_2 & c_3 & c_4 & c_5 & \cdots \end{matrix}$$

如果 Oscar 能在明文流中插入一个已知位 m，例如在第一位后面插入 m，然后用同样的密钥加密后发送，结果将为

$$\begin{matrix} m_1 & m & m_2 & m_3 & m_4 & m_5 & \cdots \\ k_1 & k_2 & k_3 & k_4 & k_5 & k_6 & \cdots \\ c_1 & c_2 & c_3 & c_4 & c_5 & c_6 & \cdots \end{matrix}$$

由于 Oscar 知道插入的已知位和两个密钥流，通过构建一个等组，可以求解出密钥和实际的明文。第一个求解出的密钥位是 k_2，这是由于 $k_2=c_2\oplus m$；知道了 k_2，Oscar 就可以利用 $m_2=k_2\oplus c_2$ 得到原来的第二位 m；知道了 m_2，Oscar 就可以利用 $k_3=c_3\oplus m_2$ 得到 k_3。

依次类推，就可以得到以下方程组：

$$
\begin{aligned}
m_3 &= k_3 \oplus c_3 \\
k_4 &= c_4 \oplus m_3 \\
m_4 &= k_4 \oplus c_4 \\
k_5 &= c_5 \oplus m_4 \\
&\vdots
\end{aligned}
$$

【例 5.4】 假设 Oscar 截获了 Alice 发送给 Bob 的部分密文流 101101。

明文 011101

密钥 110000

密文 101101

当然 Oscar 只知道密文，这里显示出原始明文和密钥是为了验证 Oscar 最终也能得出这些值。如果 Oscar 能将 1 插入到明文消息的第二个位置，然后让 Alice 重新发送该消息，那么 Oscar 将截获到如下密文流：

明文 0111101

密钥 1100001

密文 1011100

有了这两个密文流，并知道第二位为 1，Oscar 就可以按如下方式求出原始的密钥和明文：

$$
\begin{aligned}
k_2 &= 0 \oplus 1 = 1 \\
k_3 &= 1 \oplus 1 = 0 \\
m_2 &= 1 \oplus 0 = 1 \\
m_3 &= 1 \oplus 0 = 1
\end{aligned}
$$

插入攻击法的关键是在明文的某个位置插入一个位，并使发送方重新发送一次。在实际中，不太可能有这种情况，但这说明了序列密码的一个弱点。

5.5.2 位串匹配攻击法

位串匹配攻击法是可能词攻击方法中的一种。对于基于 LFSR 的序列密码密钥流生成器，由于线性反馈移位寄存器是从初始状态通过线性递推关系产生密钥流的，所以该密钥流生成方法容易受到已知明文攻击。

假设 Oscar 已经有了明文消息序列 $\{x_1, x_2, \cdots, x_n\}$ 和与其对应的密文消息序列 $\{y_1, y_2, \cdots, y_n\}$，其中 $y_i \equiv (x_i + s_i) \bmod 2 (1 \leqslant i \leqslant n)$，$\{s_1, s_2, \cdots, s_n\}$ 是由 LFSR 产生的密钥流，则密钥流 $s_i \equiv (x_i + y_i) \bmod 2 (1 \leqslant i \leqslant n)$。如果 Oscar 再知道 LFSR 的级数 m，那么 Oscar 只需要计算 $\{c_0, c_1, \cdots, c_{m-1}\}$ 的值就能够重构整个密钥流。

对于任意的 $i \geqslant 1$，有

$$s_{m+i} \equiv (c_0 s_{i+0} + c_1 s_{i+1} + \cdots + c_{m-1} s_{i+m-1}) \bmod 2$$

以上方程是一个含有 m 个未知数 $\{c_0, c_1, \cdots, c_{m-1}\}$ 的线性方程。如果 $n \geqslant 2m$，则根据明文和密文消息之间的对应关系，我们可以得到包含以上 m 个未知数 $\{c_0, c_1, \cdots, c_{m-1}\}$ 的 m 个线性方程，利用这些方程就可以解出这 m 个未知数。

m 个线性方程可以用矩阵形式表示，即

$$(s_{m+1}, s_{m+2}, \cdots, s_{2m})=(c_0, c_1, \cdots, c_{m-1})\begin{pmatrix} s_1 & s_2 & \cdots & s_m \\ s_2 & s_3 & \cdots & s_{m+1} \\ \vdots & \vdots & & \vdots \\ s_m & s_{m+1} & \cdots & s_{2m-1} \end{pmatrix} \tag{5-12}$$

如果以上方程组的系数矩阵在模 2 运算的逆矩阵存在，则可得到方程组的解为

$$(c_0, c_1, \cdots, c_{m-1})=(s_{m+1}, s_{m+2}, \cdots, s_{2m})\begin{pmatrix} s_1 & s_2 & \cdots & s_m \\ s_2 & s_3 & \cdots & s_{m+1} \\ \vdots & \vdots & & \vdots \\ s_m & s_{m+1} & \cdots & s_{2m-1} \end{pmatrix}^{-1} \tag{5-13}$$

当然，如果 m 是 LFSR 的级数，那么方程组(5-12)的系数矩阵在模 2 运算下就一定是可逆的。

【例 5.5】 假设 Oscar 得到的密文消息为

101101011110010

相应的明文消息为

011001111111000

那么 Oscar 能够计算出用来加密的密钥流为

110100100001010

假设 Oscar 使用的 LFSR 是 5 级结构，那么 Oscar 利用上面得到的前 10 位密钥流构造以下方程组，即

$$(0, 1, 0, 0, 0)=(c_0, c_1, c_2, c_3, c_4)\begin{pmatrix} 1 & 1 & 0 & 1 & 0 \\ 1 & 0 & 1 & 0 & 0 \\ 0 & 1 & 0 & 0 & 1 \\ 1 & 0 & 0 & 1 & 0 \\ 0 & 0 & 1 & 0 & 0 \end{pmatrix}$$

首先计算

$$\begin{bmatrix} 1 & 1 & 0 & 1 & 0 \\ 1 & 0 & 1 & 0 & 0 \\ 0 & 1 & 0 & 0 & 1 \\ 1 & 0 & 0 & 1 & 0 \\ 0 & 0 & 1 & 0 & 0 \end{bmatrix}^{-1}=\begin{pmatrix} 0 & 1 & 0 & 0 & 1 \\ 1 & 0 & 0 & 1 & 0 \\ 0 & 0 & 0 & 0 & 1 \\ 0 & 1 & 0 & 1 & 1 \\ 1 & 0 & 1 & 1 & 0 \end{pmatrix}$$

解方程组，得到

$$(c_0, c_1, c_2, c_4)=(0, 1, 0, 0, 0)\begin{pmatrix} 0 & 1 & 0 & 0 & 1 \\ 1 & 0 & 0 & 1 & 0 \\ 0 & 0 & 0 & 0 & 1 \\ 0 & 1 & 0 & 1 & 1 \\ 1 & 0 & 1 & 1 & 0 \end{pmatrix}=(1, 0, 0, 1, 0)$$

从而得到 LFSR 产生密钥流的递推公式为

$$s_{i+5}\equiv(s_i+s_{i+3}) \bmod 2$$

由本例可知，这种密码体制的安全性较差。

5.6 RC4 算法

RC4 是由麻省理工学院的 Ron Rivest 开发的，它是世界上使用最为广泛的序列加密算法之一，已被应用于 Microsoft Windows，Lotus Notes 和其他软件应用程序中。RC4 使用安全套接字层(Secure Sockets Layer，SSL)来保护互联网的信息流，也被应用于无线系统来保护无线连接的安全。RC4 的一个优点是在软件中很容易实现。

RC4 的大小随参数 n 的值而变化。RC4 可以实现一个秘密的内部状态，对 n 位数，有 2^n 种可能。通常取 $n=8$，于是 RC4 可以生成 $2^8=256$ 个元素的数组 S。RC4 的每个输出都是数组 S 中的一个随机元素，通过 KSA(Key-Scheduling Algorithm，密钥调度法)与 PRGA(Pseudo Random-Generation Algorithm，伪随机生成算法)实现。KSA 用来设置 S 的初始排列，PRGA 用于选取随机元素并修改 S 的原始排列顺序。

KSA 首先对 S 进行初始化，取 $S(i)=i(i=0, \cdots, 255)$，然后选取一系列随机数字，并将其加载到密钥数组 $K(0)\sim K(255)$上，根据密钥数组 K 实现对 S 的初始随机化。

根据初始化 $S(i)=i(i=0, \cdots, 255)$得到初始序列 S，那么根据选取的密钥数组 $K(0)$，$K(1)$，…，$K(255)$对 S 进行初始随机化的过程描述如下：

首先初始化 $i=0$，$j=0$，然后计算 $j\equiv(j+S(i)+K(i)) \bmod 256$，将 $S(i)$与 $S(j)$互换位置，同时更新 $i=1$，计算 $j\equiv(j+S(i)+K(i)) \bmod 256$，将 $S(i)$与 $s(j)$互换位置。重复以上过程，直到 $i=255$，就可以得到一组随机的整数序列 S。

当完成了对序列 S 的初始随机化后，就可以开始进行伪随机生成算法，PRGA 为密钥流选取字节，即从序列 S 中选取元素，同时修改序列 S 的值以便下一次选取。密钥流的选取过程描述如下：

首先初始化 $i=0$，$j=0$；然后计算 $i\equiv(i+1) \bmod 256$，$j\equiv(j+S(i)) \bmod 256$；将 $S(i)$与 $S(j)$互换位置，同时计算 $t\equiv(S(i)+S(j)) \bmod 256$，并在此基础上，选取密钥值为 $k=S(t)$。重复以上过程，就可以得到一组密钥流序列。应用得到的密钥流序列即可以实现相应的序列密码。

以下以 $n=3$ 为例，介绍 RC4 算法的整个过程。

当 $n=3$ 时，数组 S 只有 $2^3=8$ 个元素，此时对 S 进行初始化，得到

$$S=\{0, 1, 2, 3, 4, 5, 6, 7\}$$

Alice 和 Bob 选取一个密钥，该密钥是由整数 0～7 构成的一个随机序列。假设本例中选取的密钥为{3, 6, 5, 2}，则可以得到相应的密钥数组 K 为

$$K=\{3, 6, 5, 2, 3, 6, 5, 2\}$$

在此基础上，对序列 S 进行随机化处理，过程如下：

初始化 $i=0$，$j=0$，计算 $j\equiv(0+S(0)+K(0)) \bmod 8\equiv3$，将数组 S 中的 $S(0)$与 $S(3)$互换，得到

$$S=\{3, 1, 2, 0, 4, 5, 6, 7\}$$

更新 $i=1$，计算 $j\equiv(3+S(1)+K(1)) \bmod 8\equiv2$，将数组 S 中的 $S(1)$与 $S(2)$互换，得到

$$S=\{3, 2, 1, 0, 4, 5, 6, 7\}$$

更新 $i=2$，计算 $j\equiv(2+S(2)+K(2))\bmod 8\equiv 0$，将数组 S 中的 $S(2)$ 与 $S(0)$ 互换，得到

$$S=\{1, 2, 3, 0, 4, 5, 6, 7\}$$

更新 $i=3$，计算 $j\equiv(0+S(3)+K(3))\bmod 8\equiv 2$，将数组 S 中的 $S(3)$ 与 $S(2)$ 互换，得到

$$S=\{1, 2, 0, 3, 4, 5, 6, 7\}$$

更新 $i=4$，计算 $j=(2+S(4)+K(4))\bmod 8=1$，将数组 S 中的 $S(4)$ 与 $S(1)$ 互换，得到

$$S=\{1, 4, 0, 3, 2, 5, 6, 7\}$$

更新 $i=5$，计算 $j\equiv(1+S(5)+K(5))\bmod 8\equiv 4$，将数组 S 中的 $S(5)$ 与 $S(4)$ 互换，得到

$$S=\{1, 4, 0, 3, 5, 2, 6, 7\}$$

更新 $i=6$，计算 $j\equiv(4+S(6)+K(6))\bmod 8\equiv 7$，将数组 S 中的 $S(6)$ 与 $S(7)$ 互换，得到

$$S=\{1, 4, 0, 3, 5, 2, 7, 6\}$$

更新 $i=7$，计算 $j\equiv(7+S(7)+K(7))\bmod 8\equiv 7$，将数组 S 中的 $S(7)$ 与 $S(7)$ 互换，得到

$$S=\{1, 4, 0, 3, 5, 2, 7, 6\}$$

经过以上运算，最终得到经过随机化处理后的结果序列 $S=\{1, 4, 0, 3, 5, 2, 7, 6\}$。

根据得到的序列 S，就可以产生相应的随机数序列。具体过程如下：

首先初始化 $i=0$，$j=0$，计算 $i\equiv(i+1)\bmod 8\equiv 1$，$j\equiv(j+S(i))\bmod 8\equiv 4$，将数组 S 中的 $S(1)$ 与 $S(4)$ 互换，得到

$$S=\{1, 5, 0, 3, 4, 2, 7, 6\}$$

然后计算 $t\equiv(S(i)+S(j))\bmod 8\equiv 5$，$k=S(t)=2$，于是产生的第一个随机数字为 2，其二进制表示为 10。重复以上过程，就可以得到相应的密钥流序列。

常见的 RC4 算法对应 $n=8$，这种情况下，系统的初始密钥是长为 256 的整数序列，该序列对应 0～255 的一个排列，因此 RC4 算法的密钥空间大小为 256!，相当于 2^{1600}，使得采用穷尽搜索的攻击方式变得不可能。但是，攻击者可以利用 RC4 算法中的一些弱点进行密码分析，例如，RC4 算法的计算生成过程会导致一些密钥永远不可能产生，如 $j=i+1$ 和 $S(j)=1$，现在已经证明，这类密钥的数量约为 2^{2n}。因此当 $n=8$ 时，RC4 算法密钥空间的实际大小约为 $\frac{256!}{2^{16}}$。

5.7 祖冲之算法

5.7.1 祖冲之算法的描述

祖冲之算法(即 ZUC 算法)是一个面向字设计的序列密码算法，该算法由中国科学院数据保护和通信安全研究中心研制，是目前第四代移动通信加密的国际标准之一。3GPP (The 3rd Generation Partnership Project，第三代合作伙伴计划)于 2004 年启动 LTE(Long Term Evolution，长期演进计划)的研究，该计划于 2010 年被指定为第四代无线通信标准，即 4G 通信标准。LTE 是第四代无线通信的主要技术之一，其中安全技术是 LTE 的关键技术，预留了 16 个密码算法接口。2009 年 5 月，以祖冲之算法为核心的加密算法 128-EEA3 和完整性算法 128-EIA3 在 3GPP 立项，并申请成为 3GPP 的算法标准。2011 年 9 月

128-EEA3 和 128-EIA3 正式成为 3GPP 加密和完整性算法标准，与以 AES 和 SNOW 3G 为核心的加密算法和完整性算法共同占用 LTE 中的 3 个算法接口，这是我国第一个自主研制的成为国际标准的密码算法。2012 年 3 月，祖冲之算法成为我国国家秘密行业标准(标准号 GM/T 0001—2012)，2016 年 10 月，发布祖冲之算法为国家标准(标准号 GB/T 33133—2016)。

祖冲之算法是一个基于字设计的同步序列密码算法，种子密钥 SK 和初始向量 IV 的长度为 128 位，在 SK 和 IV 的控制下，算法每次输出一个 32 位的密钥字。祖冲之算法采用过滤生成器结构设计，在线性驱动部分采用素域 GF($2^{32}-1$)上的 m 序列作为源序列，具有周期大、随机统计特性好等特点，且在二元域上是非线性的，可以很好地抵抗二元域上的密码分析。算法的过滤部分采用有限状态机设计，内部包含记忆单元，使用分组密码算法中扩散和混淆特性良好的线性变换与 S-盒，可提供较高的非线性。现有分析结果表明，祖冲之算法具有非常高的安全性。

祖冲之算法的结构包含 3 层，如图 5-12 所示。其中，上层为线性反馈移位寄存器 LFSR，中间层为比特重组 BR 层，下层为非线性函数 F。

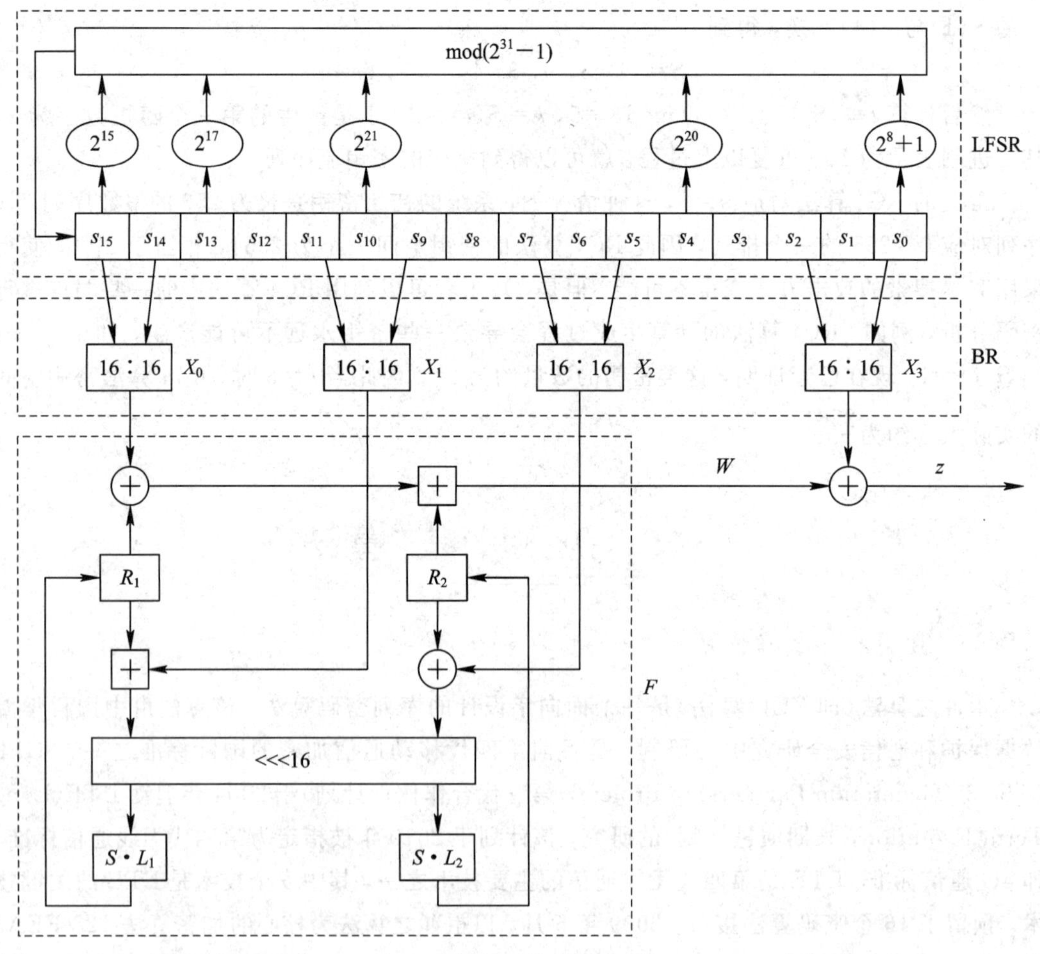

图 5-12 祖冲之算法的结构

1. LFSR 层

LFSR 由 16 个 31 位的字单元变量 $s_i(i=0, 1, \cdots, 15)$构成，定义在素域 GF$(2^{32}-1)$上，其特征多项式为

$$f(x)=x^{16}-(2^{15}x^{15}+2^{17}x^{13}+2^{21}x^{10}+2^{20}x^4+2^8+1)$$

这是素域 GF$(2^{32}-1)$上的一个本原多项式。

设$\{a_t\}_{(t\geqslant 0)}$为 LFSR 生成的序列，则对任意 $t\geqslant 0$，有：

(1) $a_{16+t}\equiv 2^{15}a_{15+t}+2^{17}a_{13+t}+2^{21}a_{10+t}+2^{20}a_{4+t}+(2^8+1)a_t \bmod (2^{31}-1)$。

(2) 如果 $a_{16+t}=0$，则 $a_{16+t}=2^{31}-1$。

2. 比特重组 BR 层

比特重组 BR 层为中间过渡层，该层从 LFSR 的 8 个寄存器单元 s_0，s_2，s_5，s_7，s_9，s_{11}，s_{14}，s_{15}中抽取 128 位组成 4 个 32 位的字 X_0，X_1，X_2，X_3，供下层的非线性函数 F 和密钥导出函数使用。BR 的具体计算过程如下：

$$X_0=s_{15\text{H}}\parallel s_{14\text{L}}$$
$$X_1=s_{11\text{L}}\parallel s_{9\text{H}}$$
$$X_2=s_{7\text{L}}\parallel s_{5\text{H}}$$
$$X_3=s_{2\text{L}}\parallel s_{0\text{H}}$$

其中，$s_{i\text{H}}$和 $s_{i\text{L}}$分别表示寄存器单元变量 s_i 的高 16 位和低 16 位，“$\parallel$”表示字符串连接。

3. 非线性函数 F

非线性函数 F 可以看作将 96 位压缩为 32 位的非线性变换。F 包含两个 32 位的变量 R_1 和 R_2，其输入为比特重组 BR 层输出的 3 个 32 位的字 X_0，X_1，X_2，输出一个 32 位的字 W。F 的具体计算过程如下：

$$W=(X_0\oplus R_1)\boxplus R_2$$
$$W_1=R_1\boxplus X_1$$
$$W_2=R_2\oplus X_2$$
$$R_1=S(L_1(W_{1\text{L}}\parallel W_{2\text{H}}))$$
$$R_2=S(L_2(W_{2\text{L}}\parallel W_{1\text{H}}))$$

其中，运算符“$\boxplus$”表示mod 2^{32}加法，S 为 32 位的 S-盒变换，L_1 和 L_2 为 32 位的线性变换，具体如下：

$$L_1(X)=X\oplus(X<<<2)\oplus(X<<<10)\oplus(X<<<18)\oplus(X<<<24)$$
$$L_2(X)=X\oplus(X<<<8)\oplus(X<<<14)\oplus(X<<<22)\oplus(X<<<30)$$

其中，“$<<<$”表示循环左移。

4. 初始化密钥载入

首先，执行 LFSR 初始化：种子密钥 SK 和初始向量 IV 长度均为 128 位。LFSR 初始化时需要将种子密钥 SK 和初始向量 IV 等分为 16 个 8 位的字节，将其输入到 LFSR 的记忆单元变量中作为初始值。设

$$\text{SK}=\text{SK}_0\parallel\text{SK}_1\parallel\cdots\parallel\text{SK}_{15}$$
$$\text{IV}=\text{IV}_0\parallel\text{IV}_1\parallel\cdots\parallel\text{IV}_{15}$$

则 LFSR 记忆单元变量的初始值为

$$s_i=\text{SK}_i\parallel \text{d}_i\parallel\text{IV}_i$$

其中，d_i（i=0，1，…，15）是长度为15位的常数。

其次，对非线性函数 F 进行初始化：令 F 的2个记忆单元变量 R_1 和 R_2 的初始值为0。

最后，执行初始化迭代过程32次，完成密钥载入。其中，每次迭代需要依次执行比特重组、非线性函数 F 计算和LFSR状态更新3个阶段。在LFSR状态更新过程中，非线性函数 F 的输出 W 需要向右移1位参与LFSR的反馈计算。

5. 密钥流生成

祖冲之算法在完成初始化密钥载入之后进入密钥字输出过程。该过程中，算法每迭代一次，输出一个32位的密钥字 z：

$$z=W\oplus X_3=F(X_0,X_1,X_2)\oplus X_3$$

6. 算法中用到的常量

以下是LFSR初始化时用到的16个15位的常量 d_i：

$$d_0=100010011010111,\ d_1=010011010111100$$
$$d_2=110001001101011,\ d_3=001001101011110$$
$$d_4=101011110001001,\ d_5=011010111100010$$
$$d_6=111000100110101,\ d_7=000100110101111$$
$$d_8=100110101111000,\ d_9=010111100010011$$
$$d_{10}=110101111000100,\ d_{11}=001101011110001$$
$$d_{12}=101111000100110,\ d_{13}=011110001001101$$
$$d_{14}=111100010011010,\ d_{15}=100011110101100$$

非线性函数 F 中使用了S-盒，输入和输出均为32位的字。算法实际使用两个输入输出均为8位的S-盒进行并行处理，这两个S-盒分别称为 S_0 和 S_1，组合起来的S-盒可以记作

$$S=(S_0,S_1,S_0,S_1)$$

若32位字 $A=A_0\parallel A_1\parallel A_2\parallel A_3$，则

$$S(A)=S_0(A_0)\parallel S_1(A_1)\parallel S_0(A_2)\parallel S_1(A_3)$$

5.7.2 祖冲之算法的分析与应用

1. 安全性分析

祖冲之算法在LFSR层精心挑选了 $GF(2^{31}-1)$ 上的16次本原多项式，使其输出 m 序列的随机性好，周期足够大。比特重组部分，精心选择重组方式，重组后的数据具有良好的随机性，并且出现重复的概率足够小。非线性函数 F 中使用2个存储变量 R_1 和 R_2、2个线性部件 L_1 和 L_2 与2个非线性的S-盒，使输出具有良好的非线性、混淆特性和扩散特性。算法总体的安全性很高。

在祖冲之算法抵抗攻击性能的研究方面，弱密钥分析是一种常见的针对序列密码初始化过程的安全性分析方法。对基于LFSR的序列密码算法而言，有两种常见的弱密钥：碰撞型弱密钥和弱状态型弱密钥。碰撞型弱密钥指的是两个不同的密钥初始向量映射到同一个输出密钥流；弱状态型弱密钥指的是LFSR在初始化密钥载入后得到的密钥流是全0。祖冲之算法的初始化状态更新是一个复杂的非线性随机置换，可以彻底消除碰撞型弱密钥，而得到弱状态型弱密钥的概率大约为 2^{-240}，基本上也可以忽略。此外，将目标算法生

成的伪随机密钥流同真随机序列区分开的线性区分分析方法，将算法看成代数方程组并利用线性化等方法恢复初始密钥或者内部状态的代数攻击方法，对祖冲之算法的攻击效果都很弱。当前国内外针对祖冲之算法安全性分析的结果都表明，该算法可以抵抗已知的序列密码分析方法。

2. 在 4G 移动通信中的应用

基于祖冲之算法的加密算法 128-EEA3 主要用于 4G 移动通信中移动用户设备(User Equipment，UE)和无线网络控制设备(Radio Network Controller，RNC)之间的无线链路上通信信令和数据的加密与解密。其中，祖冲之算法中的初始向量 IV 一般由通信参数直接产生，待加密的数据流按照每 32 位为一段进行分段，利用祖冲之算法生成所需长度的密钥流，然后进行数据的加密和解密。

基于祖冲之算法的完整性算法 128-EIA3 主要用于 4G 移动通信中移动用户设备和无线网络控制设备之间的无线链路上通信信令和数据的完整性保护。其中，初始向量仍然由通信参数产生，利用祖冲之算法生成所需长度的密钥流，然后通过一个累加器对密钥流和消息流进行运算，得到最终的用于消息完整性保护的 32 位的认证码 MAC。

习　题

5-1　设一个 4 级线性反馈移位寄存器的反馈函数为

$$f(a_1, a_2, a_3, a_4)=c_4a_1 \oplus c_3a_2 \oplus c_2a_3 \oplus c_1a_4$$

其中，$c_1=c_4=1$，$c_2=c_3=0$，反馈移位寄存器的初始状态为$(a_1, a_2, a_3, a_4)=[0, 0, 0, 1]$。试给出该反馈移位寄存器的输出。

5-2　已知 3 级线性反馈移位寄存器在 $c_3=1$ 时可以有 4 种不同的线性反馈函数，设对应这 4 种线性反馈移位寄存器的初始状态均为$(x_2, x_1, x_0)=[1, 0, 1]$。试分别求这 4 种线性反馈移位寄存器的输出序列和相应的周期。

5-3　已知一个 4 级的线性反馈移位寄存器的结构如图 5-13 所示，其初始状态为$(a_1, a_2, a_3, a_4)=[0, 0, 1, 1]$。试求该线性反馈移位寄存器的输出序列和相应的周期。

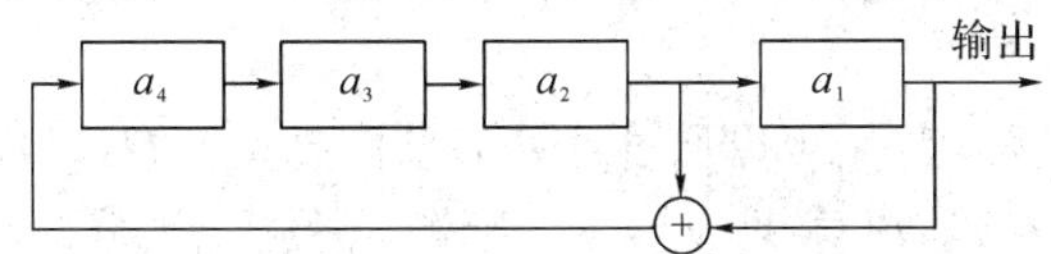

图 5-13　线性反馈移位寄存器结构图

5-4　设 $n=4$，反馈函数 $f(a_1, a_2, a_3, a_4)=a_1 \oplus a_4 \oplus 1 \oplus a_2a_3$，反馈移位寄存器的初始状态为$(a_4, a_3, a_2, a_1)=[1, 0, 1, 1]$。试求反馈移位寄存器的输出序列和相应的周期。

5-5　已知某线性反馈移位寄存器的反馈函数对应的特征多项式是 $p(x)=x^4+x+1$。

(1) 求该线性反馈移位寄存器的线性递推式；

(2) 设初始状态是$(a_1, a_2, a_3, a_4)=[1, 0, 0, 1]$，求此线性反馈移位寄存器产生的序列及其周期。

第6章

Hash 函数

在实际的通信保密中，除了要求实现数据的保密性之外，对传输数据安全性的另一个基本要求是保证数据的完整性(Integrality)。密码学中的 Hash 函数的主要功能是提供有效的数据完整性检验。本章简要介绍迭代 Hash 函数的基本结构，重点介绍和分析常见的 Hash 函数——MD5 和 SHA-1 的算法原理和安全性。

6.1 Hash 函数的基本概念

数据的完整性是指数据从发送方产生，经过传输或存储以后，没有被以未授权的方式修改的性质。密码学中的 Hash 函数在现代密码学中扮演着重要的角色，该函数虽然与计算机应用领域中的 Hash 函数有关，但两者之间存在着重要的差别。

计算机应用领域中的 Hash 函数(也称散列函数)是一个将任意长度的消息序列映射为较短的、固定长度的值的函数。密码学上的 Hash 函数能够保障数据的完整性，它通常被用来构造数据的“指纹”(即函数值)，当被检验的数据发生改变时，对应的“指纹”信息也发生变化。这样，即使数据被存储在不安全的地方，我们也可以通过数据的“指纹”信息来检测数据的完整性。

设 H 是一个 Hash 函数，x 是消息，不妨假设 x 是任意长度的二元序列，相应的“指纹”定义为 $y=H(x)$，Hash 函数值通常也称为消息摘要(Message Digest)。一般要求消息摘要是固定长度的二元序列。

如果消息 x 被修改为 x'，则可以通过计算消息摘要 $y'=H(x')$，并且验证 $y'=y$ 是否成立来确认数据 x 是否被修改。如果 $y'\neq y$，则说明消息 x 被修改，从而达到检验消息完整性的目的。对于 Hash 函数的安全要求，通常用下面 3 个问题进行判断。如果一个 Hash 函数对这 3 个问题都是难解的，则认为该 Hash 函数是安全的。

用 X 表示所有消息的集合(有限集或无限集)，Y 表示所有消息摘要构成的有限集合。

(1) 原像问题(Preimage Problem)：设 $H:X\rightarrow Y$ 是一个 Hash 函数，$y\in Y$，是否能够找到 $x\in X$，使得 $H(x)=y$。

如果对于给定的消息摘要 y，原像问题能够解决，则(x, y)是有效的。不能有效解决原像问题的 Hash 函数称为单向的或原像稳固的。

(2) 第二原像问题(Second Preimage Problem)：设 $H:X\rightarrow Y$ 是一个 Hash 函数，$x\in X$，是否能够找到 $x'\in X$，使得 $x'\neq x$，且 $H(x')=H(x)$。

如果第二原像问题能够解决，则$(x', H(x))$是有效的二元组。不能有效解决第二原像问题的 Hash 函数称为第二原像稳固的。

(3) 碰撞问题(Collision Problem)：设 $H:X\to Y$ 是一个 Hash 函数，是否能够找到 x，$x'\in X$，使得 $x'\neq x$，且 $H(x')=H(x)$。

对于碰撞问题的有效解决并不能直接产生有效的二元组，但是，如果(x, y)是有效的二元组，且 x'，x 是碰撞问题的解，则(x', y)也是一个有效的二元组。不能有效解决碰撞问题的 Hash 函数称为碰撞稳固的。

实际应用中的 Hash 函数可分为简单的 Hash 函数和带密钥的 Hash 函数。一个带密钥的 Hash 函数通常作为消息认证码(Message authentication code)。假定 Alice 和 Bob 有一个共享的密钥 k，通过该密钥可以产生一个 Hash 函数 H_k。对于消息 x，Alice 和 Bob 都能够计算出相应的消息摘要 $y=H_k(x)$。Alice 通过公共通信信道将二元组(x, y)发送给 Bob，Bob 接收到(x, y)后，通过检验 $y=H_k(x)$是否成立来确定消息 x 的完整性。如果 $y=H_k(x)$成立，说明消息 x 和消息摘要 y 都没有被篡改。

一个带密钥的 Hash 函数族包括以下构成要素：

(1) X：所有消息的集合(有限集或无限集)。

(2) Y：所有消息摘要构成的有限集合。

(3) K：密钥空间，是所有密钥的有限集合。

(4) 对任意的 $k\in K$，都存在一个 Hash 函数 $H_k\in H$，$H_k:X\to Y$。

如果 $H_k(x)=y$，则称二元组$(x, y)\in X\times Y$ 在密钥 k 下是有效的。

Hash 函数的目的是为文件、报文或其他分组数据提供完整性检验，要实现这个目的，设计的 Hash 函数 H 必须具备以下条件：

(1) H 能够用于任何大小的数据分组。

(2) H 产生定长的输出。

(3) 对任意给定的消息 x，$H(x)$要易于计算，便于软件和硬件实现。

(4) 对任意给定的消息摘要 y，寻找 x 使得 $y=H(x)$在计算上是不可行的。

(5) 对任意给定的消息 x，寻找 x'，$x'\neq x$，使得 $H(x)=H(x')$在计算上是不可行的。

(6) 寻找任意的(x, x')，使得 $H(x)=H(x')$在计算上是不可行的。

以上 6 个条件中，前 3 个条件是 Hash 函数能够用于消息认证的基本要求，第 4 个条件是指 Hash 函数具有单向性，第 5 个条件用于消息摘要被加密时防止攻击者的伪造(即能够抵抗弱碰撞)，第 6 个条件用于防止生日攻击(即能够抵抗强碰撞)。

条件(4)(5)和(6)意味着 Hash 函数具有 3 个一般特性：抗原像特性、抗第二原像特性、碰撞特性。

Hash 函数的目的是确定消息是否被修改。因此，对 Hash 函数攻击的目标是生成这样的修改后消息：其 Hash 函数值与原始消息的 Hash 函数值相等。例如，如果 Oscar 找到了一对消息 M_1 和 M_2，使得 $H(M_1)=H(M_2)$，而消息 M_1 是 Alice 发送的，那么 Oscar 就可以用 M_2 来替换 M_1，从而达到攻击的目的。

Oscar 的问题是如何找到具有相同 Hash 函数值，并使 Alice 接受其中一条而反对另外一条的两条消息。这可以采取穷举搜索的方式。Oscar 可以构造一组可接受的消息和一组不可接受的消息，之后计算每个消息的 Hash 函数值，寻找具有相同 Hash 函数值的消息对。这种类型攻击法的可行性基于生日问题的解决。生日攻击的思想来源于概率论中一个著名的问题——生日问题。该问题是：一个班级中至少要有多少个学生，才使得两个学生生日相同的概率大于 1/2，其答案是 23，即只要班级中的学生人数大于 23，则班上有两个人生日相同的概率大于 1/2。

基于生日问题的生日攻击意味着，要保证消息摘要对碰撞问题是安全的，则安全消息摘要的长度就有一个下界。如果消息摘要的长度为 m 位，则总的消息数为 2^m，因此需要检查大约 $2^{\frac{m}{2}}$ 个消息，使得两条消息具有相同 Hash 函数值的概率大于 50%。例如，长度为 40 位的消息摘要是非常不安全的，因为仅仅在 2^{20}（大约为一百万）个随机 Hash 函数值中就有 50%的概率发现一个碰撞。

举例来说，如果 Alice 使用了一个生成 16 位 Hash 函数值的 Hash 函数，那么 Oscar 所需要做的工作是构造 Alice 可以接受的 $2^8=256$ 条消息和构造 Alice 不能接受的另外 256 条消息。存在 50∶50 的机会，使得这些消息中有两条消息生成相同的 Hash 函数值。这可以通过生成 8 个字不同的类似消息来达到目的。例如，Oscar 可以生成下述形式的可接受消息：

$$\text{I}\left\{\begin{matrix}\text{promise}\\\text{agree}\end{matrix}\right\}\text{to}\left\{\begin{matrix}\text{lend}\\\text{loan}\end{matrix}\right\}\left\{\begin{matrix}\text{25}\\\text{twenty-five}\end{matrix}\right\}\text{dollars to my}\left\{\begin{matrix}\text{good}\\\text{best}\end{matrix}\right\}\text{friend Oscar which he will}$$

$$\left\{\begin{matrix}\text{repay}\\\text{return}\end{matrix}\right\}\text{to me in}\left\{\begin{matrix}\text{10}\\\text{ten}\end{matrix}\right\}\text{days or}\left\{\begin{matrix}\text{less}\\\text{sooner}\end{matrix}\right\}\left\{\begin{matrix}\text{Yours,}\\\text{Sincerely,}\end{matrix}\right\}\text{Alice}$$

Oscar 也可以生成下述形式的不可接受的消息：

$$\text{I}\left\{\begin{matrix}\text{promise}\\\text{agree}\end{matrix}\right\}\text{to}\left\{\begin{matrix}\text{give}\\\text{offer}\end{matrix}\right\}\left\{\begin{matrix}\text{25}\\\text{twenty-five}\end{matrix}\right\}\text{dollars to my}\left\{\begin{matrix}\text{good}\\\text{best}\end{matrix}\right\}\text{friend Oscar as a}\left\{\begin{matrix}\text{gift}\\\text{present}\end{matrix}\right\}\text{which}$$

$$\text{he}\left\{\begin{matrix}\text{should not}\\\text{will not}\end{matrix}\right\}\text{repay because I know he beed this}\left\{\begin{matrix}\text{help}\\\text{aid}\end{matrix}\right\}\left\{\begin{matrix}\text{Yours,}\\\text{Sincerely,}\end{matrix}\right\}\text{Alice}$$

在对所有 521 条消息取 Hash 函数值后，Oscar 也许会发现，“I promise to lend 25 dollars to my best friend Oscar which he will reture to me in 10 days or less Yours, Alice”与“I agree to offer twenty-five dollars to my good friend Oscar as a gift which he should not repay because I know he needs this aid Sincerely, Alice”有相同的 Hash 函数值，这意味着 Oscar 可用后者替换前者。

6.2 迭代的 Hash 函数

本节讨论一种可以将有限定义域上的 Hash 函数延拓到具有无限定义域上的 Hash 函数的方法——迭代 Hash 函数。1979 年，Merkle 基于数据压缩函数 compress 建议了一个 Hash 函数的通用模式。压缩函数 compress 接受两个输入：m 位长度的压缩值和 t 位的数据值 y，并生成一个 m 位的输出。Merkle 建议的内容是：数据值由消息分组组成，对所有数据分组进行迭代处理。

在本节中，我们假设 Hash 函数的输入和输出都是位串。我们把位串的长度记为 $|x|$，把位串 x 和 y 的串联记为 $x \parallel y$。下面给出一种构造无限定义域上 Hash 函数 H 的方式，该方式将一个已知的压缩函数 compress：$\{0,1\}^{m+1} \to \{0,1\}^m$ $(m \geqslant 1,\ t \geqslant 1)$ 扩展为具有无限长度输入的 Hash 函数 H。通过这种方法构造的 Hash 函数称为迭代 Hash 函数。其系统结

构如图 6－1 所示。

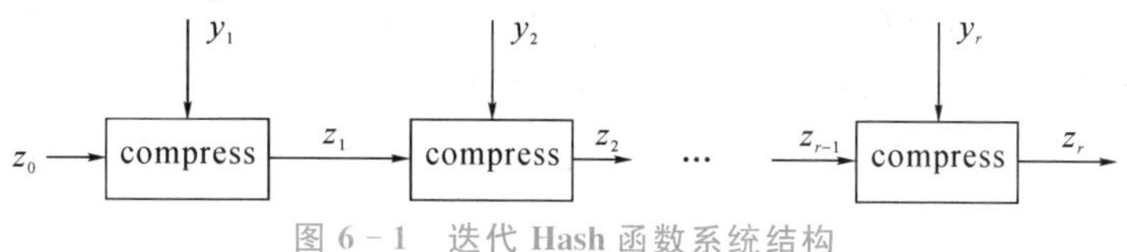

图 6－1　迭代 Hash 函数系统结构

基于压缩函数 compress 构造迭代 Hash 函数包括以下 3 个步骤：

(1) 预处理：输入一个消息 x，其中 $|x| \geqslant m+t+1$，基于 x 构造相应的位串 $y(|y| \equiv 0 \bmod t)$ 的过程如下：

$$y = y_1 \parallel y_2 \parallel \cdots \parallel y_r$$

其中，$|y_i| = t(1 \leqslant i \leqslant r)$，$r$ 为消息分组的个数。

(2) 迭代压缩：设 z_0 是一个公开的初始位串，$|z_0| = m$。具体的迭代过程如下：

$$z_1 \leftarrow \text{compress}(z_0 \parallel y_1)$$

$$z_2 \leftarrow \text{compress}(z_1 \parallel y_2)$$

$$\vdots$$

$$z_r \leftarrow \text{compress}(z_{r-1} \parallel y_r)$$

最终得到长度是 m 的位串 z_r。

(3) 后处理：设 $g: \{0, 1\}^m \rightarrow \{0, 1\}^t$ 是一个公开函数，定义 $H(x) = g(z_r)$。则有

$$H: \bigcup_{i=m+t+1}^{\infty} \{0, 1\}^i \rightarrow \{0, 1\}^t$$

在上述预处理过程中常采用以下方式实现：

$$y = x \parallel \text{pad}(x)$$

其中，pad(x)是填充函数，一个典型的填充函数是在消息 x 后填入 $|x|$ 的值，并填充一些额外的位，使得所得到的位串 y 是 t 的整数倍。在预处理阶段，必须保证映射 $x \mapsto y$ 是单射(如果映射 $x \mapsto y$ 是一一对应的，就可能找到 $x \neq x'$ 使得 $y = y'$，则有 $H(x) = H(x')$，从而设计的 H 将不是碰撞稳固的)，同时保证 $|x \parallel \text{pad}(x)|$ 是 t 的整数倍。

基于压缩函数 compress 构造迭代 Hash 函数的核心技术是设计一种无碰撞的压缩函数 compress，而攻击者对算法的攻击重点也是 compress 的内部结构。由于迭代 Hash 函数和分组密码一样，是由压缩函数 compress 对消息 x 进行若干轮压缩处理过程组成的，所以对 compress 的攻击须分析各轮之间的位模式，分析过程常常需要先找到 compress 的碰撞。由于 compress 是压缩函数，其碰撞是不可避免的，因此在设计 compress 时就应保证找出其碰撞在计算上是不可行的。

6.3　MD5 算法与 SHA-1 算法

目前使用的 Hash 函数大多数都是迭代 Hash 函数，例如被广泛使用的 MD5、安全 Hash 算法(SHA-1)等。下面分别对其进行介绍。

6.3.1　MD5 算法的描述

MD(Message Digest，消息摘要)算法由 Ron Rivest 在 1990 年 10 月提出，1992 年 4 月，Ron Rivest 公布了相应的改进算法。人们通常把 Ron Rivest 在 1990 年提出的算法称

为 MD4，把相应的改进算法称为 MD5。

MD5 接收任意长度的消息作为输入，并生成 128 位的消息摘要作为输出。MD5 以 512 位的分组长度来处理消息，每一个分组又被划分为 16 个 32 位的子分组。算法的输出由 4 个 32 位的分组组成，它们串联成一个 128 位的消息摘要。

MD5 的算法框图如图 6－2 所示。

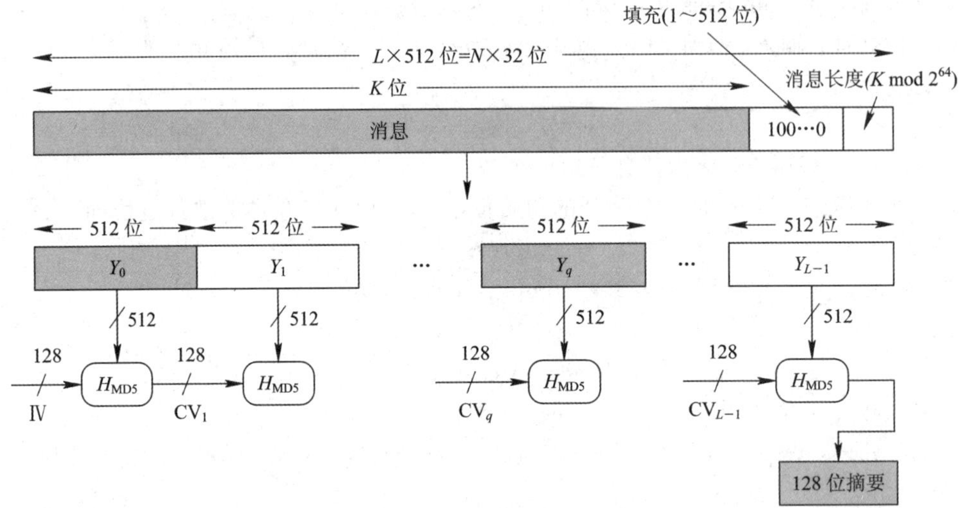

图 6－2　MD5 的算法框图

对于给定长度的消息 x，MD5 算法的具体过程需要如下 3 个步骤：

(1) 在消息 x 末尾添加一些额外位来填充消息，使其长度恰好比 512 的整数倍小 64。

(2) 在其后附上用 64 位表示的消息长度信息，得到的结果序列长度恰好是 512 的整数倍。

(3) 将初始输入 A＝01234567，B＝89abcdef，C＝fedcba98，D＝76543210 放在 4 个 32 位寄存器 A，B，C，D 里(其中 0，1，2，3，4，5，6，7，8，9，a，b，c，d，e，f 表示一个十六进制的数字或一个长度为 4 的二进制序列)，MD5 对每个 512 位的分组进行 4 轮处理。在完成所有 4 轮处理后，A，B，C，D 的初值加到 A，B，C，D 的新值上，生成相应的消息分组的输出。这个输出用作处理下一个消息分组的输入，待最后一个消息分组处理完后，寄存器 A，B，C，D 中保存的 128 位内容就是所处理消息的 Hash 函数值。

下面分别叙述每个步骤的细节。

(1) 填充是绝大多数 Hash 函数的通用特性，正确的填充能够增加算法的安全性。对 MD5 中的消息进行填充，使其长度等于 448mod512，填充是由一个 1 后跟足够个数的 0 组成的，以达到所要求的长度。这里应强调的是，即使原消息的长度达到了所要求的长度，也要进行填充，因此，填充的位数大于等于 1 而小于等于 512。例如，消息长度为 448 位，则需填充 512 位，使其长度变为 960；消息长度为 704 位，则需填充 256 位，使其长度变为 960。这里 960 mod 256＝448。

(2) 附加消息的长度，用上一步留出的 64 位来表示消息被填充前的长度。例如，原始消息的长度为 704 位，其二进制值为 1011000000，将这个二进制值写为 64 位(在开始位置添加 54 个 0)，并把它添加到消息的末尾，其结果是一个具有 960+64=1024 位的消息。

(3) MD5 的初始输出放在 4 个 32 位寄存器 A，B，C，D 中，这些寄存器随后将用于保存 Hash 函数的中间结果和最终结果。将 4 个寄存器的值赋给相应的变量 AA，BB，CC，DD。然后对 512 位的消息分组序列应用主循环，循环的次数是消息中按 512 位分组的分组数。每一次的主循环都有 4 轮操作，而且这 4 轮操作都很相似。每一轮进行 16 次操作，每次操作对 AA，BB，CC，DD 中的 3 个作一次非线性的函数 g 运算，g 是基本逻辑函数 FF，GG，HH，II 之一。然后将得到的结果加上第 4 个变量，再加上消息的一个子分组 M_j 和一个常数 $t_j(0 \leqslant j \leqslant 15)$，再将所得结果循环左移一个不定的数 s，并加上 AA，BB，CC，DD 中的一个。最后用得到的结果取代 AA，BB，CC，DD 中的一个。

MD5 的分组处理框图如图 6-3 所示，压缩函数中的单步迭代示意图如图 6-4 所示。

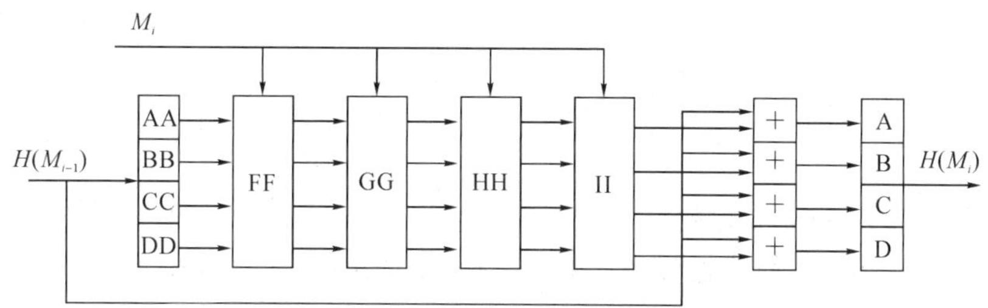

图 6-3　MD5 的分组处理框图

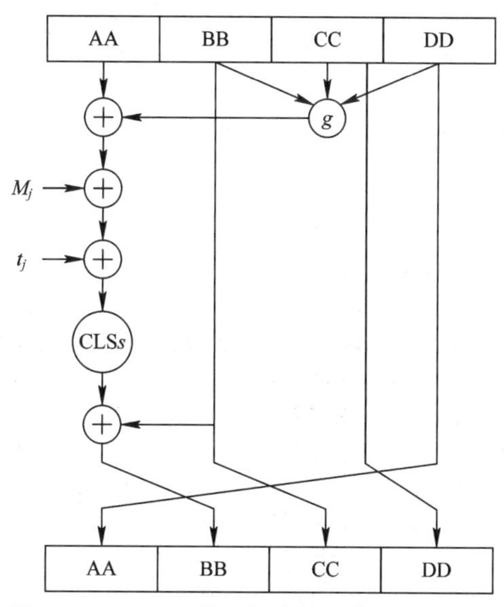

图 6-4　MD5 压缩函数中的单步迭代示意图

单步基本操作定义为：

$$AA = BB + ((AA + g(BB, CC, DD) + M_j + t_j) <<< s)$$

上述过程涉及 4 个非线性函数 FF，GG，HH，II，子分组 M_j，常数 t_j，循环左移数 s，这里分别对它们进行解释：

(1) 4 个非线性函数 FF，GG，HH，II 接受 3 个 32 位字作为输入，并按照位逻辑运算产生 32 位输出。FF，GG，HH，II 分别定义为

$$FF(X, Y, Z) = (X \wedge Y) \vee ((\neg X) \wedge Z)$$

$$GG(X, Y, Z)=(X \wedge Z) \vee (Y \wedge (\neg Z))$$
$$HH(X, Y, Z)=X \oplus Y \oplus Z$$
$$II(X, Y, Z)=Y \oplus (X \vee (\neg Z))$$

FF，GG，HH，II 的函数真值表如表 6-1 所示。

表 6-1　FF，GG，HH，II 的函数真值表

X	Y	Z	FF	GG	HH	II
0	0	0	0	0	0	1
0	0	1	1	0	1	0
0	1	0	0	1	1	0
0	1	1	1	0	0	1
1	0	0	0	0	1	1
1	0	1	0	1	0	1
1	1	0	1	1	0	0
1	1	1	1	1	1	0

(2) 子分组 M_j：将 512 位的消息分成 16 个子分组，每个子分组 32 位，共有 16 个组，M_j 表示第 j 个组。M_j 的使用过程为：在第 1 轮 16 个组中 M_j 正好被用上一次；从第 2 轮到第 4 轮则依次通过下面的置换实现：

$$\rho_2(j) \equiv (1+5j) \bmod 16$$
$$\rho_3(j) \equiv (5+3j) \bmod 16$$
$$\rho_4(j) \equiv 7j \bmod 16$$

例如，第 3 轮 $\rho_3(j) \equiv (5+3j) \bmod 16$ 的结果依次为 5，8，11，14，1，4，7，10，13，0，3，6，9，12，15，2。

(3) 常数 t_j：每轮处理过程中需要加上常数 T（见图 6-5）中的 16 个元素 t_j，t_j 为 $2^{32} \times \text{abs}(\sin j)$ 的整数部分，这里 j 以弧度为单位。图中 t_j 由 32 位的字表示。

t_1=d76aa478	t_{17}=f61e2562	t_{33}=fffa3942	t_{49}=f4292244
t_2=e8c7b756	t_{18}=c040b340	t_{34}=8771f681	t_{50}=432aff97
t_3=242070db	t_{19}=265e5d51	t_{35}=699d6122	t_{51}=ab7423a7
t_4=c1bdceee	t_{20}=e9b6c7aa	t_{36}=fde5380c	t_{52}=fc93a039
t_5=f57c0faf	t_{21}=d62f105d	t_{37}=a4beea44	t_{53}=655b59c3
t_6=4787c62a	t_{22}=02441453	t_{38}=4bdecfa9	t_{54}=8f0ccc92
t_7=a8304613	t_{23}=d8a1e681	t_{39}=f6bb4b60	t_{55}=ffeff47d
t_8=fd469501	t_{24}=e7d3fbc8	t_{40}=bebfbc70	t_{56}=85845dd1
t_9=698098d8	t_{25}=21e1cde6	t_{41}=289b7ec6	t_{57}=6fa87e4f
t_{10}=8b44f7af	t_{26}=c33707d6	t_{42}=eaa127fa	t_{58}=fe2ce6e0
t_{11}=ffff5bb1	t_{27}=f4d50d87	t_{43}=d4ef3085	t_{59}=a3014314
t_{12}=865cd7be	t_{28}=455a14ed	t_{44}=04881d05	t_{60}=4e0811a1
t_{13}=6b901122	t_{29}=a9e3e905	t_{45}=d9d4d039	t_{61}=f7537e82
t_{14}=fd987193	t_{30}=fcefa3f8	t_{46}=e6db99e5	t_{62}=bd3af235
t_{15}=a679438e	t_{31}=676f02d9	t_{47}=1fa27cf8	t_{63}=2ad7d2bb
t_{16}=49b40821	t_{32}=8d2a4c8a	t_{48}=c4ac5665	t_{64}=eb86d391

图 6-5　MD5 中的常数 T

(4) 循环左移数 s：每轮中每步左循环移位的位数按表 6－2 执行。

表 6－2　MD5 每步循环左移的位数

步　数	1	2	3	4	5	6	7	8	9	10	11	12	13	14	15	16
第 1 轮	7	12	17	22	7	12	17	22	7	12	17	22	7	12	17	22
第 2 轮	5	9	14	20	5	9	14	20	5	9	14	20	5	9	14	20
第 3 轮	4	11	16	23	4	11	16	23	4	11	16	23	4	11	16	23
第 4 轮	6	10	15	21	6	10	15	21	6	10	15	21	6	10	15	21

接下来我们详细介绍主循环中 4 轮操作的具体内容。

第 1 轮操作(共包含 16 次操作)：

FF(AA, BB, CC, DD, M_0, 7, d76aa478)
FF(DD, AA, BB, CC, M_1, 12, e8c7b756)
FF(CC, DD, AA, BB, M_2, 17, 242070db)
FF(BB, CC, DD, AA, M_3, 22, c1bdceee)
FF(AA, BB, CC, DD, M_4, 7, f57c0faf)
FF(DD, AA, BB, CC, M_5, 12, 4787c62a)
FF(CC, DD, AA, BB, M_6, 17, a8304613)
FF(BB, CC, DD, AA, M_7, 22, fd469501)
FF(AA, BB, CC, DD, M_8, 7, 698098d8)
FF(DD, AA, BB, CC, M_9, 12, 8b44f7af)
FF(CC, DD, AA, BB, M_{10}, 17, ffff5bb1)
FF(BB, CC, DD, AA, M_{11}, 22, 895cd7be)
FF(AA, BB, CC, DD, M_{12}, 7, 6b901122)
FF(DD, AA, BB, CC, M_{13}, 12, fd987193)
FF(CC, DD, AA, BB, M_{14}, 17, a679438e)
FF(BB, CC, DD, AA, M_{15}, 22, 49b40821)

第 2 轮操作(共包含 16 次操作)：

GG(AA, BB, CC, DD, M_1, 5, f61e2562)
GG(DD, AA, BB, CC, M_6, 9, c040b340)
GG(CC, DD, AA, BB, M_{11}, 14, 265e5a51)
GG(BB, CC, DD, AA, M_0, 20, e9b6c7aa)
GG(AA, BB, CC, DD, M_5, 5, d62f105d)
GG(DD, AA, BB, CC, M_{10}, 9, 02441453)
GG(CC, DD, AA, BB, M_{15}, 14, d8a1e681)
GG(BB, CC, DD, AA, M_4, 20, e7d3fbc8)
GG(AA, BB, CC, DD, M_9, 5, 21e1cde6)
GG(DD, AA, BB, CC, M_{14}, 9, c33707d6)
GG(CC, DD, AA, BB, M_3, 14, f4d50d87)
GG(BB, CC, DD, AA, M_8, 20, 455a14ed)

GG(AA, BB, CC, DD, M_{13}, 5, a9e3e905)
GG(DD, AA, BB, CC, M_2, 9, fcefa3f8)
GG(CC, DD, AA, BB, M_7, 14, 676f02d9)
GG(BB, CC, DD, AA, M_{12}, 20, 8d2a4c8a)

第 3 轮操作(共包含 16 次操作)：

HH(AA, BB, CC, DD, M_5, 4, fffa3942)
HH(DD, AA, BB, CC, M_8, 11, 8771f681)
HH(CC, DD, AA, BB, M_{11}, 16, 6d9d6122)
HH(BB, CC, DD, AA, M_{14}, 23, fde5380c)
HH(AA, BB, CC, DD, M_1, 4, a4beea44)
HH(DD, AA, BB, CC, M_4, 11, 4bdecfa9)
HH(CC, DD, AA, BB, M_7, 16, f6bb4b60)
HH(BB, CC, DD, AA, M_{10}, 23, bebfbc70)
HH(AA, BB, CC, DD, M_{13}, 4, 289b7ec6)
HH(DD, AA, BB, CC, M_0, 11, eaa127fa)
HH(CC, DD, AA, BB, M_3, 16, d4ef3085)
HH(BB, CC, DD, AA, M_6, 23, 04881d05)
HH(AA, BB, CC, DD, M_9, 4, d9d4d039)
HH(DD, AA, BB, CC, M_{12}, 11, e6db99e5)
HH(CC, DD, AA, BB, M_{15}, 16, 1fa27cf8)
HH(BB, CC, DD, AA, M_2, 23, c4ac5665)

第 4 轮操作(共包含 16 次操作)：

II(AA, BB, CC, DD, M_0, 6, f4292244)
II(DD, AA, BB, CC, M_7, 10, 432aff97)
II(CC, DD, AA, BB, M_{14}, 15, ab9423a7)
II(BB, CC, DD, AA, M_5, 21, fc93a039)
II(AA, BB, CC, DD, M_{12}, 6, 655b59c3)
II(DD, AA, BB, CC, M_3, 10, 8f0ccc92)
II(CC, DD, AA, BB, M_{10}, 15, ffeff47d)
II(BB, CC, DD, AA, M_1, 21, 85845dd1)
II(AA, BB, CC, DD, M_8, 6, 6fa87e4f)
II(DD, AA, BB, CC, M_{15}, 10, fe2ce6e0)
II(CC, DD, AA, BB, M_6, 15, a3014314)
II(BB, CC, DD, AA, M_{13}, 21, 4e0811a1)
II(AA, BB, CC, DD, M_4, 6, f7537e82)
II(DD, AA, BB, CC, M_{11}, 10, bd3af235)
II(CC, DD, AA, BB, M_2, 15, 2ad7d2dd)
II(BB, CC, DD, AA, M_9, 21, eb86d391)

在此基础上，令 $A=A+\text{AA}$，$B=B+\text{BB}$，$C=C+\text{CC}$，$D=D+\text{DD}$，输出 $H(x)=$

$A \| B \| C \| D$，得到 128 位的消息摘要。

MD5 算法具有的性质是：Hash 函数的每一位均是输入消息序列中每一位的函数。该性质保证了在 Hash 函数计算过程中产生基于消息 x 的混合重复，从而使得生成的 Hash 函数结果混合得非常理想，也就是说，随机选取两组有着相似规律性的消息序列，也很难产生相同的 Hash 函数值。

目前，MD5 算法被广泛应用于各种领域，从密码分析的角度看，MD5 仍然被认为是一种易受到攻击的算法，而且近年来对 MD5 攻击的相关研究已取得了很大的进展。2004 年，我国学者王小云给出了一种解决 MD5 碰撞问题的算法。因此，有必要用一个具有更长消息摘要和更能抵御已知密码分析攻击的 Hash 函数来代替目前被广泛使用的 MD5 算法。下面介绍的安全 Hash 算法，即 SHA-1 算法。

6.3.2　SHA-1 算法的描述

SHA-1(Security Hash Algorithm，安全 Hash 算法)是一个产生 160 位消息摘要的迭代 Hash 函数，该算法由美国国家标准和技术协会(National Institute of Standards and Technology，NIST)提出，于 1993 年公布并作为联邦信息处理标准。SHA-1 的设计基于 MD4 算法，并且它在设计方面也很大程度上模仿 MD4 算法。2002 年，NIST 在 SHA-1 的基础上，进一步推出了 SHA-256、SHA-394、SHA-512 三个版本的安全 Hash 算法，它们的消息摘要长度分别为 256 位、394 位和 512 位。这些改进算法不仅增强了 Hash 算法的安全性能，而且便于与 AES 算法相结合。这些改进算法的基本运算结构与 SHA-1 算法很相似，下面主要介绍 SHA-1 算法的基本原理和运算流程。

SHA-1 的算法框图如图 6－6 所示。

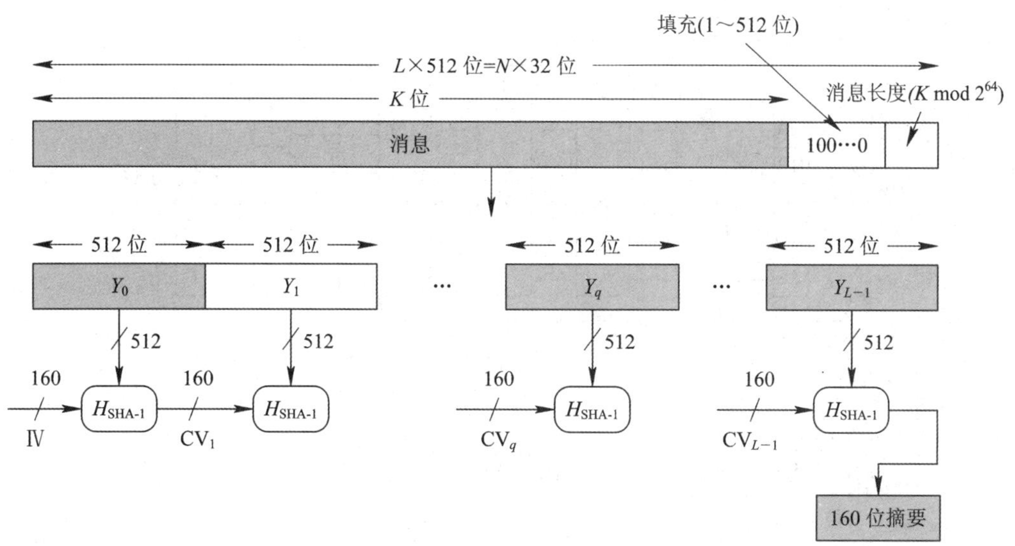

图 6－6　SHA-1 的算法框图

SHA-1 算法输入消息的最大长度不超过 2^{64}，输入的消息按照 512 位的分组进行处理。算法的具体操作如下：

(1) 填充过程。设输入的消息序列为 x，$|x|$ 表示消息序列的长度。由于 SHA-1 算法要求输入消息的最大长度不超过 2^{64} 位，所以 $|x| \leqslant 2^{64}-1$。用和 MD5 类似的方式填充消息，

填充过程对输入的消息序列进行填充使得消息长度与 448 模 512 同余（即 $|x| \bmod 512 = 448$），填充的位数范围是 1～512，填充位串的最高位为 1，其余各位均为 0。

（2）在填充的结果序列后附加序列。用和 MD5 类似的方式附加消息的长度，将一个 64 位的序列附加到填充的结果序列后面，填充序列的值等于初始序列位串的长度值，从而得到长度是 512 位的分组序列。

（3）对给定的 5 个 32 位的寄存器 A，B，C，D,E 赋初值，即

A＝67452301

B＝efcdab89

C＝98badcfe

D＝10325476

E＝c3d2e1f0

其中，0，1，2，3，4，5，6，7，8，9，a，b，c，d，e，f 表示一个十六进制的数字或一个长度为 4 的二进制序列。这 5 个寄存器随后将用于保存 Hash 函数的中间结果和最终结果。

（4）将寄存器的值赋给相应的变量 AA，BB，CC，DD，EE。然后对 512 位的消息分组序列应用主循环，循环的次数是消息中按 512 位进行分组的分组数。每一次的主循环都有 4 轮操作，并且这 4 轮操作都很相似。每一轮进行 20 次操作，每次操作对 AA，BB，CC，DD，EE 中的 3 个作一次非线性的函数 F_t 运算，F_t 是基本逻辑函数 F_1，F_2，F_3，F_4 之一。然后进行与 MD5 算法类似的移位运算（一个 5 位的循环移位和一个 30 位的循环移位）和加运算。最后用得到的结果取代 AA，BB，CC，DD 中的一个。

SHA-1 的分组处理框图如图 6－7 所示，压缩函数中的单步迭代示意图如图 6－8 所示。

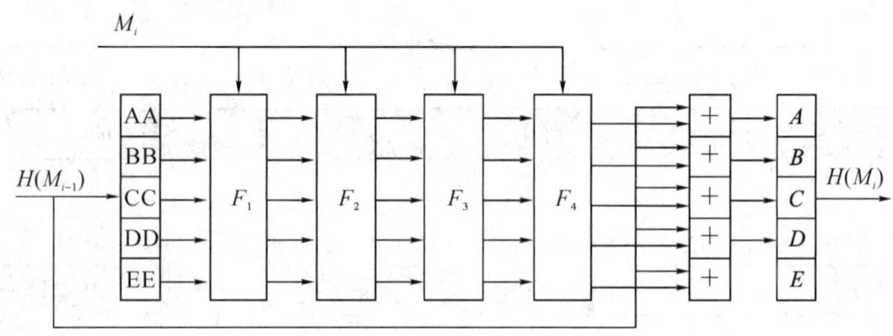

图 6－7 SHA-1 的分组处理框图

主循环包括：

当 $0 \leqslant t \leqslant 79$ 时，

TEMP＝(AA<<5)＋F_t(BB，CC，DD)＋EE＋W_t＋K_t

EE＝DD

DD＝CC

CC＝BB<<30

BB＝AA

AA＝TEMP

（1）$A=A+$AA，$B=B+$BB，$C=C+$CC，$D=D+$DD，$E=E+$EE。

(2) 输出 $H(x)=A \| B \| C \| D \| E$，得到 160 位的消息摘要。

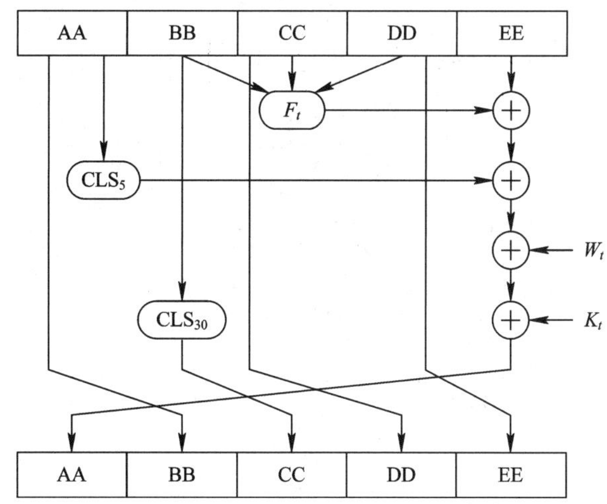

图 6-8　SHA-1 压缩函数中的单步迭代示意图

SHA-1 算法中的非线性函数定义为

$$F_t(X, Y, Z)=\begin{cases}(X \wedge Y) \vee ((\neg X)Z) & (0 \leqslant t \leqslant 19) \\ X \oplus Y \oplus Z & (20 \leqslant t \leqslant 39) \\ (X \wedge Y) \vee (X \wedge Z) \vee (Y \wedge Z) & (40 \leqslant t \leqslant 59) \\ X \oplus Y \oplus Z & (60 \leqslant t \leqslant 79)\end{cases}$$

函数 F_1，F_2，F_3，F_4 的真值表如表 6-3 所示。

表 6-3　函数 F_1，F_2，F_3，F_4 的真值表

X	Y	Z	F_1	F_2	F_3	F_4
0	0	0	0	0	0	0
0	0	1	1	1	0	1
0	1	0	0	1	0	1
0	1	1	1	0	1	0
1	0	0	0	1	0	1
1	0	1	0	0	1	0
1	1	0	1	0	1	0
1	1	1	1	1	1	1

与 MD5 使用 64 个常量不同，SHA-1 在各个阶段只加了 4 个常量值，分别为

$$K_t=\begin{cases}\text{5a827999} & (0 \leqslant t \leqslant 19) \\ \text{6ed9eba1} & (20 \leqslant t \leqslant 39) \\ \text{8f1bbcdc} & (40 \leqslant t \leqslant 59) \\ \text{ca62c1d6} & (60 \leqslant t \leqslant 79)\end{cases}$$

设 $y=M_0 \| M_1 \| \cdots \| M_{15}$，其中每一个消息分组 M_i 都是长度为 32 位的字。用以下方法将消息分组从 16 个 32 位的字变成 80 个 32 位的字：

$$\begin{cases}W_t=M_t & (0 \leqslant t \leqslant 15) \\ W_t=(M_{t-3} \oplus M_{t-8} \oplus M_{t-14} \oplus M_{t-16}) \ll 1 & (16 \leqslant t \leqslant 79)\end{cases}$$

SHA-1 分组处理所需的 80 个字的产生过程如图 6－9 所示。

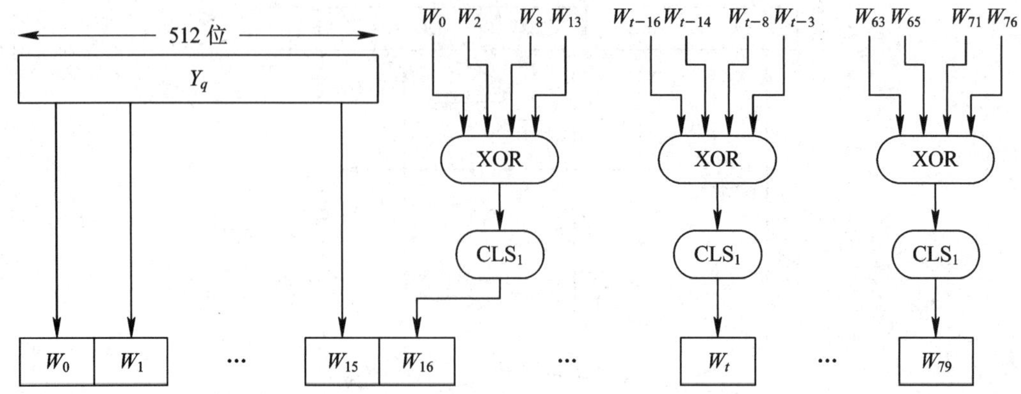

图 6－9　SHA-1 分组处理所需的 80 个字的产生过程

6.3.3　MD5 与 SHA-1 的比较

由于 MD5 与 SHA-1 都是由 MD4 演化来的，所以两个算法极为相似。下面给出 MD5 和 SHA-1 之间的比较分析。

（1）抗穷举搜索攻击的强度：MD5 与 SHA-1 的消息摘要长度分别为 128 位和 160 位，由于 SHA-1 生成的消息摘要长度比 MD5 算法生成的消息摘要长度要长 32 位，所以用穷举搜索攻击寻找具有给定消息摘要的消息分别需要做 $O(2^{128})$ 和 $O(2^{160})$ 次运算，而穷举搜索攻击找到具有相同消息摘要的两个不同消息分别需要做 $O(2^{64})$ 和 $O(2^{80})$ 次运算，因此 SHA-1 抗击穷举搜索攻击的强度高于 MD5 抗击穷举搜索攻击的强度。一般认为，SHA-1 是抗密码分析的，而 MD5 算法可能是易于受到攻击的。

（2）速度：由于 MD5 与 SHA-1 的主要运算都是模 2^{32} 加法，因此都易在 32 位结构上实现。但比较起来，SHA-1 的迭代步数（80 步）多于 MD5 的迭代步数（64 步），所用的缓冲区（160 位）大于 MD5 使用的缓冲区（128 位），因此在相同硬件上实现时，SHA-1 的速度要比 MD5 的速度慢。

（3）简洁与紧致性：MD5 与 SHA-1 描述起来都较为简单，实现起来也较为简单，均不需要较大的程序和代换表。

6.4　SM3 算法

6.4.1　SM3 算法的描述

2012 年，国家商用密码管理办公室发布了 SM3 密码杂凑算法，并将其作为密码行业标准（GM/T 0004—2012）。2016 年，国家标准化委员会公布了 SM3 密码杂凑算法为国家标准（GB/T 32905—2016）。目前，SM3 密码杂凑算法已经提交 ISO 国际标准化组织。

SM3 密码杂凑算法的消息分组长度为 512 位，输出摘要长度为 256 位。压缩函数的状态有 256 位，共 64 步操作。

1. SM3 密码杂凑算法的初始化

(1) SM3 密码杂凑算法中用到的初始向量 IV 共 256 位，由 8 个 32 位的字串联组成，具体值为

$$\begin{aligned}IV=&7380166F\ 4914B2B9\ 172442D7\ DA8A0600\\&A96F30BC\ 163138AA\ E38DEE4D\ B0FB0E4E\end{aligned}$$

(2) SM3 杂凑算法需要用到的常量定义如下：

$$T_j=\begin{cases}79CC4519 & (0\leqslant j\leqslant 15)\\7A879D8A & (16\leqslant j\leqslant 63)\end{cases}$$

(3) SM3 杂凑算法使用的布尔函数定义为

$$FF_j(X,Y,Z)=\begin{cases}X\oplus Y\oplus Z & (0\leqslant j\leqslant 15)\\(X\wedge Y)\vee(X\wedge Z)\vee(Y\wedge Z) & (16\leqslant j\leqslant 63)\end{cases}$$

$$GG_j(X,Y,Z)=\begin{cases}X\oplus Y\oplus Z & (0\leqslant j\leqslant 15)\\(X\wedge Y)\vee(\neg X\wedge Z) & (16\leqslant j\leqslant 63)\end{cases}$$

(4) SM3 杂凑算法使用的置换函数定义为

$$P_0(X)=X\oplus(X<<<9)\oplus(X<<<17)$$

$$P_1(X)=X\oplus(X<<<15)\oplus(X<<<23)$$

(5) 对于长度为 l 位的消息 m，SM3 密码杂凑算法首先将位“1”添加到消息的末尾，然后再添加 k 个“0”位，其中 k 是满足 $l+k+1\equiv 448 \bmod 512$ 的最小非负整数，最后添加一个 64 位的位串，该位串是消息长度 l 的二进制表示。填充后的消息 m' 的位长为 512 的倍数。

2. SM3 密码杂凑算法的迭代过程

将填充后的消息 m' 按照 512 位为一组进行消息分组

$$m'=B^{(0)}B^{(1)}\cdots B^{(n-1)}$$

其中，$n=(l+k+1)/512$。

对消息分组进行多轮迭代

$$V^{(i+1)}=CF(V^{(i)},B^{(i)})\quad(i=0,1,\cdots,n-1)$$

其中，CF 是 SM3 的压缩函数，初始值 $V^{(0)}$ 为 256 位的初始向量 IV，$B^{(i)}$ 为填充后的消息分组。迭代过程输出的结果为 $V^{(n)}$。

3. SM3 密码杂凑算法的压缩函数

SM3 密码杂凑算法的核心是压缩函数 CF。压缩函数由消息扩展过程和状态更新过程组成。具体描述如下：

1) 消息扩展过程

将消息分组 $B^{(i)}$ 按照以下方式扩展生成 132 个字，并用于压缩函数 CF。

(1) 将消息分组 $B^{(i)}$ 划分成 16 个字 $W_0, W_1, \cdots, W_{15}$。

(2) 循环 52 次生成 52 个字，即

$$W_j=P_1(W_{j-16}\oplus W_{j-9}\oplus(W_{j-3}<<<15))\oplus(W_{j-13}<<<7)\oplus W_{j-6}\quad(j=16,17,\cdots,67)$$

(3) 循环 64 次生成最后 64 个字，即

$$W_j' = W_j \oplus W_{j+4} \quad (j=0, 1, \cdots, 63)$$

SM3 密码杂凑算法的消息扩展过程如图 6－10 所示。

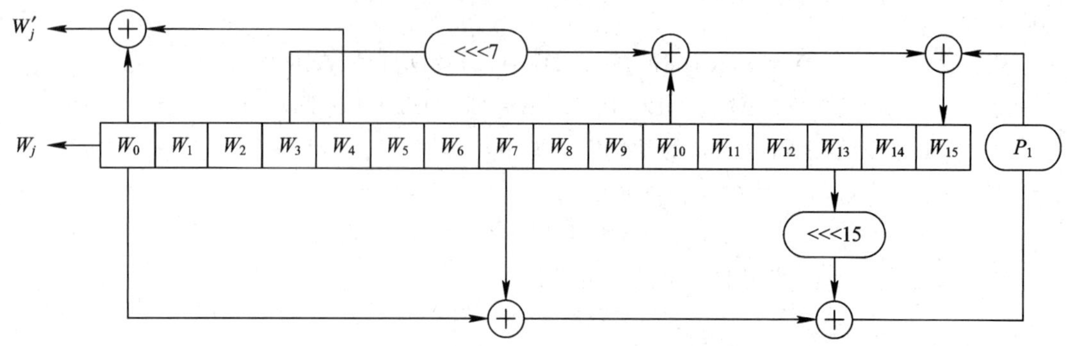

图 6－10　SM3 密码杂凑算法的消息扩展过程

2）状态更新过程

设 A，B，C，D，E，F，G，H 为寄存器，SS_1，SS_2，TT_1，TT_2 为中间变量，压缩函数 $V^{(i+1)} = CF(V^{(i)}, B^{(i)})(i=0, 1, \cdots, n-1)$，则处理每一段消息时的状态更新过程描述如下所示。

（1）$ABCDEFGH = V^{(i)}$。

（2）循环 64 次迭代计算，其中 j 从 0 递增到 63，每一轮迭代执行以下操作：

$SS_1 \leftarrow ((A<<<12)+E+(T_j<<<j))<<<7$

$SS_2 \leftarrow SS_1 + (A<<<12)$

$TT_1 \leftarrow FF_j(A, B, C)+D+SS_2+W_j'$

$TT_2 \leftarrow GG_j(A, B, C)+H+SS_1+W_j$

$D \leftarrow C$

$C \leftarrow B<<<9$

$B \leftarrow A$

$A \leftarrow TT_1$

$H \leftarrow G$

$G \leftarrow F<<<19$

$F \leftarrow E$

$E \leftarrow P_0(TT_2)$

（3）赋值 $V^{(i+1)} \leftarrow ABCDEFGH \oplus V^{(i)}$。

3）输出过程

处理完所有的消息分组以后，输出最终的 Hash 值为 $V^{(n)}$。

6.4.2　SM3 算法的分析

1. SM3 密码杂凑算法的特点

SM3 密码杂凑算法的压缩函数整体结构与 SHA-256 相似，但是增加了多种新的设计技术。这些新的设计技术包括 16 步全异或操作、消息双字介入、增加快速雪崩效应的 P 置换等。SM_3 增加这些新技术后，能够有效避免高概率的局部碰撞，有效抵抗强碰撞性的差分分析、弱碰撞性的线性分析、位追踪法等密码分析。

SM3 密码杂凑算法合理使用字加运算，构成进位加 4 级流水，在不显著增加硬件开销的情况下采用 P 置换，加速了算法的雪崩效应，提高了运算效率。同时 SM3 密码杂凑算法采用了适合 32 位微处理器和 8 位智能卡实现的基本运算，具有跨平台实现的高效性和广泛的适用性。

2. SM3 密码杂凑算法的性能分析

在 Intel Core i7 处理器、64 位 Win7 系统下对 SM3 和 SHA-256、SHA-512、SHA-3 的性能进行对比，结果表明，在消息长度较小(16 字节)时，SM3 密码杂凑算法的软件执行速度高于其他 3 种算法，速度为 SHA-256 的 125%；当消息长度较长(64 字节)时，SM3 密码杂凑算法的软件执行速度与 SHA-256 相当。

在 ASIC 芯片上，SM3 的实现面积要优于 SHA-256、SHA-512 和 SHA-3，吞吐量面积整体也比较有优势；在 FPGA 上实现的性能与此类似。总体而言，SM3 的实现效率不低于 SHA-2 和 SHA-3 算法，且在不同的场合有着不同的性能优势。

3. SM3 密码杂凑算法的安全性分析

目前，已经公开发表的针对 SM3 密码杂凑算法的安全性分析的论文集中在碰撞攻击、原像攻击和区分攻击 3 个方面。与其他各种杂凑算法相比，SM3 具有较好的安全性：在碰撞攻击方面，SM3 密码杂凑算法的攻击百分比仅比 KECCAK 算法高，比其他各种杂凑标准算法都低，特别是与 MD 系列和 SHA 系列相比，SM3 只有 31%；在原像攻击方面，SM3 密码杂凑算法的攻击百分比在 MD-SHA 系列中最低，占总步数的 47%；在区分器攻击方面，SM3 均比其他杂凑算法低。这些分析结果体现了 SM3 密码杂凑算法的高安全性。

习　题

6-1　什么是 Hash 函数？对 Hash 函数的基本要求和安全性要求分别是什么？

6-2　为什么要进行 Hash 填充？

6-3　Hash 函数的主要应用有哪些？

6-4　MD5 算法和 SHA-1 算法都是由 MD4 算法演化而来的，这两个算法之间有什么区别？

第7章

公钥密码

前面几章介绍的经典密码系统能够有效地实现数据的保密性，但面临的一个棘手问题是以密钥分配为主要内容的密钥管理(Key Management)。本章简要介绍能够有效解决密钥管理问题的公钥密码体制(Public Key Cryptography System)的基本原理，重点介绍常用的背包算法、RSA公钥算法、Rabin算法、ElGamal算法、椭圆曲线算法的原理和算法分析。

7.1 公钥密码体制的基本原理

7.1.1 公钥密码的基本思想

运用DES等经典密码系统进行保密通信时，通信双方必须拥有一个共享的秘密密钥来实现对消息的加密和解密，而密钥具有的机密性使得通信双方如何获得一个共同的密钥变得非常困难。通常采用人工传送的方式分配各方所需的共享密钥，或借助一个可靠的密钥分配中心来分配所需的共享密钥。但在具体实现过程中，这两种方式都面临很多困难，尤其在计算机网络化时代更为困难。

1976年，两位美国密码学者W. Diffie和M. Hellman在该年度的美国国家计算机会议上提交了一篇名为“New Directions in Cryptography”(《密码学的新方向》)的论文。文中首次提出公钥密码体制的新思想，为解决传统经典密码学中面临的诸多难题提供了一个新的思路。其基本思想是把密钥分成两个部分——公开密钥(简称公钥)和私有密钥(简称私钥)，分别用于消息的加密和解密。公钥密码体制又称为双钥密码体制、非对称密码体制(Asymmetric Cryptography System)，与之对应，传统的经典密码体制又称为单钥密码体制、对称密码体制(Symmetric Cryptography System)。

公钥密码体制中的公开密钥可被记录在一个公共数据库里，或者以某种可信的方式公开发放，而私有密钥必须由持有者妥善、秘密地保存。这样，任何人都可以通过某种公开的途径获得一个用户的公开密钥，然后与其进行保密通信，而解密者只能是那些知道相应私钥的密钥持有者。用户公钥的这种公开性使得公钥体制的密钥分配变得非常简单，目前常以公钥证书的形式发放和传递用户公钥，而私钥的保密专用性决定了它不存在分配的问题(但需要用公钥来验证它的真实性，以防止欺骗)。

公钥密码算法的最大特点是采用两个具有一一对应关系的密钥对$k=(\mathrm{ps}, \mathrm{sk})$来分离加密和解密过程。当两个用户希望借助公钥体制进行保密通信时，发信方Alice用收信方

Bob 的公开密钥 pk 加密消息并发送给接收方；而收信方 Bob 使用与公钥相对应的私钥 sk 进行解密。根据公私钥之间严格的一一对应关系，只有与加密时所用公钥相对应的用户私钥才能正确解密，从而恢复出正确的明文。由于这个私钥是通信中的收信方独有的，其他用户不可能知道，所以只有收信方 Bob 能正确恢复出明文消息，其他有意或无意获得消息密文的用户都不能解密出正确的明文，从而达到了保密通信的目的。

图 7-1 给出了公钥密码体制用于消息加、解密的基本流程。

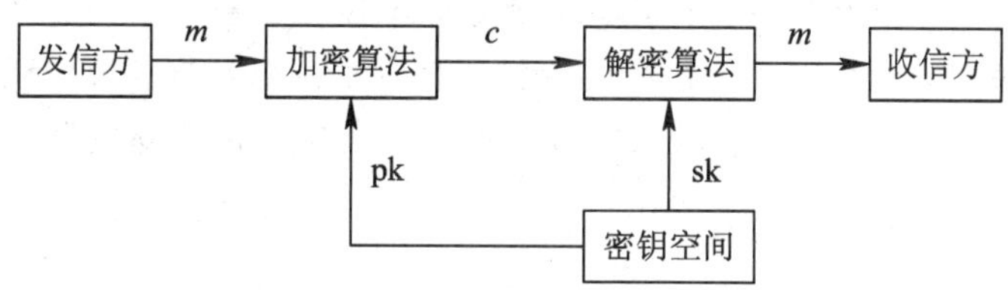

图 7-1　公钥密码体制加密、解密的基本流程

7.1.2　公钥密码算法应满足的要求

基于图 7-1 给出的公钥密码体制加密、解密的基本流程，一个实际可用的公钥密码体制(M, C, K, E, D)的基本要求包括：

(1) 对于 K 中的每一个公私钥对 $k=(\mathrm{pk}, \mathrm{sk})$，都存在 E 中的一个加密变换 $E_{\mathrm{pk}}: M \to C$ 和 D 中的一个解密变换 $D_{\mathrm{sk}}: C \to M$，使得任意明文消息 $m \in M$ 都能找到一个唯一的 $c \in C$ 满足 $c=E_{\mathrm{pk}}[m]$，且 $m=D_{\mathrm{sk}}[c]=D_{\mathrm{sk}}[E_{\mathrm{pk}}[m]]$。

(2) 对于任意的公私钥对 $k=(\mathrm{pk}, \mathrm{sk}) \in K$，加密变换 E_{pk} 和解密变换 D_{sk} 都是多项式时间可计算的函数，但由加密变换 E_{pk} 推出解密变换 D_{sk} 在计算上是不可行的，或者说，在知道公钥 pk 的情况下推知私钥 sk 在计算上是不可行的。

由上面的基本要求可以看出，公钥密码体制的核心在于加密变换与解密变换的设计。在密码算法中，加解密变换是互逆的，但条件(2)说明在公钥密码体制中加解密变换不能简单地直接互推。上述条件表明公钥密码体制的加解密变换类似于陷门单向函数的运算，因此可以利用陷门单向函数来构造公钥密码体制。陷门单向函数是一个可逆函数 $f(x)$。对于定义域中的任何 x，函数值 $y=f(x)$都是容易计算的；但对几乎所有的 x，要由 $y=f(x)$求出 x 在计算上不可行(即使已经知道函数 $f(x)$)，除非知道某些辅助信息(称为陷门信息)。这里所说的“容易计算”是指函数值能在其输入长度的多项式时间内计算出来。例如，若输入长度为 n 位，求函数值的计算时间是 n^a(这里 a 是一个固定常数)的某个倍数，则称此函数是容易计算的，否则就是不可行的。

针对公钥密码体制(M, C, K, E, D)的基本要求，一个可行的公钥密码算法应该满足如下要求：

(1) 收信方 Bob 产生密钥对 $k=(\mathrm{pk}_B, \mathrm{sk}_B)$在计算上是容易的。

(2) 发信方 Alice 用收信方 Bob 的公钥 pk_B 加密消息 m 产生密文 $c=E_{\mathrm{pk}_B}[m]$在计算上是容易的。

(3) 收信方 Bob 用自己的私钥 sk_B 解密密文 c，还原明文消息 $m=D_{\mathrm{sk}_B}[c]$在计算上是容易的。

(4) 不仅攻击者由密文 c 和 Bob 的公钥 pk_B 恢复明文 m 在计算上是不可行的，而且攻击者由 Bob 的公钥 pk_B 求解对应的私钥 sk_B 在计算上也是不可行的。

(5) 一般情况下，加解密的次序可交换，即 $D_{sk_B}[E_{pk_B}[m]]=E_{pk_B}[D_{sk_B}[m]]$。

公钥密码体制的思想完全不同于单钥密码体制。公钥密码算法的基本操作不再是单钥密码体制中使用的替换和置换。公钥密码体制通常将其安全性建立在某个尚未解决(且尚未证实能否有效解决)的数学难题的基础上，并经过精心设计来保证其具有非常高的安全性。公钥密码算法以非对称的形式使用两个密钥，不仅在实现消息加解密基本功能的同时简化了密钥分配任务，而且对密钥协商与密钥管理、数字签名与身份认证等密码学问题产生了深刻的影响。可以说，公钥密码思想为密码学的发展提供了新的理论和技术基础，是密码学发展史上的一次革命。

7.2 背包算法

W. Diffie 和 M. Hellman 在提出公钥密码体制的设想时，并没有给出一个具体的实例。直到两年后的 1978 年，R. Merkle 和 M. Hellman 给出了第一个公钥密码算法，这就是基于组合数学中背包问题(或者说是子集和问题)的背包公钥密码算法，也称为 MH 背包算法。背包算法已被破解，现在不再使用，但该算法的价值在于在加密技术中采用了 NPC 问题。

7.2.1 背包问题

在组合数学中有一个背包问题：假设有一堆物品，体积各不相同，能否从这堆物品中找出几个正好装满一个给定容量的背包(假定物品之间不留空隙)？

记物品的体积分别为 $v_1, v_2, \cdots, v_n$，背包的容量为 C，则背包问题可表示为

$$b_1v_1+b_2v_2+\cdots+b_nv_n=C$$

其中，$b_i(i=1, 2, \cdots, n)$等于 1 或者 0，$b_i=1$ 表示第 i 个物品在背包中，$b_i=0$ 表示第 i 个物品不在背包中；物品体积的序列$(v_1, v_2, \cdots, v_n)$称为背包向量。

理论上讲，通过检查背包向量 $\mathbf{V}$ 的所有子集，计算出每个子集的元素之和，总能找出一个子集作为背包问题的解，因此背包问题又称为子集和问题。然而长度为 n 的背包向量 $\mathbf{V}$ 的全体子集共有 2^n 个，当 n 很大时，对全部 2^n 个子集进行穷举搜索是不可能的。事实上，背包问题是一类 NPC 问题，而目前还没有发现比穷举搜索更好的 NPC 问题求解方法。幸运的是，并非所有的背包问题都没有有效算法，有一类特殊的背包问题是容易求解的，这就是超递增背包问题。

设 $\mathbf{V}=(v_1, v_2, \cdots, v_n)$是一个背包向量，若 $\mathbf{V}$ 满足：

$$v_1 > \sum_{j=1}^{i-1} v_j \quad (i=1, 2, \cdots, n)$$

即 $\mathbf{V}$ 中每一项都大于它前面所有项之和，则称 $\mathbf{V}$ 是一个超递增向量，或者称序列 $v_1, v_2, \cdots, v_n$ 是一个超递增序列，以 $\mathbf{V}$ 为背包向量的背包问题称作超递增背包问题。例如，序列 $1, 2, 4, \cdots, 2^n$ 就是一个超递增序列。

超递增背包问题的解很容易通过以下过程找到：设背包容量为 C，从右向左(从大到小)依次检查超递增背包向量 $\mathbf{V}$ 中的每个元素，以确定问题的解。若 $C \geqslant v_n$，则 v_n 在解中，对

应的 b_n 应为 1，并将 C 的值更新为 $C-v_n$；若 $C<v_n$，则 v_n 不在解中，对应的 b_n 应为 0，C 的值保持不变。然后对 v_{n-1}，v_{n-2}，…，v_2，v_1 依次重复上述过程，并判断 C 是否减少到 0。若 C 最终变成 0，则问题的解存在，否则解不存在。

【例 7.1】 设 $\boldsymbol{V}=(1, 2, 4, 8, 16, 32)$，$C=43$，那么求解超递增序列的过程如下：

$C=43>32$，得 $b_6=1$，更新 C 为 $43-32=11$；

$C=11<16$，得 $b_5=0$；

$C=11>8$，得 $b_4=1$，更新 C 为 $11-8=3$；

$C=3<4$，得 $b_3=0$；

$C=3>2$，得 $b_2=1$，更新 C 为 $3-2=1$；

$C=1$，得 $b_1=1$，最后 C 减小到 0。

所以问题的解为 110101。

超递增背包问题是很容易求解的。下面给出利用数论中的模乘运算将超递增序列变为非超递增序列的方法。选择满足如下条件的模数 k 和乘数 t：

$$k > \sum_{i=1}^{n} v_i, \ \gcd(t, k) = 1$$

即 t 与 k 互素，确保 t 在模 k 下的乘法逆元 t^{-1} 存在。令

$$\boldsymbol{U} \equiv t\boldsymbol{V} \bmod k \equiv t(v_1, v_2, \cdots, v_n) \bmod k = (tv_1 \bmod k, tv_2 \bmod k, \cdots, tv_n \bmod k)$$

那么 $\boldsymbol{U}$ 是一个非超递增向量。

7.2.2 背包算法的描述

借助背包问题中的超递增向量和相应的非超递增向量，可以构造一个公钥密码算法——背包密码算法。

背包算法的描述如下：

私有密钥设置为将一个超递增向量 $\boldsymbol{V}$ 转换为非超递增向量 $\boldsymbol{U}$ 的参数 t、t^{-1} 和 k，公开密钥设置为非超递增向量 $\boldsymbol{U}$。

加密变换：首先将二进制明文消息划分成长度与非超递增向量 $\boldsymbol{U}$ 长度相等的明文分组 $b_1b_2\cdots b_n$；然后计算明文分组向量 $\boldsymbol{B}=(b_1, b_2, \cdots, b_n)$ 与非超递增向量 $\boldsymbol{U}=(u_1, u_2, \cdots, u_n)$ 的内积 $\boldsymbol{B}\cdot\boldsymbol{U}=b_1u_1+b_2u_2+\cdots+b_nu_n$，所得结果为密文。

解密变换：先还原出超递增背包向量 $\boldsymbol{V}=t^{-1}\boldsymbol{U} \bmod k \equiv t^{-1}t\boldsymbol{V} \bmod k$，再将密文 $\boldsymbol{B}\cdot\boldsymbol{U}$ 模 k 乘以 t^{-1} 的结果作为超递增背包问题的背包容量，求解超递增背包问题，得到消息明文。

【例 7.2】 设 $\boldsymbol{V}=(1, 3, 7, 13, 26, 65, 119, 267)$ 是一个超递增背包向量，取模数 $k=523$，乘数 $t=467$，则 $t^{-1}\equiv 28 \bmod 523$。对 $\boldsymbol{V}$ 模 k 乘以 t，计算出公钥：

$$\begin{aligned}\boldsymbol{U} \equiv t\times\boldsymbol{V} \bmod k &\equiv 467\times(1, 3, 7, 13, 26, 65, 119, 267) \bmod 523 \\ &\equiv (467, 355, 131, 21, 135, 215)\end{aligned}$$

并对外公布 $\boldsymbol{U}$。

假设发信方有一明文消息 $m=10101100$，用公钥 $\boldsymbol{U}$ 对 m 加密，得到密文：

$$\begin{aligned}c &= m\times\boldsymbol{U}=(1, 0, 1, 0, 1, 1, 0, 0)\times(467, 355, 131, 318, 113, 21, 135, 215) \\ &= 467+131+113+21 \\ &= 732\end{aligned}$$

收信方利用公钥$\boldsymbol{U}$与私钥t^{-1}和k还原出超递增背包$\boldsymbol{V}$，对密文$c=732$模k乘以t^{-1}，得到

$$c\times t^{-1} \bmod k\equiv 732\times 28 \bmod 523\equiv 20496 \bmod 523\equiv 99$$

以 99 作为背包的容量去解超递增背包问题：

由 $99<267$，得 $m_8=0$；

由 $99<119$，得 $m_7=0$；

由 $99>65$，得 $m_6=1$；

由 $99-65=34>26$，得 $m_5=1$；

由 $34-26=8<13$，得 $m_4=0$；

由 $8>7$，得 $m_3=1$；

由 $8-7=1<3$，得 $m_2=0$，$m_1=1$。

解密得到明文分组为 10101100，即为原来的 m。

要解决类似例 7.2 这样的背包向量仅有 8 个分量的背包问题并不困难，甚至对非超递增的背包向量也是如此。但实用的背包向量至少应包含 250 个分量，每个分量的大小一般为 200～400 位，模数也应为 100～200 位，这些值可以使用随机序列发生器来生成。对于这样的背包算法，试图用穷举攻击来破译是无用的。

7.2.3 背包算法的安全性

背包算法利用难解的一般背包问题作为公开密钥，可以方便地对明文进行加密；而私有密钥则利用易解的超递增背包问题给出一个解密的简单方法。那些不知道私钥的攻击者要想破译密文就不得不求解一个困难的背包问题，这在计算上看似是不可行的。

背包算法提出两年后即被破解。破解的基本思想是不必找出真正的模数k和乘数t，也不用穷举搜索背包向量的所有子集，而是找出一对任意的k'和t'，使得用公开的背包向量$\boldsymbol{U}$模k'乘t'后能得到一个超递增向量。究其原因是 Merkle-Hellman 背包体制的公开密钥是由超递增向量变换而来的，虽然经过模乘置换，但超递增向量内在的规律性并不能完全被隐藏，这就给攻击者留下了可乘之机。随后 Merkle 又提出了多次迭代背包体制，但最终也被破解。1984 年，Brickell 最终证明了 Merkle-Hellman 背包体制的不安全性，并发现了一种可将难解的背包问题转化为易解的背包问题的算法。

背包算法是第一个使公钥密码体制成为现实的密码算法，它说明了如何将数学难题应用于公钥密码算法的设计。背包体制的优势是加解密速度很快，但它存在的不安全性使其不能用于商业目的。

7.3 RSA 算法

数论里有一个大数分解问题：计算两个素数的乘积非常容易，但分解该乘积却异常困难，特别是在这两个素数都很大的情况下。基于这个事实，1978 年，美国 MIT(Massachusetts Institute of Technology，麻省理工学院)的三名数学家 R. Rivest、A. Shamir 和 L. Adleman 提出了著名的公钥密码体制——RSA 公钥算法。该算法基于指数加密概念，以两个大素数的乘积作为算法的公钥来加密消息，而密文的解密必须知道相应的两个大素数。迄今为止，RSA 公钥算法是思想最简单、分析最透彻、应用最广泛的公钥密码体制。RSA 算法非常容

易理解和实现，经受住了密码分析，密码分析者既不能证明也不能否定它的安全性，这恰恰说明了 RSA 具有一定的可信度。

7.3.1 RSA 算法的描述

基于大数分解问题，为了产生公私钥，首先独立地选取两个大素数 p 和 q(注：为了获得最大程度的安全性，选取的 p 和 q 的长度应该差不多，都应为长度在 100 位以上的十进制数字)，计算

$$n=p\times q$$

$$\varphi(n)=\varphi(p)\varphi(q)=(p-1)(q-1)$$

这里 $\varphi(n)$表示 n 的欧拉函数，即 $\varphi(n)$为比 n 小且与 n 互素的正整数的个数。

随机选取一个满足 $1<e<\varphi(n)$且 $\gcd(e, \varphi(n))=1$ 的整数 e，那么 e 存在模 $\varphi(n)$下的乘法逆元 $d\equiv e^{-1} \bmod \varphi(n)$，$d$ 可由扩展的欧几里得算法求得。

这样我们由 p 和 q 获得了 3 个参数 n，e，d。在 RSA 算法里，以 n 和 e 作为公钥，d 作为私钥(注：不再需要 p 和 q，可以销毁，但一定不能泄露)。具体的加解密过程如下所示。

加密变换：先将消息划分成数值小于 n 的一系列数据分组，即以二进制表示的每个数据分组的位长应小于 $\mathrm{lb}n$。然后对每个明文分组 m 进行加密变换，得到密文 c，即

$$c\equiv m^e \bmod n$$

解密变换：$m\equiv c^d \bmod n$。

命题 7.1 RSA 算法中的解密变换 $m\equiv c^d \bmod n$ 是正确的。

证明 由数论中的欧拉定理知，如果两个整数 a 和 b 互素，那么 $a^{\varphi(b)}\equiv 1 \bmod b$。

在 RSA 算法中，明文 m 至少与两个素数 p 和 q 中的一个互素。不然的话，若 m 与 p 和 q 都不互素，那么 m 既是 p 的倍数，也是 q 的倍数，于是 m 也是 n 的倍数，这与 $m<n$ 矛盾。

由 $de\equiv 1 \bmod \varphi(n)$可知，存在整数 k，使得 $de=k\varphi(n)+1$。下面分两种情形讨论：

情形一，m 仅与 p，q 二者之一互素，不妨假设 m 与 p 互素且与 q 不互素，那么存在整数 a，使得 $m=aq$，由欧拉定理可知

$$m^{k\varphi(n)} \bmod p\equiv m^{k\varphi(p)\varphi(q)} \bmod p\equiv (m^{\varphi(p)})^{k\varphi(q)} \bmod p\equiv 1 \bmod p$$

于是存在一个整数 t，使得 $m^{k\varphi(n)}=tp+1$。$m^{k\varphi(n)}=tp+1$ 两边同时乘以 $m=aq$，得到

$$m^{k\varphi(n)+1}=tapq+m=tan+m$$

由此得 $c^d=m^{ed}=m^{k\varphi(n)+1}=tan+m\equiv m \bmod n$。

情形二，如果 m 与 p 和 q 都互素，那么 m 也和 n 互素，有

$$c^d=m^{ed}=m^{k\varphi(n)+1}=m\times m^{k\varphi(n)}\equiv m \bmod n$$

RSA 算法实质上是一种单表代换系统。给定模数 n 和合法的明文 m，其相应的密文为 $c\equiv m^e \bmod n$，且对于 $m'\neq m$，必有 $c'\neq c$。RSA 算法的关键在于：当 n 极大时，在不知道陷门信息的情况下，很难确定明文和密文之间的对应关系。

【例 7.3】 选取 $p=5$，$q=11$，则 $n=55$ 且 $\varphi(n)=40$，明文分组应取 1～54 的整数。如果选取加密指数 $e=7$，则 e 满足 $1<e<\varphi(n)$且与 $\varphi(n)$互素，于是解密指数 $d=23$。假如有一个消息 $m=53197$，分组可得 $m_1=53$，$m_2=19$，$m_3=7$。分组加密得到

$$c_1\equiv m_1^e \bmod n\equiv 53^7 \bmod 55\equiv 37$$

$$c_2\equiv m_2^e \bmod n\equiv 19^7 \bmod 55\equiv 24$$

$$c_3\equiv m_3^e \bmod n\equiv 7^7 \bmod 55\equiv 28$$

密文的解密为

$$c_1^d \bmod n \equiv 37^{23} \bmod 55 \equiv 53 = m_1$$

$$c_2^d \bmod n \equiv 24^{23} \bmod 55 \equiv 19 = m_2$$

$$c_3^d \bmod n \equiv 28^{23} \bmod 55 \equiv 7 = m_3$$

最后恢复出明文 $m=53197$。

7.3.2 RSA 算法的安全性

RSA 算法的安全性完全依赖于对大数分解问题的困难性的推测，但面临的问题是迄今为止还没有证明大数分解问题是一类 NP 问题。为了抵抗穷举攻击，RSA 算法采用了大密钥空间，通常模数 n 取值很大，e 和 d 也取非常大的自然数，但这样做的一个明显缺点是密钥产生和加解密过程都非常复杂，系统运行速度比较慢。

与其他密码体制一样，尝试破解每一个可能的 d 是不现实的，那么分解模数 n 就成为最直接的攻击方法。只要能够分解 n 就可以求出 $\varphi(n)$，然后通过扩展的欧几里得算法可以求得加密指数 e 模 $\varphi(n)$的逆 d，从而达到破解的目的。目前还没有找到分解大整数的有效方法，但随着计算能力的不断提高和计算成本的不断降低，许多被认为不可能分解的大整数已被成功分解。例如，模数为 129 位十进制数字的 RSA-129 已于 1994 年 4 月在 Internet 上通过分布式计算被成功分解出一个 64 位和一个 65 位的因子。更困难的 RSA-130 也于 1996 年被分解出来，紧接着 RSA-154 也被分解，据报道，158 位的十进制整数也已被分解，这意味着 512 位模数的 RSA 已经不安全了。更严重的安全威胁来自于大数分解算法的改进和新算法的不断提出。当年破解 RSA-129 采用的是二次筛法，而破解 RSA-130 使用的算法为推广的数域筛法，该算法使破解 RSA-130 的计算量仅比破解 RSA-129 多 10%。尽管如此，密码专家认为一定时期内 1024～2048 位模数的 RSA 还是相对安全的。

除了对 RSA 算法本身的攻击外，RSA 算法还面临着攻击者对密码协议的攻击，即利用 RSA 算法的某些特性和实现过程对其进行攻击。下面介绍一些攻击方法。

1. 共用模数攻击

在 RSA 的实现中，如果多个用户选用相同的模数 n，但有不同的加解密指数 e 和 d，这样做会使算法运行更简单，却是不安全的。假设一个消息用两个不同的加密指数加密且共用同一个模数，如果这两个加密指数互素（一般情况下都这样），则不需要知道解密指数，任何一个加密指数都可以恢复明文，理由如下所示。

设 e_1 和 e_2 是两个互素的加密密钥，共用的模数为 n。对同一个明文消息 m 加密得到 $c_1 \equiv m^{e_1} \bmod n$ 和 $c_2 \equiv m^{e_2} \bmod n$。攻击者知道 n，e_1，e_2，c_1 和 c_2，可以用如下方法恢复出明文 m：

由于 e_1 和 e_2 互素，因此由扩展的欧几里得算法可找到满足 $re_1+se_2=1$ 的 r 和 s，由此可得

$$c_1^r \times c_2^s = m^{re_1} \times m^{se_2} = m^{re_1+se_2} = m^1 \equiv m \bmod n$$

明文消息 m 被恢复出来。注意：r 和 s 必有一个为负整数，上述计算需要用扩展的欧几里得算法算出 c_1 或者 c_2 在模 n 下的逆。

2. 低加密指数攻击

较小的加密指数 e 可以加快消息加密的速度，但 e 太小会影响 RSA 系统的安全性。在多个用户采用相同的加密密钥 e 和不同的模数 n 的情况下，如果将同一个消息(或者一组线性相关的消息)分别用这些用户的公钥加密，那么利用中国剩余定理可以恢复出明文。举例来说，取 $e=3$，3 个用户的不同模数分别是 n_1，n_2 和 n_3，将消息 x 用这 3 组密钥分别加密，得到

$$y_1 \equiv x^3 \bmod n_1$$
$$y_2 \equiv x^3 \bmod n_2$$
$$y_3 \equiv x^3 \bmod n_3$$

一般来讲，应使 n_1，n_2 和 n_3 互素。根据中国剩余定理，可由 y_1，y_2 和 y_3 求出

$$y \equiv x^3 \bmod n_1 n_2 n_3$$

由于 $x<n_1$，$x<n_2$，$x<n_3$，所以 $x^3<n_1 n_2 n_3$，于是 $x=\sqrt[3]{y}$。

已经证明，只要 $k>e(e+1)/2$，将 k 个线性相关的消息分别使用 k 个加密指数相同而模数不同的加密钥加密，则低加密指数攻击能够奏效；如果消息完全相同，那么 e 个加密钥就够了。因此，为了抵抗这种攻击，加密指数 e 必须足够大。对于较短的消息，则要进行独立的随机数填充，破坏明文消息的相关性，以防止低加密指数攻击。

3. 中间相遇攻击

指数运算具有可乘性，这种可乘性有可能导致其他方式的攻击。事实上，如果明文 m 可以被分解成两项之积 $m=m_1\times m_2$，那么

$$m^e=(m_1\times m_2)^e=m_1^e\times m_2^e\equiv(c_1\times c_2) \bmod n$$

这意味着明文的分解可导致密文的分解，明文分解容易使得密文分解也容易。密文分解容易导致中间相遇攻击，攻击方法描述如下：

假设 $c=m^e \bmod n$，攻击者知道 m 是一个合数，且满足 $m<2^l$，$m=m_1\times m_2$，m_1 和 m_2 都小于 $2^{\frac{l}{2}}$，那么由 RSA 的可乘性，有

$$c\equiv(m_1^e\times m_2^e) \bmod n$$

攻击者可以先创建一个有序的序列

$$\left\{1^e,\ 2^e,\ 3^e,\ \cdots,\ (2^{\frac{l}{2}})^e\right\} \bmod n$$

然后，攻击者搜索这个有序的序列，尝试从这个有序的序列中找到两项 i^e 和 j^e，满足

$$\frac{c}{i^e}\equiv j^e \bmod n$$

其中 $i,\ j\in\left\{1,\ 2,\ \cdots,\ 2^{\frac{l}{2}}\right\}$。

攻击者能在 $2^{\frac{l}{2}}$ 步操作之内找到 i^e 和 j^e，攻击者由此获得明文 $m=i\times j$。

当明文消息的长度为 40～60 位时，明文可被分解成两个大小相当的整数的概率为 18%～50%。举例来说，假设用 1024 位模数的 RSA 加密一个长度为 56 的位串，如果能够提供 $2^{28}\times 1024=2^{38}$ 位(约为 32 GB)的存储空间，则经过 2^{29} 次模指数运算，就可以有很大的把握找出明文位串，它是两个 28 位的整数之积。这种空间和时间用一台普通的个人计算机就可以实现。

这说明用 RSA 直接加密一些比较短的位串(如 DES 等单钥体制的密钥或者长度小于 64 位的系统口令等)是非常危险的。

7.3.3 RSA 算法的参数选择

通过对 RSA 算法的安全性分析可以看出，要想保证 RSA 体制的安全，必须审慎选择系统的各个参数。下面讨论参数选择时需要注意的一些问题。

1. 模数 n 的确定

首先，多用户之间共用模数会导致共用模数攻击，因此不能在多个用户之间共用模数。

其次，模数 n 是两个大素数 p 和 q 的乘积，因此模数 n 的确定问题可转化为如何恰当地选择 p 和 q。p 和 q 除了要足够大(100 位以上的十进制整数)以外，还应满足如下要求：

(1) p 和 q 应为强素数。

(2) p 与 q 之差要合适。

(3) $p-1$ 与 $q-1$ 的最大公因子要小。

一个素数 p 称为强素数或一级素数，如果 p 满足条件：

(1) 存在两个大素数 p_1 和 p_2，使得 $p_1|(p-1)$、$p_2|(p+1)$，

(2) 存在 4 个大素数 r_1，s_1，r_2 和 s_2，使得 $r_1|(p_1-1)$、$s_1|(p_1+1)$、$r_2|(p_2-1)$、$s_2|(p_2+1)$，

则称 p_1 和 p_2 为 2 级素数，r_1，s_1，r_2 和 s_2 为 3 级素数。

为什么要采用强素数？这是因为 p 和 q 的取值会影响分解模数 n 的困难性。若 p 或 q 不是强素数，则可通过下面的方法分解模数 n。

假设 $p-1$ 有 k 个素因子，由算术基本定理可得 $p-1=\prod_{i=1}^{k} p_i^{a_i}$，其中 p_i 为素数，a_i 为正整数($i=1, 2, \cdots, k$)。如果 p_i 都很小，不妨设 $p_i<A$(A 为已知的小整数)，构造

$$R=\prod_{i=1}^{k} p_i^{a}$$

其中，$a \geqslant \max\{a_i\}$，显然有$(p-1)|R$。

因为任意小于素数 p 的正整数 t 均与 p 互素，不妨设 $t=2$，由欧拉定理可知

$$t^{\varphi(p)}=2^{\phi(p)}=2^{(p-1)} \equiv 1 \bmod p$$

因而 $t^R=2^R \equiv 1 \bmod p$。计算 $X \equiv t^R \bmod n \equiv 2^R \bmod n$，若 $X=1$，则令 $t=3$，重新计算 X，直到 $X \neq 1$。此时由 $\gcd(X-1, n)=p$，得到 n 的分解因子 p 和 q。

对于 q 也可以进行类似讨论。因此 $p-1$ 和 $q-1$ 必须有大素因子，即 p 和 q 要为强素数。

如果 p 与 q 之差很小，则由$(p+q)^2-(p-q)^2=4pq=4n$ 可得$(p+q)^2-4n=(p-q)^2$ 是一个小的平方数，所以$(p+q)/2$ 与$\sqrt{n}$近似。令 $u=(p+q)/2$，$v=(p-q)/2$，可以从大于$\sqrt{n}$的整数中依次尝试 u 且 $v=\sqrt{u^2-n}$，从而解出 p 与 q。

尽管要求 p 与 q 之差不能太小，但二者之差也不能很大。如果很大，则其中一个必然较小，那么可以从一个小的素数开始依次尝试，最终分解 n。因此，p 与 q 之差要适当，一般是长度相差几位。

要求 $p-1$ 与 $q-1$ 的最大公因子要小是为了防止迭代攻击。假设攻击者截获了密文 $c \equiv m^e \bmod n$，可以进行如下迭代攻击：

$$c_i \equiv c_{i-1}^e \bmod n \equiv c_0^{e^i} \bmod n \equiv c^{e^i} \bmod n \quad (c_0=c,\ i=1, 2, \cdots)$$

如果存在 t，使得 $e^t \bmod \varphi(n) \equiv 1$，则有整数 k，使 $e^t = k\varphi(n)+1$，那么由欧拉定理可知

$$c_t \equiv c^{e^t} \bmod n \equiv c^{k\varphi(n)+1} \bmod n \equiv c$$

与此同时还有 $c_t \equiv c_{t-1}^e \bmod n$，所以 $c_{t-1}^e \bmod n \equiv c \equiv m^e \bmod n$，因而

$$m \equiv c_{t-1} \bmod n \equiv c^{e^{t-1}} \bmod n$$

如果 t 较小，则这种迭代攻击很容易成功。

由欧拉定理可知

$$t = \varphi(\varphi(n)) = \varphi((p-1)(q-1))$$

若 $p-1$ 与 $q-1$ 的最大公因子较小，则 t 较大；如果 t 大到 $(p-1)(q-1)$ 的一半，则迭代攻击难以奏效。

2. 加密密钥 *e* 的选取

加密密钥 e 要满足以下几个条件：

(1) e 要与模数 n 的欧拉函数值 $\varphi(n)$ 互素，即 $\gcd(e, \varphi(n))=1$，否则无法计算解密密钥 d。这一要求容易满足，现在已经证明两个随机数互素的概率约为 3/5。

(2) e 不能太小，e 太小容易遭受低加密指数攻击。另外，如果 e 和 m 都很小且满足 $m^e < n$，此时密文 $c \equiv m^e \bmod n$ 不需要经过模运算可直接得到，这样由 c 开 e 次方可得明文 m。

(3) e 在模数 $\varphi(n)$ 下的阶要足够大，即满足 $e^t \bmod \varphi(n) \equiv 1$ 的最小正整数 t 要尽可能大，一般应达到 $(p-1)(q-1)/2$。

3. 解密密钥 *d* 的选取

加密密钥 e 选定之后，利用扩展的欧几里得算法可以求出解密密钥 d。类似于对加密密钥 e 的要求，解密密钥 d 也不能太小，否则容易遭受已知明文攻击。

如果对明文 m 加密得到密文 c，则在解密密钥 d 很小的情况下，从某个正整数开始依次尝试，直接找出一个数 t 满足 $c^t \bmod n \equiv m$，这个 t 就是解密密钥 d。Wiener 于 1990 年利用连分数理论证明了当解密密钥 d 小于 $\frac{\sqrt[4]{n}}{3}$ 时很容易分解模数 n，然后求出了解密密钥 d。因此，一般要求 d 不能小于 $\sqrt[4]{n}$。

7.4 Rabin 算法

7.4.1 求解数模下的平方根问题

定理 7.1 假定 n 是大于 1 的奇数，且有如下分解

$$n = \prod_{i=1}^{l} p_i^{e_i}$$

其中，p_i 是互不相同的素数，e_i 是正整数。对于与 n 互素的整数 a，如果 a 是模 p_i 的平方剩余，对所有的 $i=1, 2, \cdots, l$ 都成立，那么同余方程 $x^2 \equiv a \bmod n$ 存在 2^l 个模 n 的解。

证明 根据已知条件 $n = \prod_{i=1}^{l} p_i^{e_i}$，由同余理论可知，同余方程 $x^2 \equiv a \bmod n$ 等价于同余方程组：

$$x^2 \equiv a \bmod p_i^{e_i} \quad (i=1, 2, \cdots, l)$$

因此，问题转化为求解上述同余方程组。

对所有的 $i=1, 2, \cdots, l$,由 a 是模 p_i 的平方剩余可知,同余方程 $x^2 \equiv a \bmod p_i^{e_i}$ 有两个模 $p_i^{e_i}$ 的解,分别记为

$$x \equiv b_{i,1} \bmod p_i^{e_i}$$
$$x \equiv b_{i,2} \bmod p_i^{e_i}$$

这样我们可以得到一系列一次同余方程组

$$x \equiv b_i \bmod p_i^{e_i} \quad (i=1, 2, \cdots, l)$$

其中,b_i 可取 $b_{i,1}$ 或者 $b_{i,2}$。由中国剩余定理可知,每一个这样的一次同余方程组都有唯一的模 n 解。由于每个 b_i 可取 $b_{i,1}$ 和 $b_{i,2}$ 中的一个,所以可以产生 2^l 个不同的 $(b_1, \cdots, b_l)$,即共有 2^l 个不同的一次同余方程组。因此同余方程组 $x^2 \equiv a \bmod p_i^{e_i}$ $(i=1, 2, \cdots, l)$ 共有 2^l 个模 n 的解,即原同余方程 $x^2 \equiv a \bmod n$ 存在 2^l 个模 n 的解。

命题 7.2 如果素数 $p \equiv 3 \bmod 4$,a 是模 p 的平方剩余,那么 a 模 p 的平方根是 $\pm a^{\frac{p+1}{4}} \bmod p$。

证明 根据 a 是模 p 的平方剩余,由 Euler 准则可知

$$a^{\frac{p-1}{4}} \bmod p \equiv 1$$

于是

$$(\pm a^{\frac{p+1}{4}})^2 \bmod p \equiv a^{\frac{p+1}{2}} \bmod p \equiv a \times a^{\frac{p-1}{2}} \bmod p \equiv a \bmod p$$

7.4.2 Rabin 算法的描述

对于 RSA 算法,如果能够成功分解模数 n,则可攻破 RSA 系统。因此,攻击 RSA 算法的难度不会超过大整数的分解,但它是否等价于大整数的分解目前还不知道。本节讨论的 Rabin 算法既可看成 RSA 算法的一个特例,也可以看成对 RSA 算法的一个修正。Rabin 算法是一个被证明其破解难度正好等价于大整数分解的公钥密码算法,它也是第一个可证明安全性的公钥密码算法。

Rabin 算法的安全性基于求解合数模下的平方根的困难性。Rabin 算法的基本框架类似于 RSA,也依赖于以两个大素数之积为模数的模指数运算,但 Rabin 算法对模数的选择和加解密模指数运算提出了特别的要求。

Rabin 算法的描述如下:

选取两个相异的满足 $p=q\equiv 3 \bmod 4$ 的大素数 p 和 q,以 $n=p\times q$ 为模数,再随机选取一个整数 $b\in \mathbb{Z}_n$。算法以 (n, b) 为公开密钥,(p, q) 为私有密钥。

加密变换:对于一个明文消息 m,通过计算 $c\equiv m(m+b) \bmod n$ 得到密文 c。

解密变换:为了解密出密文 c,需要求解二次同余方程

$$m^2+bm-c\equiv 0 \bmod n$$

如果令 $x=m+\frac{b}{2}$,上面的方程可改写为

$$x^2 \equiv \left(\frac{b^2}{4}+c\right) \bmod n$$

如果再令 $C=\frac{b^2}{4}+c$,方程进一步可改写为

$$x^2 \equiv C \bmod n$$

因此解密问题归结为求 C 模 n 的平方根。

方程 $x^2 \equiv C \bmod n$ 有 4 个解。由命题 7.2 可知，当 $p=q\equiv 3 \bmod 4$ 时，方程 $x^2\equiv C \bmod p$ 的 2 个解是 $x\equiv \pm C^{\frac{p+1}{4}} \bmod p$，方程 $x^2 \equiv C \bmod q$ 的 2 个解是 $x\equiv \pm C^{\frac{q+1}{4}} \bmod q$。因此，可以组合得到 4 个一次同余方程组：

$$\begin{cases} x\equiv C^{\frac{p+1}{4}} \bmod p \\ x\equiv C^{\frac{q+1}{4}} \bmod q \end{cases} \quad \begin{cases} x\equiv C^{\frac{p+1}{4}} \bmod p \\ x\equiv -C^{\frac{q+1}{4}} \bmod q \end{cases} \quad \begin{cases} x\equiv -C^{\frac{p+1}{4}} \bmod p \\ x\equiv C^{\frac{q+1}{4}} \bmod q \end{cases} \quad \begin{cases} x\equiv -C^{\frac{p+1}{4}} \bmod p \\ x\equiv -C^{\frac{q+1}{4}} \bmod q \end{cases}$$

利用中国剩余定理解这 4 个同余方程组得到 4 个解，它们是 C 模 n 的 4 个平方根。要寻找的明文就是 4 个解的其中之一。

由上面的叙述可知，Rabin 算法的加密函数不是单射，解密具有不确定性，合法用户不能确切地知道到底哪一个解是真正的明文。如果加密之前在明文消息中插入一些冗余信息，比如用户的身份数字、日期、时间或者事先约定的某个数值等，可以帮助收信者准确识别解密后的明文。

Rabin 算法的解密过程是寻找 C 模 n 的平方根，这个问题的难度等价于 n 的因子分解。尽管计算模为素数的平方根是多项式时间可解的，但其过程仍然很复杂。要求 p 与 q 是模 4 同余 3 是为了使解密的计算和分析变得容易。

在实践中，通常使用 Rabin 算法的一个变形或者特例，即取 $b=0$。在这种情况下，加解密处理变成如下形式：

加密变换：$c\equiv m^2 \bmod n$。

解密变换：$m\equiv\sqrt{c} \bmod n$。

这种变形的 Rabin 算法可以看作加密指数 $e=2$ 的 RSA 算法。

【例 7.4】 假定模数 $n=19\times 23=437$，对明文 $m=183$ 加密，则密文为

$$c\equiv m^2 \bmod n \equiv 183^2 \bmod 437 \equiv 277$$

如果要对密文 $c=277$ 进行解密，首先需要计算出 277 模 19 和模 23 的平方根。由于 19 和 23 都是模 4 同余 3 的，可得

277 模 19 的平方根：$\pm 277^{\frac{19+1}{4}} \equiv \pm 277^5 \equiv \pm 7 \bmod 19$

277 模 23 的平方根：$\pm 277^{\frac{23+1}{4}} \equiv \pm 277^6 \equiv \pm 1 \bmod 23$

再解下面的同余方程组：

$$\begin{cases} x\equiv 7 \bmod 19 \\ x\equiv 1 \bmod 23 \end{cases} \quad \begin{cases} x\equiv 7 \bmod 19 \\ x\equiv -1 \bmod 23 \end{cases} \quad \begin{cases} x\equiv -7 \bmod 19 \\ x\equiv 1 \bmod 23 \end{cases} \quad \begin{cases} x\equiv -7 \bmod 19 \\ x\equiv -1 \bmod 23 \end{cases}$$

利用中国剩余定理，可解出上面 4 个同余方程组的解，分别是

$$x\equiv 254 \bmod 437$$
$$x\equiv 45 \bmod 437$$
$$x\equiv 392 \bmod 437$$
$$x\equiv 183 \bmod 437$$

可见，原始明文 $m=183$ 是这 4 个解之一。

Rabin 算法对选择明文攻击是安全的，但已经证明它确实不能抵抗选择密文攻击。此外，针对 RSA 算法的一些攻击方法对 Rabin 算法也有效。因此，与 RSA 安全性有关的一些问题，比如如何选择系统参数等，对 Rabin 算法也同样适用。

7.5 ElGamal 算法

ElGamal 密码体制是一种具有广泛应用的公钥密码体制，它的安全性基于有限域上计算离散对数问题的困难性，还有许多常用的密码体制与 ElGamal 体制具有类似的基本原理。相对来讲，ElGamal 体制比较容易理解。

7.5.1 离散对数问题

假设 a 是群 G 中的任一元素，满足 $a^t=1$ 的最小正整数 t 称为元素 a 的阶，如果不存在这样的正整数 t，则称 a 的阶为∞。假设群 G 为有限乘法群 $\mathbb{Z}_p^*$（p 为素数），我们将满足 $a^t\equiv 1 \bmod p$ 的最小正整数 t 称为元素 a 在模 p 下的阶。如果元素 a 模 p 的阶等于 $\varphi(p)$，则称 a 是 p 的本原根或者本原元。如果模数取任意的正整数，上面模运算下元素的阶和本原根的概念仍然有意义。

设 a 是素数 p 的本原根，那么

$$a,\ a^2,\ \cdots,\ a^{\varphi(p)}$$

在模 p 下互不相同且正好产生 1 到 $\varphi(p)=p-1$ 的所有值。因此，对于 $b\in\{1,\ 2,\ \cdots,\ p-1\}$，一定存在唯一的 $x\in\{1,\ 2,\ \cdots,\ p-1\}$满足 $b\equiv a^x \bmod p$，称 x 为模 p 下以 a 为底 b 的离散对数，并记为 $x\equiv \log_a b \bmod p$。

如果已知 a、p 和 x，那么使用快速指数算法可以轻易地算出 b；但如果仅知 a、p 和 b，特别是当 p 的取值特别大时，要想求出 x 是非常困难的，目前还没有特别有效的多项式时间算法。因此，离散对数问题可以用于设计公钥密码算法。为了使基于离散对数问题的公钥密码算法具有足够的密码强度，一般要求模数 p 的长度在 150 位以上。

7.5.2 ElGamal 算法的描述

设 p 是一个素数，$\mathbb{Z}_p$ 是含有 p 个元素的有限域，$\mathbb{Z}_p^*$ 是 $\mathbb{Z}_p$ 的乘法群，p 的大小足以使乘法群 $\mathbb{Z}_p^*$ 上的离散对数难以计算。选择 $\mathbb{Z}_p^*$ 的一个生成元 g 和一个秘密随机数 a，要求它们都小于 p，计算

$$y\equiv g^a \bmod p$$

公开密钥取为$(y,\ g,\ p)$，且 g 和 p 可由一组用户共享；a 作为私有密钥，需要保密。

加密变换：对于消息 m，秘密选取一个随机数 $k\in \mathbb{Z}_{p-1}$，然后计算

$$c_1\equiv g^k \bmod p \quad 和 \quad c_2\equiv my^k \bmod p$$

c_1 与 c_2 并联构成密文，即密文 $c=(c_1,\ c_2)$，因此密文的长度是明文的两倍。

解密变换：$m\equiv c_2(c_1^a)^{-1} \bmod p$。

由加密变换可知

$$c_2(c_1^a)^{-1}=my^k(g^{ak})^{-1}=mg^{ak}g^{-ak}\equiv m \bmod p$$

所以解密结果是正确的。

【例 7.5】 设 $p=2579$，取模 p 乘法群的生成元 $g=2$，私钥 $x=765$。计算

$$y\equiv g^x \bmod p\equiv 2^{765} \bmod 2579=949$$

如果明文消息 $m=1299$，选择随机数 $k=853$，那么可计算出密文

$$c=(c_1, c_2)\equiv(g^k, my^k)\bmod p\equiv(2^{853}\bmod 2579, 1299\times 949^{853}\bmod 2579)$$
$$\equiv(435, 2396)$$

对密文进行解密变换可计算出明文

$$m\equiv c_2(c_1^x)^{-1}\bmod p\equiv 2396\times(435^{765})^{-1}\bmod 2579\equiv 1299$$

由于密文不仅取决于明文，还依赖于加密者每次选择的随机数 k，因此 ElGamal 公钥体制是非确定性的，同一明文多次加密得到的密文可能不同，同一明文最多会有多达 $p-1$ 个不同的密文。

ElGamal 公钥密码体制建立在乘法群 $\mathbb{Z}_p^*$（p 为素数）上，事实上可以基于任何离散对数问题难以求解的群来构造 ElGamal 体制。此时是将 ElGamal 算法建立在某个生成子群上，我们称这样得到的公钥体制为推广的 ElGamal 公钥体制，简单描述如下：

设 G 是运算符为 $*$ 的有限群，元素 $g\in G$，H 是由 g 生成的子群，即 $H=\{g^i\mid i\geqslant 0\}$，$G$ 上的离散对数问题是：对一个元素 $b\in H$，能否找到唯一的整数 $a\in[0, |H|-1]$，满足 $g^a=b\in H$，记 $a=\log_g b$。

如果上述离散对数在有限群 G 的生成子群 H 上是难以求解的，那么可以在有限群 G 上构造如下的 ElGamal 公钥密码体制：

任取 $a\in[0, |H|-1]$，计算 $y=g^a\in H$，公开密钥取为 (g, y)，私有密钥取为 a。

加密变换：对于明文分组 m，随机选取 $k\in[0, |H|-1]$，计算密文 $c=(c_1, c_2)$，其中 $c_1=g^k$，$c_2=m*y^k$。

解密变换：$m=c_2(c_1^a)^{-1}$。

7.5.3 ElGamal 算法的安全性

ElGamal 密码体制的安全性基于有限群 $\mathbb{Z}_p^*$ 上离散对数问题的困难性。有学者曾提出，模 p 生成的离散对数密码可能存在陷门，一些“弱”素数 p 下的离散对数较容易求解。因此，要仔细选择 p，且 g 应是模 p 的本原根，一般认为这类问题是困难的，而且目前尚未发现有效解决该问题的多项式时间算法。此外，为了抵抗已知的攻击，p 应该至少是 300 位的十进制整数，并且 $p-1$ 应该至少有一个较大的素数因子。

ElGamal 算法的安全性还来自加密的不确定性。ElGamal 体制的一个显著特征是在加密过程中引入了随机数，这意味着相同的明文可能产生不同的密文，能够给密码分析者制造更大的困难。

但在某些情况下，ElGamal 体制也可能向攻击者泄露部分信息。比如在实际应用中，为了提高效率，一般会选用阶 r 远小于 p 的生成元 g，在这种情况下，如果一个比较短的消息 m 并不是由 g 生成的子群中的元素，那么类似于 RSA 体制的中间相遇攻击则有可能成功。这是因为对于密文

$$c=(c_1, c_2)\equiv(g^k, my^k)\bmod p$$

攻击者能够得到

$$c_2^r=(my^k)^r=(mg^{ak})^r=m^r(g^r)^{ak}\equiv m^r\bmod p$$

即攻击者将 ElGamal 的不确定加密体制转化成一种确定性的算法，且具有指数运算的可乘性。因此，对于一个容易分解的小尺寸的消息，攻击者能够对 $m^r\bmod p$ 实施中间

相遇攻击。

由此可知，当一个明文消息不属于由 g 生成的子群的时候，ElGamal 密码体制就成为一种确定性的体制。由于确定性加密体制允许使用多次尝试的方法来寻找小的明文消息，因此泄露了部分信息。所以，在应用 ElGamal 公钥体制，特别是推广的 ElGamal 体制的时候，一定要注意生成元 g 的选择，确保每一个可能的明文消息都是由 g 生成的。

7.6 椭圆曲线密码

椭圆曲线密码体制(Elliptic Curve Cryptosystems，ECC)最早由 Miller 和 Koblitz 于1985 年分别独立提出，ECC 是一种可以提供高安全级别的公钥密码体制。相比其他公钥密码体制，在同等安全强度下，ECC 具有更短的密钥、更快的运算速度、更少的存储空间和带宽，已经成为近年来一个非常有吸引力的研究领域。ECC 已被 IEEE 公钥密码标准 P1363 采用。

7.6.1 椭圆曲线的定义与性质

椭圆曲线的图形并非椭圆，只是因为它的曲线方程与计算椭圆周长的方程类似，所以将其叫作椭圆曲线。通常所说的椭圆曲线是指由 Weierstrass 方程

$$y^2+axy+by=x^3+cx^2+dx+e$$

所确定的平面曲线，其中 a，b，c，d，e 取自某个域 F 并满足一些简单的条件。椭圆曲线通常用字母 E 表示，满足曲线方程的序偶(x, y)就是域 F 上的椭圆曲线 E 上的点。域 F 可以是数域，也可以是某个有限域 $\mathrm{GF}(p^n)$。除了满足曲线方程的所有点(x, y)之外，椭圆曲线 E 还包括一个特殊的点 O，称为无穷远点。

在上面的 Weierstrass 方程中用$\dfrac{y-ax-b}{2}$代替 y，得到

$$y^2=4x^3+Ax^2+2Bx+C$$

其中，$A=a^2+4c$，$B=2d+ab$，$C=b^2+4e$。因此，椭圆曲线关于 x 轴对称。图 7-2 是实数域上椭圆曲线的两个例子。

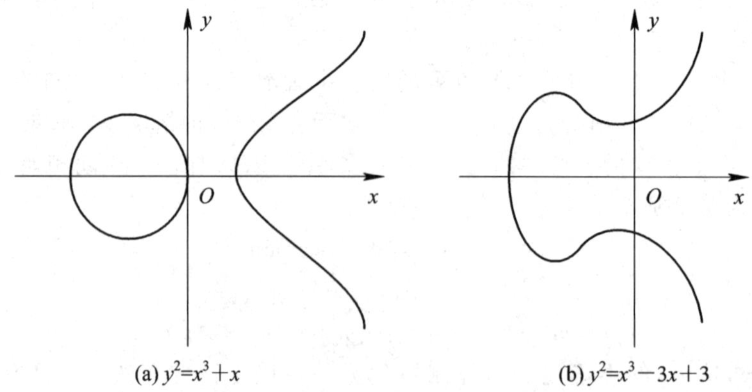

(a) $y^2=x^3+x$　　(b) $y^2=x^3-3x+3$

图 7-2　实数域上椭圆曲线的例子

我们可以在椭圆曲线 E 上定义一个二元运算，使其成为 Abel 群，通常称这个运算为加法，并用 $\oplus$ 表示，其定义如下所示。

(1) 取无穷远点 O 为单位元，因此对任何点 $P\in E$，有 $P\oplus O=P$。

(2) 如果有三个点 P，Q，$R\in E$ 且在同一条直线，那么 $P\oplus Q\oplus R=O$。

(3) 设 $P=(x, y)\in E$，那么 P 的加法逆元定义为 $\overline{P}=-P=(x, -y)\in E$。这是因为 P 与 $\overline{P}$ 的连线延长到无穷远时将经过无穷远点 O，所以 P，$\overline{P}$ 和 O 三点共线，即 $P\oplus\overline{P}\oplus O=O$，$P\oplus\overline{P}=O$，$\overline{P}=-P$。而椭圆曲线 E 是关于 x 轴对称的，所以可以将 $-P$ 定义为 P 点关于 x 轴的对称点 $(x, -y)\in E$。此外，$-O=O$。

(4) 若 P 和 Q 是椭圆曲线 E 上 x 坐标不相同的两个点，那么 $P\oplus Q$ 定义如下：过 P 和 Q 画一条直线 L 交椭圆曲线于另一点 R，因为 $P\neq Q$，所以 R 是唯一的。因此，$P\oplus Q\oplus R=O$，即 $P\oplus Q=-R$。也就是说，$P\oplus Q$ 是 P 与 Q 的连线 L 交椭圆曲线 E 上的另一点 R 关于 x 轴的对称点。

如上定义的加法运算符合群的定义，同时满足交换律，因此 $(E, \oplus)$ 是一个 Abel 群。

在密码学中使用的椭圆曲线通常定义在有限域上。也就是说，椭圆曲线方程中的所有系数都取自某个有限域 $GF(p^n)$。其中，最常用的是由有限域 $\mathbb{Z}_p$（p 为素数）上的同余方程

$$y^2\equiv(x^3+ax+b) \bmod p \quad (a, b\in\mathbb{Z}_p \text{ 且满足 } 4a^3+27b^2\neq 0 \bmod p)$$

确定的椭圆曲线，即由此同余方程的所有解 $(x, y)\in\mathbb{Z}_p\times\mathbb{Z}_p$，再加上一个特殊的无穷远点 O，在上述加法运算下构造的 Abel 群。通常用 $E_p(a, b)$ 来表示这样得到的 Abel 群。

可以证明，在实数域，$4a^3+27b^2\neq 0$ 是保证方程 $y^2=x^3+ax+b$ 存在 3 个不同解（对于给定的 y）的充分必要条件；否则，方程的 3 个解中至少有 2 个相同，并且称这样的椭圆曲线为奇异椭圆曲线。在 $\mathbb{Z}_p$ 中要求 $4a^3+27b^2\neq 0 \bmod p$，以保证曲线方程的各个解不相同。

按照上面给出的加法运算的定义，假设 $P(x_1, y_1)$ 和 $Q(x_2, y_2)$ 是椭圆曲线 $E_p(a, b)$ 上的点，如果 P 与 Q 关于 x 轴对称，即 $x_1=x_2$ 且 $y_1=-y_2$，则 $P\oplus Q=O$，否则记 $P\oplus Q=R$。根据椭圆曲线的方程和 P、Q 连线的方程可以计算出 R 点的坐标 (x_3, y_3) 如下（在此略去计算过程）：

$$x_3\equiv(\lambda^2-x_1-x_2) \bmod p$$

$$y_3\equiv[\lambda(x_1-x_3)-y_1] \bmod p$$

其中：

$$\lambda\equiv\begin{cases}\dfrac{y_2-y_1}{x_2-x_1} \bmod p & (P\neq Q)\\[2ex] \dfrac{3x_1^2+a}{2y_1} \bmod p & (P=Q)\end{cases}$$

实际上，$\mathbb{Z}_p$ 上的椭圆曲线只是一些不连续的点，并不像实数域上椭圆曲线有直观的几何解释，但同样定义的加法运算能够保证 $(E_p(a, b), \oplus)$ 仍然是一个 Abel 群。

【例 7.6】 给定 $\mathbb{Z}_{11}$ 上的一条椭圆曲线 $y^2=x^3+x+6$，可按下述步骤计算出 $E_{11}(1, 6)$ 中的所有点（无穷远点除外）。

首先，对每个 $x\in\mathbb{Z}_{11}$，计算出同余式 $(x^3+x+6) \bmod 11$ 的值 a。

其次，利用 Euler 准则判定上一步算出的每一个 a 是否模 11 的平方剩余。由 Euler 准则知，如果 p 为奇素数且 $0<a<p$，那么 a 是模 p 的平方剩余，当且仅当

$$a^{\frac{p-1}{2}} \bmod p \equiv 1$$

对于本例中的 $p=11$，需要判断 $a^5 \bmod 11 \equiv 1$ 是否成立。由此可以方便地测试每一个 a 是不是模 11 的平方剩余。

最后，计算出每一个平方剩余的平方根。根据命题 7.2，对于素数 $p\equiv 3 \bmod 4$，a 是模 p 的平方剩余，则 a 的平方根是 $\pm a^{\frac{p+1}{4}} \bmod p$。在本例中即是计算 $\pm a^3 \bmod 11$。

上述计算结果见表 7-1。

表 7-1 椭圆曲线 $E_{11}(1, 6)$上的点集

x	$a\equiv(x^3+x+6) \bmod 11$	是否平方剩余	y	(x, y)
0	6	否		
1	8	否		
2	5	是	4，7	(2，4)(2，7)
3	3	是	5，6	(3，5)(3，6)
4	8	否		
5	4	是	2，9	(5，2)(5，9)
6	8	否		
7	4	是	2，9	(7，2)(7，9)
8	9	是	3，8	(8，3)(8，8)
9	7	否		
10	4	是	2，9	(10，2)(10，9)

因此，$E_{11}(1, 6)$共有 13 个点(表 7-1 中最右一列给出的 12 个点加上无穷远点 O)。因为任何素数阶的群都是循环群，故 $E_{11}(1, 6)$与 $\mathbb{Z}_{13}$ 同构，且除无穷远点 O 以外的任意点都是 $E_{11}(1, 6)$的生成元。选取 $g=(2, 7)$为生成元，我们来计算 g 的幂。(注意：这里的运算是群上的加法，所以群里的幂就是倍乘，即 $g^k=g\oplus g\oplus\cdots\oplus g=kg$。)

首先，计算 $2g(2, 7)\oplus(2, 7)=(x_3, y_3)$，先计算 λ：

$$\lambda\equiv\frac{3x_1^2+a}{2y_1} \bmod p\equiv\frac{3\times 2^2+1}{2\times 7} \bmod 11\equiv\frac{2}{3} \bmod 11\equiv 2\times 4 \bmod 11\equiv 8$$

所以有

$$x_3\equiv(\lambda^2-x_1-x_2) \bmod p\equiv(64-2-2) \bmod 11\equiv 5$$

$$y_3\equiv[\lambda(x_1-x_3)-y_1] \bmod p\equiv[8(2-5)-7] \bmod 11\equiv 2$$

因此，$2g=(5, 2)$。

其次，计算 $3g=2g\oplus g=(5, 2)\oplus(2, 7)=(x_4, y_4)$，再次计算 λ：

$$\lambda\equiv\frac{y_2-y_1}{x_2-x_1} \bmod p\equiv\frac{7-2}{2-5} \bmod 11\equiv\frac{5}{8} \bmod 11\equiv 5\times 7 \bmod 11\equiv 2$$

所以有

$$x_4 \equiv (\lambda^2 - x_1 - x_2) \bmod p \equiv (4-5-2) \bmod 11 \equiv 8$$
$$y_4 \equiv [\lambda(x_1 - x_3) - y_1] \bmod p \equiv [2(5-8)-2] \bmod 11 \equiv 3$$

因此，$3g=(8, 3)$。

如此下去，可计算生成元 g 的所有幂，结果如下

$$g=(2, 7) \quad 2g=(5, 2) \quad 3g=(8, 3) \quad 4g=(10, 2)$$
$$5g=(3, 6) \quad 6g=(7, 9) \quad 7g=(7, 2) \quad 8g=(3, 5)$$
$$9g=(10, 9) \quad 10g=(8, 8) \quad 11g=(5, 9) \quad 12g=(2, 4)$$

可以看出，$g=(2, 7)$是 $E_{11}(1, 6)$的生成元。

7.6.2　椭圆曲线上的密码体制

和 ElGamal 密码体制一样，椭圆曲线密码体制也是建立在离散对数问题上的公钥体制。我们已经知道，由椭圆曲线可以生成 Abel 群，于是可以在这样的群上构造离散对数问题。我们把使用有限域上椭圆曲线产生的 Abel 群 $E_p(a, b)$构造的离散对数问题称为椭圆曲线上的离散对数。目前的研究结果表明，解决椭圆曲线上的离散对数问题的最好算法比解决标准有限域上的离散对数问题的最好算法还要慢许多，这保证了在椭圆曲线上构造密码体制的可行性。椭圆曲线上的离散对数描述如下：

设 $E_p(a, b)$是有限域 $\mathbb{Z}_p$($p>3$ 的素数)上的一条椭圆曲线产生的 Abel 群，对于 $E_p(a, b)$上的任意两点 P 和 Q，寻找一个整数 $k<p$，使得 $Q=kP$。如果已知 k 和 P，则 Q 可直接求得；反过来，由 P 和 Q 很难计算出 k，特别是当 k 很大时，这个难度不亚于对 k 进行分解。这个问题称为椭圆曲线上的离散对数问题，有限域上的椭圆曲线提供了构造离散对数的一个新途径，可以将这种建立在椭圆曲线上的离散对数问题应用于公钥密码体制的构造。椭圆曲线上的 ElGamal 公钥密码体制的描述如下：

设 $E_p(a, b)$是有限域 $\mathbb{Z}_p$($p>3$ 的素数)上的一条椭圆曲线产生的 Abel 群，任取 $g\in E_p(a, b)$，且满足在由 g 生成的子群 H 上的椭圆曲线离散对数问题是难解的。再取正整数 $x<p$，计算 $y=xg$。公开密钥取为 g，y，p，私有密钥取为 x。

加密变换：对于明文 m，随机选取正整数 $k<p$，计算 $c_1=kg$ 和 $c_2=m\oplus ky$。密文为 $c=(c_1, c_2)=(kg, m\oplus ky)$。

解密变换：$m=c_2\oplus(-xc_1)$。

解密的正确性是显而易见的。在使用椭圆曲线密码算法时，需要注意一个问题：椭圆曲线密码算法中的运算都是群 $E_p(a, b)$上元素的加法运算，因此要用某种编码方法将原始明文消息 m 嵌入到 $E_p(a, b)$的点上，然后才能使用群 $E_p(a, b)$的运算规则进行加法运算。原始消息到 $E_p(a, b)$上点的嵌入编码方法这里不予讨论。下面利用例 7.7 的椭圆曲线及其 Abel 群 $E_{11}(1, 6)$来说明椭圆曲线密码体制的操作细节。

【例 7.7】　取 $g=(2, 7)$为 $E_{11}(1, 6)$的一个生成元，假设某用户的私钥是 $x=7$，那么

$$y=7g=(7, 2)$$

即该用户的公钥是$(g, y, p)=((2, 7), (7, 2), 11)$。

假设有一明文消息 $m=(10, 9)$，现在对其进行加密。随机选取 $k=3$，密文的计算如下：

$$c=(c_1, c_2)=(kg, m\oplus ky)=(3g, (10, 9)\oplus 3(7, 2))$$
$$=((8, 3), (10, 9)\oplus(3, 5))$$
$$=((8, 3), (10, 2))$$

反过来，如果要对密文 $c=((8, 3), (10, 2))$解密，则解密过程如下：

$$m=c_2\oplus(-xc_1)=(10, 2)\oplus(-7(8, 3))$$
$$=(10, 2)\oplus(-(3, 5))$$
$$=(10, 2)\oplus(3, 6)=(10, 9)$$

解密恢复出正确的明文。

7.6.3 椭圆曲线密码算法的特性

求解椭圆曲线上离散对数问题的难度比求解标准有限域上离散对数问题的难度更高，在同等难度的情况下，椭圆曲线密码算法比 RSA 等基于因数分解的密码算法有更小密钥量。因此椭圆曲线密码算法具有更好的密码学特性，具体如下：

(1) 安全性高。

现在已知的解决椭圆曲线上离散对数问题的最好算法是以 Pollardρ 算法为代表的通用离散对数求解算法，该类算法的时间复杂度为 $O(\exp(\log\sqrt{\rho_{\max}}))$，其中 $\rho_{\max}$ 是 $E_p(a, b)$的最大循环子群的阶的最大素因子。而要解决有限域 $\mathbb{Z}_p$ 上的标准离散对数问题，则可用指数积分法，它的时间复杂度为 $O(\exp\sqrt[3]{\log p(\log\log p)^2})$，其中，$\rho$ 是模数，为素数。显然，椭圆曲线离散对数比有限域上的标准离散对数的复杂度更高，因此椭圆曲线密码体制也更安全。

(2) 密钥量小，运算速度快。

在同等安全级别的前提下，椭圆曲线密码体制比其他公钥密码体制所需的密钥位数要少得多。在算法的执行速度方面，椭圆曲线上的一次群运算最终化为域上不超过 15 次的乘法运算，因此在算法实现上不成问题，但目前还难以将椭圆曲线与现有的其他公钥体制进行准确的定量比较，一个粗略的结论是椭圆曲线密码体制比相应的标准离散对数密码体制快，且在解密方面比 RSA 快，而在验证加密方面比 RSA 慢。所以椭圆曲线密码体制除了常规的应用以外，在移动计算设备和智能卡等存储与计算能力受限的领域特别有优势。

表 7-2 是在同等安全级别下，RSA 算法与椭圆曲线算法所需密钥大小的对比。

表 7-2 RSA 算法与椭圆曲线算法所需密钥大小的对比

(RSA/DSA 密钥长度)/位	椭圆曲线密钥长度/位	RSA 与椭圆曲线密钥长度比(近似值)
512	106	5∶1
768	132	6∶1
1024	160	7∶1
2048	210	10∶1
21000	600	35∶1

(3) 密码资源丰富，灵活性好。

对于一个给定的有限域，其上的循环群或者循环子群也是确定的有限多个。而有限域上的椭圆曲线可以通过改变曲线方程的系数，得到大量的不同曲线，进而生成更多的循环群，这为算法的安全性增加了额外的保障，同时也为算法的实现提供了更大的灵活性。

尽管椭圆曲线公钥体制具有如此好的密码学特性，经过众多密码学家多年来的深入分析，还是发现了一些问题。

首先，正如 DES 算法存在某些容易破解的弱密钥一样，也有一些椭圆曲线，在其上建立的离散对数是易于求解的，并且有人给出了对应的攻击方法。例如，1993 年，Menezes、Okamoto 和 Vanstone 发现了一类超奇异椭圆曲线可用亚指数攻击法破解，这种方法现在被称为 MOV 攻击法。随后，Semaev 又发现了一类异常椭圆曲线可在线性时间内求解。因此，在构造椭圆曲线密码体制时应避免使用这两类曲线。为此，在选择椭圆曲线时应使所用 $E_p(a, b)$ 的循环子群的阶具有长度不少于 160 位的素因子。这样的椭圆曲线离散对数的安全水平相当于有限域 $\mathbb{Z}_p$ 上标准离散对数在 p 的长度不少于 1000 位情况下的安全性。之所以有如此大的差异，是因为已知的指数积分攻击对椭圆曲线离散对数不起作用。

其次，为抵抗已知的诸如 Polardρ 等求解椭圆曲线离散对数算法的攻击，也应该使椭圆曲线群 $E_p(a, b)$ 具有阶足够大的循环子群，这一点与上述要求是一致的。

总之，已经发现的椭圆曲线密码体制的缺点还不多，大多数密码学家对这种公钥体制仍持乐观态度，相关的实现和标准化工作已经逐步展开，应用的领域也日渐扩大。

7.7 SM2 公钥加密算法

7.7.1 SM2 算法的描述

我国从 2001 年开始组织研究自主知识产权的 ECC(Elliptic Curves Cryptography，椭圆曲线密码学)算法，2004 年研制完成 SM2 椭圆曲线公钥密码算法(简称 SM2 算法)，2010 年 12 月首次公开发布，2012 年 3 月成为中国商用密码标准(GM/T 0003—2012)，2016 年 8 月成为中国国家密码标准(GB/T 32918—2016)。

当前，我国商用密码行业对 SM2 算法正在进行大规模地应用和推广，2011 年 3 月中国人民银行发布了《中国金融集成电路(IC)卡规范》(简称 PBOC3.0)，PBOC3.0 采用了 SM2 算法以增强金融 IC 卡应用的安全性，以 PBOC3.0 为参考规范的非金融类应用也基本采用了 SM2 算法。国际可信计算组织(Trusted Computing Group，TCG)发布的 TPM2.0 规范采纳了 SM2 算法。2016 年 10 月，ISO/IEC SC27 会议通过了 SM2 算法标准草案，SM2 算法进入了 ISO 14888-3 正式文本阶段。这些重要事件将进一步促进 SM2 算法的应用和推广。

SM2 算法包含 3 个不同功能的算法：公钥加密算法、数字签名算法、密钥交换协议。本节只介绍 SM2 公钥加密算法。迄今为止的相关研究表明，SM2 算法的可证安全性已经达到了公钥密码算法的最高安全级别，其实现效率相当于或略优于一些国际标准的同类型椭圆曲线密码算法。

SM2 公钥加密算法共包含 3 个子算法，分别是密钥派生函数、加密算法、解密算法。算法初始化时首先选择有限域 F_q 上的椭圆曲线 E，同时选择该曲线上的基点 $G=(x_G, y_G)$，G 的阶为 n，记 $h=\frac{|E|}{n}$，称为余因子。选择 Hash 函数 $H_v(x)$，输出长度为 v 的 Hash 值，目前 SM2 一般取 $v=256$。

1. 密钥派生函数

密钥生成函数记作 KDF(Z, K_{len})，其中：

输入：位串 Z，整数 K_{len}（该值表示要获得的密钥长度，要求小于 $(2^{32}-1)v$）。

输出：长度为 K_{len} 的密钥 K。

具体的函数计算过程如下：

(1) 初始化一个 32 位的计数器 ct=00000001（十六进制的形式）。

(2) 循环执行以下操作，其中 ct=1, 2, …, $\left\lceil\frac{K_{\text{len}}}{v}\right\rceil$。

$H_i=H_v(Z||\text{ct})$；

ct 增加 1。

(3) 若 $\frac{K_{\text{len}}}{v}$ 不是整数，则最后一轮算出来 $H_{\frac{K_{\text{len}}}{v}}$ 只取最左边的 $K_{\text{len}}-v\left\lfloor\frac{K_{\text{len}}}{v}\right\rfloor$ 位。

(4) 令 $K=H_1 \| H_2 \| \cdots \| H_{\lceil\frac{K_{\text{len}}}{v}\rceil-1} \| H_{\lceil\frac{K_{\text{len}}}{v}\rceil}$，输出长度为 K_{len} 的密钥 K。

2. SM2 加密算法

消息发送者 A 加密明文消息，将密文发送给消息接收者 B，B 解密密文得到原始的明文消息。设 B 的密钥对分别为私钥 $d_B \in \{1, 2, \cdots, n-1\}$ 和公钥 $P_B=d_BG$，待加密消息为 M，M 的长度为 K_{len}，则 A 需要执行以下操作：

(1) 使用随机数生成器产生随机数 $k \in \{1, 2, \cdots, n-1\}$。

(2) 计算椭圆曲线点 $C_1=kG=(x_1, y_1)$，将 C_1 转换为位串。

(3) 计算椭圆曲线点 $S=hP_B$，若 S 是无穷远点，则报错退出。

(4) 计算椭圆曲线点 $kP_B=(x_2, y_2)$，将坐标转换为位串。

(5) 计算 $t=\text{KDF}(x_2 \| y_2, K_{\text{len}})$，若 t 为全 0 位串，则返回 1，重新选择 k。

(6) 计算 $C_2=M \oplus t$。

(7) 计算 $C_3=\text{Hash}(x_2 \| M \| y_2)$。

(8) 输出密文 $C=C_1 \| C_2 \| C_3$。

SM2 的加密流程如图 7-3 所示。

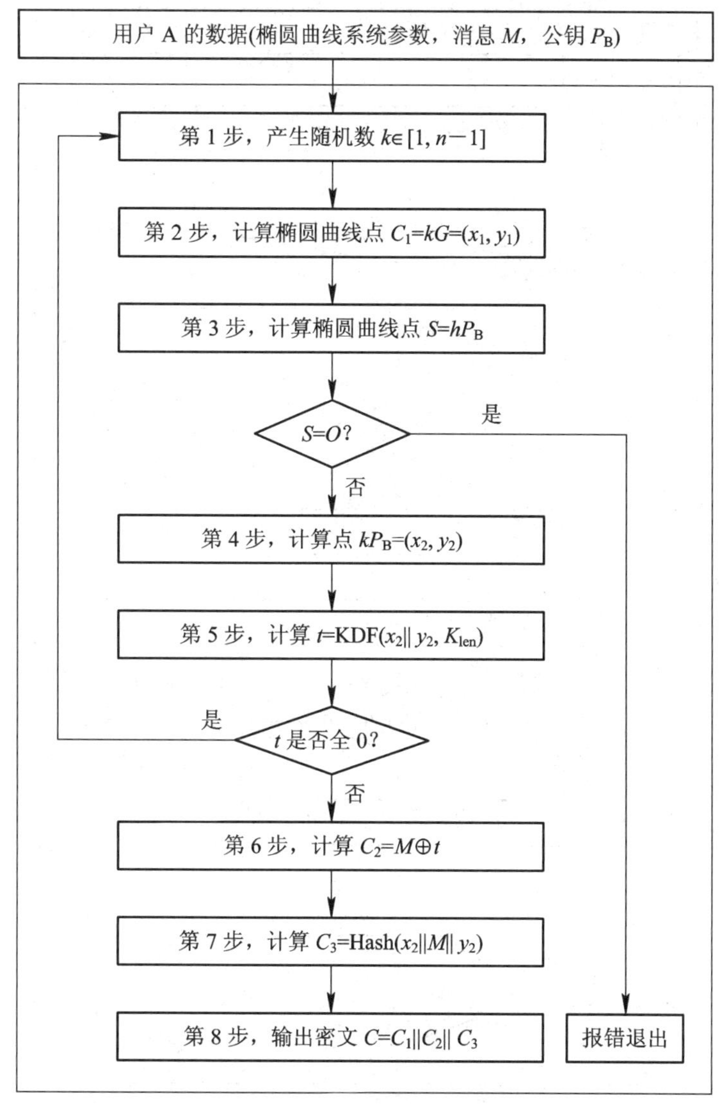

图 7－3　SM2 加密流程图

3. SM2 解密算法

接收者 B 接收到密文 $C=C_1\|C_2\|C_3$ 以后，执行以下操作进行解密：

(1) 从 C 中取出位串 C_1，将 C_1 的数据类型转换为椭圆曲线上的点，验证 C_1 是否满足椭圆曲线方程，若不满足则报错退出。

(2) 计算椭圆曲线上的点 $S=hC_1$，若 S 是无穷远点，则报错退出。

(3) 计算 $d_BC_1=(x_1, y_2)$，将坐标转换为位串。

(4) 计算 $t=\text{KDF}(x_2\|y_2, K_{len})$，若 t 为全 0 位串，则报错退出。

(5) 从 C 中取出位串 C_2，计算 $M'=C_2\oplus t$。

(6) 计算 $u=\text{Hash}(x_2\|M'\|y_2)$，从 C 中取出位串 C_3，若 $u\neq C_3$，则报错退出。

(7) 输出明文 M'。

SM2 的解密流程如图 7－4 所示。

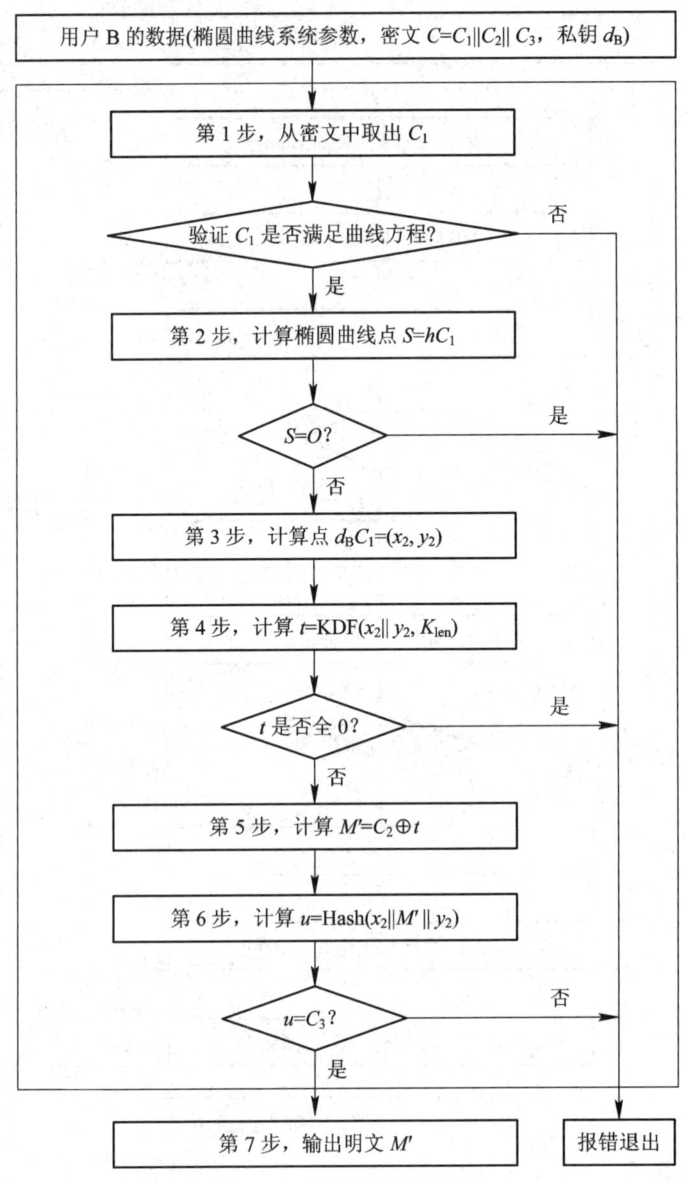

图 7-4 SM2 解密流程图

4. 解密的正确性分析

根据上述解密算法的描述，如果整个解密过程不出现报错退出的情况，则第 3 步计算的(x_2, y_2)与加密算法中的一致，即

$$d_B C_1 = d_B(kG) = k(d_B G) = kP_B = (x_2, y_2)$$

此时第 4 步得到的 t 也与加密算法中的一致，最终第 7 步得到的 M'满足

$$M' = C_2 \oplus t = M \oplus t \oplus t = M$$

此外，第 6 步计算

$$u = \text{Hash}(x_2 \parallel M' \parallel y_2)$$

并与 C_3 进行比较，起到的是校验的作用，若相等则说明解密正确，否则解密有错误。

7.7.2　SM2 加密算法的分析

1. 安全性分析

由 SM2 的加解密过程可以看出，接收者 B 的公私钥满足条件 $P_B = d_B G$。显然，在已知 G 的前提下，由私钥 d_B 计算公钥 P_B 是容易的，但是要由公钥 P_B 计算私钥 d_B 就等价于求解椭圆曲线上的离散对数问题。离散对数问题的求解关系到 SM2 的安全性，因此 SM2 算法必须选择安全的椭圆曲线，即避免弱椭圆曲线。

目前对于一般椭圆曲线上的离散对数问题，求解的方法均为采用指数级计算复杂度算法，未发现有效的亚指数级计算复杂度的攻击方法，但是对于某些特殊曲线上的离散对数问题，存在多项式级计算复杂度或者亚指数级计算复杂度算法，这些曲线称为弱椭圆曲线。一般来说，为了避免 Pollard 方法的攻击，基点 G 的阶 n 必须是一个足够大的素数，即 G 生成一个素数阶循环群。

SM2 算法采用的椭圆曲线参数经检测完全满足安全性条件，其上的离散对数问题不存在亚指数级计算复杂度的攻击方法，n 为 256 位的素数，具有足够的长度。

SM2 算法加密的过程中使用了 Hash 函数，密文中的一部分 C_3 是具有校验功能的 Hash 值，而计算 C_3 所使用的位串又是根据一次性的秘密随机数生成的。攻击者不能获得或伪造任何有效的密文，保证 SM2 算法具备 CCA2 的安全性。

2. 效率分析

一般来说，ECC 类加密算法的实现效率本身就优于 RSA。SM2 加密算法的实现效率比起普通的 ECC 加密算法更高，这主要体现在加密的核心步骤 $C_2 = M \oplus t$ 是逐位模 2 加法，具有很高的加密速度。

SM2 加密算法的唯一不足在于密文偏长。与普通 ECC 加密算法相比，SM2 生成的密文包含了 3 部分，数据扩张程度严重，但是扩张的密文中的 C_3 具备校验功能，又进一步提高了算法的数据完整性和可靠性。

目前，SM2 加密算法已经得到了广泛的应用。例如，我国正在推广使用的 eID (Electronic Identity，公民网络电子身份标识)就使用了 SM2 算法。此外，SM2 在可信计算、通信、金融、卫生、电力系统等领域都有着广泛的应用。

7.8　基于身份的公钥密码体制

7.8.1　概述

在公钥密码的实际应用中，需要一种机制能够很方便地验证公钥与主体身份之间的联系，对于这一问题，传统的解决方法是采用基于公钥基础设施(Public Key Infrastructure, PKI)的公钥证书机制，但这种方式的证书管理过程需要很高的计算开销和存储开销。为了简化证书管理工作，1984 年，Shamir 首先提出了基于身份密码体制(Identity Based Cryptography，IBC)的思想。在这种新的密码系统中，用户的身份信息(如姓名、住址、电子邮件等可以唯一标识用户身份的信息)直接作为公钥，或者公钥可以容易地从身份信息中计算得到，而私钥则由可信的第三方私钥生成中心(Private Key Generator，PKG)产生后发送给用户。当用户使用通信对方的公钥时，仅需知道其身份信息，而无须获得并验证其公钥证书，这样就大大节省了公钥证书管理和使用中的开销。

为了阐述 IBC 的工作过程，Shamir 设计了一个邮件加密的方案，当用户 Alice 向 Bob 发送邮件时，假设 Bob 的邮箱为 Bob@hotmail. com，则 Alice 直接用公开的字符串 Bob@hotmail. com 加密信息即可，无须从任何证书管理机构获得 Bob 的公钥证书。Bob 收到密文时，与 PKG 联系，通过认证后，得到自己的私钥，从而解密信息。这样做可以大大简化邮件系统中的密钥管理，使公钥密码的应用变得极为方便。

可以看到，基于身份的密码系统与传统基于证书的密码系统都属于公钥密码体制，具有相似的功能，但是基于身份的密码系统的用户公钥直接与身份信息自然地绑定在一起，不再需要证书和公钥目录，因此在密钥生成和管理方面具有很大的优势，节约了计算和通信成本。

一个理想的基于身份的密码系统应满足以下几个特点：

(1) 用户只需知道通信对方的身份。

(2) 用户不用存储任何公钥、证书之类的列表。

(3) PKG 只是在系统的建立阶段提供服务，且用户绝对无条件信任该可信机构。

传统基于证书密码体制与基于身份的密码体制的相同之处在于：

(1) 都属于公开密钥体系，具有一对公开密钥和私有密钥，公开密钥可以公开，私有密钥由用户秘密保存。

(2) 用户的身份都需要认证。传统基于证书密码体制中，用户需要向证书权威机构 CA 证实自己的身份；基于身份的密码体制中，用户需要向 PKG 证实自己的身份。

(3) 公钥和私钥用于加密方案中，都是公钥用于加密，私钥用于解密；用于签名方案中，都是私钥用于签名，公钥用于验证签名。

(4) 体系的安全性都可以依赖于大数分解、离散对数求解、椭圆曲线求解等数学难题。

传统基于证书密码体制与基于身份的密码体制的不同之处在于：

(1) 密钥生成过程不同。传统基于证书的密码体制中，用户的私钥和公钥同时产生。由用户先选取私钥，然后计算出公钥$=F$(私钥)(其中 F 是一个从私钥空间映射到公钥空间的有效单向函数)。基于身份的密码体制中，用户的公钥是已经被公开的用户的身份信息，由 PKG 为用户生成私钥，私钥$=F$(主密钥，公钥)，其中主密钥由 PKG 秘密保存。由此可见，这两种密码体制的密钥生成过程正好相反。

(2) 用户身份信息的获取方式不同。在传统基于证书的密码体制中，用户的身份信息要和证书绑定，在验证了证书权威机构 CA 的签名之后才能确认用户的身份。基于身份的密码体制中，标识用户身份的信息是公开的，可以直接得到。

(3) 公钥获取方式不同。传统基于证书密码体制中，要获取用户的公钥，必须先获得用户的证书，证书中包括了证书权威机构 CA 对用户公钥的签名。基于身份的密码体制中，用户的公钥直接是该用户的身份信息，或者根据用户的身份信息通过一个公开算法计算出来，不需要任何人对公钥进行签名。

(4) 公钥保存方式不同。传统基于证书密码体制中，包含用户公钥的证书需要一个目录存放。基于身份的密码体制中，无须单独的目录存放公钥。

7.8.2 双线性 Diffie-Hellman 假设

基于身份的加密方案由以下4个算法构成：系统建立、私钥提取、加密和解密。

(1) 系统建立(Setup)：输入安全参数 k，返回系统参数 params 和主密钥 master-key。系统参数包括有限的消息空间 M 的描述和有限的密文空间 C 的描述。该算法由 PKG 完成，公开系统参数 params，保存主密钥 master-key。

(2) 私钥提取(Extract)：输入系统参数 params，主密钥 master-key 和用户身份 $\mathrm{ID}\in\{0,1\}^*$，返回身份信息对应的私钥 d，此处 ID 是一个任意的字符串，用作公钥，d 是对应于身份 ID 的解密私钥。私钥提取算法是为给定的公钥提取一个私钥，该算法由 PKG 完成，并通过安全的信道将 d 返回给用户。

(3) 加密(Encrypt)：输入系统参数 params，用户身份 ID 和消息 $m\in M$，返回密文 $c\in C$ 给接收者。该算法由信息发送者完成。

(4) 解密(Decrypt)：输入系统参数 params，密文 $c\in C$ 和私钥 d，在正确解密时返回 $m\in M$，或在不能正确解密时返回符号⊥。该算法由信息接收者完成。

算法必须满足正确性约束条件，即对于给定的身份 ID 和与之对应的私钥 d，有 $\forall m\in M$：Decrypt(params, c, d)$=m$，其中 $c=$Encrypt(params, ID, m)。

7.8.3 Boneh 和 Franklin 的 IBE 密码体制

在提出基于身份密码体制的概念之后，Shamir 公开提出了基于身份加密(Identity-Based Encryption, IBE)的设计方案。随后，一些 IBE 方案相继提出，然而这些方案都不能完全满足实际使用的要求，其中一些方案不能抵抗用户的合谋攻击，一些方案需要 PKG 花费很高的代价去生成用户私钥，还有一些方案需要特殊的硬件支持。直到2000年，3位日本密码学家 Sakai、Ohgishi 和 Kasahara 提出了使用椭圆曲线上的对(Pairing)来设计基于身份加密方案的思路。此后，双线性对(Bilinear Pairing)成为一个有效的设计密码体制的数学工具。2001年，Boneh 和 Franklin 使用椭圆曲线上的 weil 对设计了首个在随机预言模型下可证安全的实用的 IBE 方案，该方案基于双线性 Diffie-Hellman 困难问题的假设，在自适应选择密文攻击下满足密文不可区分性，这一成果使得基于身份密码体制的设计取得了突破性进展。

1. 双线性 Diffie-Hellman 问题

设 G_1，G_2 是阶为素数 q 的两个群，设 e：$G_1\times G_1\to G_2$ 是满足下列条件的双线性映射：

(1) 双线性：对 $\forall P, Q\in G_1$，$\forall a, b\in \mathbb{Z}_p^*$，有 $e(aP, bQ)=e(P, Q)^{ab}$。

(2) 非退化性：存在 $P, Q\in G_1$，使得 $e(P, Q)\neq 1$，即映射不能将 $G_1\times G_1$ 中所有的对都映射为 G_2 中的单位元。

(3) 可计算性：对所有的 $P, Q\in G_1$，存在一个有效的多项式时间算法来计算 $e(P, Q)$。

双线性 Diffie-Hellman 问题是指，对于任意的 $a, b, c\in \mathbb{Z}_q^*$，给定($P$, aP, bP, cP)，其中 P 是 G_1 的生成元，计算 $e(P, P)^{abc}$ 是困难的。

2. Boneh 和 Franklin 的 IBE 方案

(1) 系统建立(Setup)：

① 生成两个阶为素数 q 的群 G_1 和 G_2 及双线性映射 e：$G_1 \times G_1 \to G_2$，随机选取一个生成元 $P \in G_1$。

② 随机选取 $s \in_R \mathbb{Z}_q$，计算公钥 $P_{pub} = sP$，s 是主密钥(master-key)。

③ 选取一个 Hash 函数 H_1：$\{0, 1\}^* \to G_1$，H_1 可以把用户的身份 ID 映射到 G_1 上。

④ 选取一个 Hash 函数 H_2：$G_2 \to \{0, 1\}^n$。

可信中心保存 s 作为主密钥(master-key)，并公布系统的公开参数(G_1，G_2，e，n，P，P_{pub}，H_1，H_2)。

(2) 私钥提取(Extract)：设 ID 为用户 A 的唯一身份识别符(可信中心要对用户的身份及其唯一性进行确认)，密钥生成中心的操作步骤如下：

① 计算 $Q_{ID} = H_1(ID)$，$Q_{ID} \in G_1$，Q_{ID}是用户 A 的公钥。

② 令用户 A 的私钥为 $d_{ID} = sQ_{ID}$。

(3) 加密(Encrypt)：用户 B 要发送 m 给 A，首先得到系统参数(G_1，G_2，e，n，P，P_{pub}，H_1，H_2)，然后选取随机数 $r \in_R \mathbb{Z}_q$，并计算

$$g_{ID} = e(Q_{ID}, rP_{pub}) \in G_2$$

$$C = (rP, m \oplus H(g_{ID}))$$

最后输出密文 C。

(4) 解密(Decrypt)：设 $C = (U, V)$是利用 A 的公钥加密的密文，A 用私钥 d_{ID}计算

$$m' = V \oplus H(e(d_{ID}, U))$$

基于身份的密码系统简化了传统公钥密码系统中的密钥和证书管理问题，将公钥与身份统一起来，提供了很大的方便性，但同时也带来一些新问题，如用户的私钥是由密钥控制中心生成的，这在很大程度上限制了基于身份密码体制在实际中的应用范围。

习　题

7-1　公钥密码体制与对称密码体制相比有什么优点和不足？

7-2　设通信双方使用 RSA 加密体制，接收方的公开密钥是(5, 35)，接收到的密文是 10，求明文。

7-3　假设背包向量 $\mathbf{V}(2, 3, 6, 13, 27, 52)$，$n=105$，$t=31$，请按照背包公钥密码体制求公开密钥，说明发送明文 $m=101001$ 的加解密过程。

7-4　已知椭圆曲线 E：$(y^2 - 4x - 3) \bmod 7$ 上有一点 $P(-2, 2)$，求点 $2P$、$4P$ 和 $6P$ 的坐标。

7-5　在 RSA 体制中，为什么加密指数 e 必须与模数 n 的欧拉函数 $\varphi(n)$互素？

7-6　在 ElGamal 加密体制中，设素数 $p=71$，本原根 $g=7$，如果接收方 B 的公钥是 $y_B=3$，发送方 A 选择的随机整数 $k=2$，求明文 $m=30$ 所对应的密文。

7-7　给定椭圆曲线：$E_7(1, 1)$，求满足曲线方程的所有点(无穷远点除外)。

7-8　试证明 RSA 算法的解密正确性。

7-9　什么是单向陷门函数？

第8章 数字签名与身份认证

第 7 章介绍的公钥密码体制不仅能够有效解决密钥管理问题，而且能够实现数字签名(Digital Signature)，提供数据来源的真实性、数据内容的完整性、签名者的不可否认性与匿名性等信息安全相关的服务和保障。数字签名对网络通信的安全与各种用途的电子交易系统(如电子商务、电子政务、电子出版、网络学习、远程医疗等)的成功实现具有重要作用。本章简要介绍数字签名的基本原理，重点介绍常用的 RSA 签名、ElGamal 签名等数字签名体制，以及数字签名标准 DSS。

8.1 数字签名原理

8.1.1 数字签名的基本概念

第 6 章讨论的 Hash 函数和消息认证码能够帮助合法通信的双方不受来自系统外部的第三方攻击和破坏，但却无法防止系统内通信双方之间的互相抵赖和欺骗。当 Alice 和 Bob 进行通信并使用消息认证码提供数据完整性保护，一方面，Alice 确实向 Bob 发送消息并附加了用双方共享密钥生成的消息认证码，但随后 Alice 否认曾经发送这条消息，因为 Bob 完全有能力生成同样的消息与消息认证码；另一方面，Bob 也有能力伪造一个消息与消息认证码，并声称此消息来自 Alice。如果通信的过程没有第三方参与的话，这样的局面是难以仲裁的。因此，安全的通信仅有消息完整性认证是不够的，还需要有能够防止通信双方相互作弊的安全机制，数字签名技术正好能够满足这一需求。

在人们的日常生活中，为了表达事件的真实性并使文件核准、生效，常常需要当事人在相关的纸质文件上手书签字或盖上表示自己身份的印章。在数字化和网络化的今天，大量社会活动正在逐步实现电子化和无纸化，活动参与者主要是在计算机与网络上执行活动过程的，因而传统的手书签名和印章已经不能满足新形势下的需求。在这种背景下，以公钥密码理论为支撑的数字签名技术应运而生。

数字签名是对以数字形式存储的消息进行某种处理，产生一种类似于传统手书签名功效的信息处理过程。它通常将某个算法作用于需要签名的消息，生成一种带有操作者身份信息的编码。通常，将执行数字签名的实体称为签名者，所使用的算法称为签名算法，签名操作生成的编码称为签名者对该消息的数字签名。消息连同其数字签名能够在网络上传输，可以通过一个验证算法来验证签名的真伪，以及识别相应的签名者。

类似于手书签名，数字签名至少应该满足3个基本要求：

(1) 签名者任何时候都无法否认自己曾经签发的数字签名。

(2) 收信者能够验证和确认收到的数字签名，但任何人都无法伪造别人的数字签名。

(3) 当各方对数字签名的真伪产生争议时，通过仲裁机构(可信的第三方)进行裁决。

数字签名与手书签名也存在许多差异，大体上可以概括为：

(1) 手书签名与被签文件在物理上是一个整体，不可分离。数字签名与被签名的消息是可以互相分离的位串，因此需要通过某种方法将数字签名与对应的被签消息绑定在一起。

(2) 在验证签名时，手书签名通过物理比对，即将需要验证的手书签名与一个已经被证实的手书签名副本进行比较，来判断其真伪。验证手书签名的操作也需要一定的技巧，甚至需要经过专门训练的人员和机构(如公安部门的笔迹鉴定中心)来执行。而数字签名却能够通过一个严密的验证算法被准确地验证，并且任何人都可以借助这个公开的验证算法来验证一个数字签名的真伪。安全的数字签名方案还能够杜绝伪造数字签名的可能性。

(3) 手书签名是手写的，会因人而异，它的复制品很容易与原件区分开来，从而容易确认复制品是无效的。数字签名的拷贝与其原件是完全相同的二进制位串，或者是两个相同的数值，不能区分哪一个是原件，哪一个是复制品，因此我们必须采取有效的措施来防止一个带有数字签名的消息被重复使用。例如，Alice向Bob签发了一个带有他的数字签名的数字支票，允许Bob从Alice的银行账户上支取一笔现金，那么这个数字支票必须是不能重复使用的，即Bob只能从Alice的账户上支取指定金额的现金一次，否则Alice的账户很快就会一无所有，这个结局是Alice不愿意看到的。

从上面的对比可以看出，数字签名必须能够实现与手书签名同等的甚至更强的功能。为达到这个目的，签名者必须向验证者提供足够多的非保密信息，以便验证者能够确认签名者的数字签名；但签名者又不能泄露任何用于产生数字签名的机密信息，以防止别人伪造他的数字签名。因此，签名算法必须能够提供签名者用于签名的机密信息与验证者用于验证签名的公开信息，但二者的交叉不能太多，联系也不能太直观。从公开的验证信息不能轻易地推测出用于产生数字签名的机密信息，这是对签名算法的基本要求之一。

一个数字签名体制一般包含两个组成部分，即签名算法(Signature Algorithm)和验证算法(Verification Algorithm)。签名算法用于对消息产生数字签名，它通常受一个签名密钥的控制，签名算法或者签名密钥是保密的，由签名者掌握。验证算法用于对消息的数字签名进行验证，根据签名是否有效来验证算法能够给出该签名为“真”或者“假”的结论。验证算法通常也受一个验证密钥的控制，但验证算法和验证密钥应当是公开的，以便需要验证签名的人能够方便地验证。

数字签名体制(Signature Algorithm System)是一个满足下列条件的五元组(M, S, K, SIG, VER)，其中：

(1) M代表消息空间，它是某个字母表中所有串的集合。

(2) S代表签名空间，它是所有可能的数字签名构成的集合。

(3) K代表密钥空间，它是所有可能的签名密钥和验证密钥对(sk, vk)构成的集合。

(4) SIG是签名算法，VER是验证算法。对于任意一个密钥对(sk, vk)$\in$K，每一个消息$m\in M$和签名$s\in S$，签名变换SIG：$M\times K|_{sk}\rightarrow S$和验证变换VER：$M\times S\times K|_{vk}\rightarrow$

{true, false}是满足下列条件的函数：

$$\mathrm{VER}_{\mathrm{vk}}(m, s)=\begin{cases}\text{true} & (s=\mathrm{SIG}_{\mathrm{sk}}(m)) \\ \text{false} & (s\neq \mathrm{SIG}_{\mathrm{sk}}(m))\end{cases}$$

由上面的定义可以看出，数字签名算法与公钥加密算法在某些方面具有类似的性质，甚至在某些具体的签名体制中，二者的联系十分紧密，但是从根本上来讲，它们之间还是有本质的不同。例如，对消息的加解密一般是一次性的，只要在消息解密之前是安全的就行了；而被签名的消息可能是一个具体法定效用的文件，如合同等，很可能在消息被签名多年以后才需要验证它的数字签名，而且可能需要多次重复验证此签名。因此，签名的安全性和防伪造的要求应更高一些，而且要求签名验证速度比签名生成速度还要快一些，特别是联机的在线实时验证。

8.1.2 数字签名的特性

综合数字签名应当满足的基本要求，数字签名应具备一些基本特性，这些特性分为功能特性和安全特性两大方面。

数字签名的功能特性是指数字签名为了实现我们需要的功能要求而应具备的一些特性，这类特性主要包括：

(1) 依赖性：数字签名必须依赖于被签名消息的具体位模式，不同的消息具有不同的位模式，因而通过签名算法生成的数字签名也应当是互不相同的。也就是说，一个数字签名与被签消息是紧密相关、不可分割的，离开被签消息，签名不再具有任何效用。

(2) 独特性：数字签名必须是根据签名者拥有的独特信息产生的，包含了能够代表签名者特有身份的关键信息。唯有这样，签名才不能伪造，也不能被签名者否认。

(3) 可验证性：数字签名必须是可验证的，通过验证算法能够确切地验证一个数字签名的真伪。

(4) 不可伪造性：伪造一个签名者的数字签名不仅在计算上不可行，而且通过重用或者拼接的方法伪造签名也是不可行的。例如，希望把一个签名者在过去某个时间对一个消息的签名用来作为该签名者在另一时间对另一消息的签名，或者希望将签名者对多个消息的多个签名组合成对另一消息的签名，都是不可行的。

(5) 可用性：数字签名的生成、验证和识别的处理过程必须相对简单，能够在普通的设备上快速完成，甚至可以在线处理，签名的结果可以存储和备份。

除了上述功能特性之外，数字签名还应当具备一定的安全特性，以确保它提供的功能是安全的，能够满足我们的安全需求，实现预期的安全保障。上面的不可伪造性也可以看作是安全特性的一个方面，除此之外，数字签名至少还应当具备如下安全特性：

(1) 单向性：类似于公钥加密算法，数字签名算法也应当是一个单向函数，即对于给定的数字签名算法，签名者使用自己的签名密钥 sk 对消息 m 进行数字签名在计算上是容易的，但给定一个消息 m 和它的一个数字签名 s，希望推导出签名者的签名密钥 sk 在计算上是不可行的。

(2) 无碰撞性：对于任意两个不同的消息 $m\neq m'$，它们在同一个签名密钥下的数字签名 $\mathrm{SIG}_{\mathrm{sk}}(m)=\mathrm{SIG}_{\mathrm{sk}}(m')$ 的概率是可以忽略的。

(3) 无关性：对于两个不同的消息 $m\neq m'$，无论 m 与 m' 存在什么样的内在联系，希望从某个签名者对其中一个消息的签名推导出对另一个消息的签名是不可能的。

数字签名算法的这些安全特性从根本上消除了伪造数字签名成功的可能性，使一个签名者针对某个消息产生的数字签名与被签消息的搭配是唯一确定的，不可篡改，也不可伪造。生成数字签名的唯一途径是将签名算法和签名密钥作用于被签消息，除此之外别无他法。

8.1.3 数字签名的实现方法

现在的数字签名方案大多是基于某个公钥密码算法构造出来的，这是因为在公钥密码体制里，每一个合法实体都有一个专用的公私钥对，其中，公开密钥是对外公开的，可以通过一定的途径查询；而私有密钥是对外保密的，只有拥有者自己知晓，可以通过公开密钥验证其真实性，因此私有密钥与其持有人的身份一一对应，可以看作是其持有人的一种身份标识。恰当地应用发信方的私有密钥处理消息，可以使收信方能够确信收到的消息确实来自其声称的发信者，同时发信者也不能对自己发出的消息予以否认，即实现了消息认证和数字签名的功能。

图 8-1 给出公钥算法用于消息认证和数字签名的基本原理。

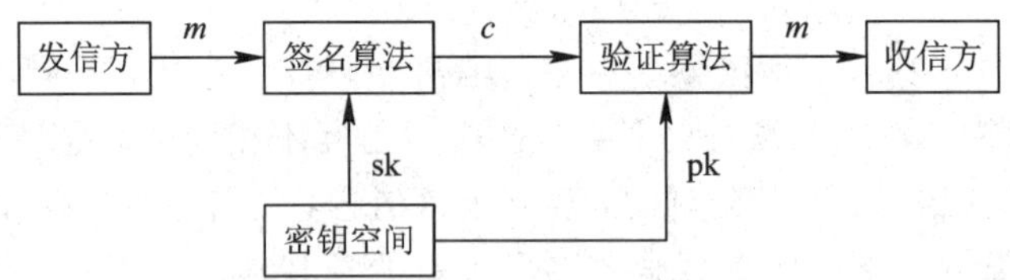

图 8-1 基于公钥密码的数字签名体制

在图 8-1 中，发信方 Alice 用自己的私有密钥 sk_A 加密消息 m，任何人都可以轻易获得 Alice 的公开密钥 pk_A，然后解开密文 c，因此这里的消息加密起不了信息保密的作用。可以从另一个角度来认识这种不保密的私钥加密，由于用私钥产生的密文只能由对应的公钥来解密，根据公私钥一一对应的性质，别人不可能知道 Alice 的私钥。如果收信方 Bob 能够用 Alice 的公钥正确地还原明文，表明这个密文一定是 Alice 用自己的私钥生成的，因此 Bob 可以确信收到的消息确实来自 Alice，同时 Alice 也不能否认这个消息是自己发送的。另一方面，在不知道发信方私钥的情况下不可能篡改消息的内容，因此收信方还可以确信收到的消息在传输过程中没有被篡改，是完整的。也就是说，图 8-1 表示的这种公钥算法使用方式不仅能够证实消息来源和发信方身份的真实性，还能保证消息的完整性，即实现了前面所说的数字签名和消息认证的效果。

在实际应用中，对消息进行数字签名，可以选择对分组后的原始消息直接签名，但考虑到原始消息一般都比较长，可能以千比特为单位，而公钥算法的运行速度相对较低，因此通常先对原始消息进行 Hash 函数处理，再对得到的 Hash 码（即消息摘要）进行签名。在验证数字签名时，也是针对 Hash 码的。通常，验证者先对收到的消息重新计算它的 Hash 码，然后用签名验证密钥解密收到的数字签名，再将解密的结果与重新计算的 Hash 码进行比较，以确定签名的真伪。显然，当且仅当签名解密的结果与重新计算的 Hash 码完全相同时，签名为真。一个消息的 Hash 码通常只有几十到几百比特，例如，SHA-1 能对任何长度的消息进行 Hash 处理，得到 160 比特的消息摘要。因此，经过 Hash 处理后再对消息摘要签名能大大提高签名和验证的效率，而且 Hash 函数的运行速度一般都很快，两次 Hash 处理的开销对系统影响不大。数字签名的常见实现方法如图 8－2 所示。

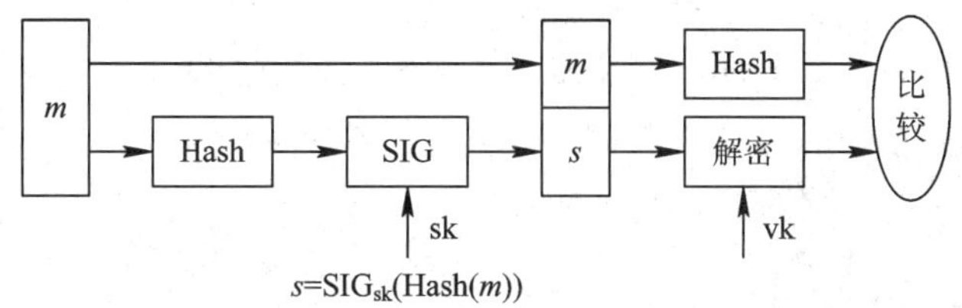

图 8－2　数字签名的常见实现方法

经过学者们长期持续不懈的努力，大量的数字签名方案相继被提出，它们大体上可以分成两大类方案，即直接数字签名体制和可仲裁的数字签名体制。

1. 直接数字签名体制

直接数字签名仅涉及通信双方，它假定收信方 Bob 知道发信方 Alice 的公开密钥，在发送消息之前，发信方使用自己的私有密钥作为加密密钥对需要签名的消息进行加密处理，产生的"密文"就可以当作发信方对所发送消息的数字签名。但是由于要发送的消息一般都比较长，直接对原始消息进行签名的成本与相应的验证成本都比较高，且速度慢，所以发信方常常先对需要签名的消息进行 Hash 处理，然后再用私有密钥对所得的 Hash 码进行上述签名处理，所得结果作为对被发送消息的数字签名。显然，这里用私有密钥对被发送消息或其 Hash 码进行加密变换，其结果并没有保密作用，因为众所周知相应的公开密钥，任何人都可以轻而易举地恢复原来的明文消息，这样做的目的只是为了数字签名。

虽然直接数字签名体制的思想简单可行，且易于实现，但它也存在一个明显的弱点，即直接数字签名方案的有效性严格依赖于签名者私有密钥的安全性。一方面，如果一个用户的私有密钥不慎泄密，那么，在该用户发现他的私有密钥已泄密并采取补救措施之前，会遭受其数字签名有可能被伪造的威胁，更进一步，即使该用户发现自己的私有密钥已经泄密并采取了适当的补救措施，但仍然可以伪造其更早时间(实施补救措施之前)的数字签名，这可以通过对数字签名附加一个较早的时间戳(实施补救措施之前的任何时刻均可)来实现。另一方面，因为某种原因，签名者在签名后想否认他曾经对某个消息签过名，他可以故意声称他的私有密钥早已泄密，被盗用并伪造了该签名。方案本身无力阻止这些情况的发生，因此在直接数字签名方案中，签名者有作弊的机会。

2. 可仲裁的数字签名体制

为了解决直接数字签名体制存在的问题，可以引入一个可信的第三方作为数字签名系统的仲裁者。每次需要对消息进行签名时，发信方先对消息执行数字签名操作，然后将生成的数字签名连同被签消息一起发送给仲裁者；仲裁者对消息及其签名进行验证，通过仲裁者验证的数字签名会签发一个证据来证明它的真实性；最后，消息、数字签名与签名真实性证据一起发送给收信方。在这样的方案中，发信方无法对自己签名的消息予以否认，而且即使一个用户的签名密钥泄密也不可能伪造该签名密钥泄密之前的数字签名，因为这样的伪造签名不可能通过仲裁者的验证。然而有得必有失，这种可仲裁的数字签名体制比那种直接的数字签名体制更加复杂，仲裁者有可能成为系统性能的瓶颈，而且仲裁者必须是公正可信的中立者。下面介绍几种数字签名体制。

8.2 RSA 数字签名

RSA 签名体制是 Diffie 和 Hellman 提出数字签名思想后的第一个数字签名体制，它是由 Rivest、Shamir 和 Adleman 三人共同完成的，该签名体制来源于 RSA 公钥密码体制的思想，按照数字签名的方式使用 RSA 公钥体制。

8.2.1 RSA 数字签名算法

RSA 数字签名算法系统参数的选择与 RSA 公钥密码体制基本一样，首先，选取两个不同的大素数 p 和 q，计算 $n=p\times q$。其次，选取一个与 $\varphi(n)$互素的正整数 e，并计算出 d 满足 $e\times d\equiv 1 \bmod \varphi(n)$，即 d 是 e 模 $\varphi(n)$的逆。最后，公开 n 和 e 作为签名验证密钥，秘密保存 p、q 和 d 作为签名密钥。RSA 数字签名体制的消息空间和签名空间都是 $\mathbb{Z}_n$，分别对应于 RSA 公钥密码体制的明文空间和密文空间，而密钥空间为 $K=\{n, p, q, e, d\}$，与 RSA 公钥密码体制相同。

当需要对一个消息 $m\in \mathbb{Z}_n$ 进行签名时，签名者计算

$$s=\mathrm{SIG}_{sk}(m)\equiv m^d \bmod n$$

得到的结果 s 就是签名者对消息 m 的数字签名。

验证签名时，验证者通过下式判定签名的真伪：

$$\mathrm{VER}_{vk}(m, s)=\mathrm{true}\Leftrightarrow m\equiv s^e \bmod n$$

这是因为，类似于 RSA 公钥密码体制的解密变换，有

$$s^e \bmod n\equiv (m^d)^e \bmod n\equiv m^{ed} \bmod n\equiv m$$

可见，RSA 数字签名的处理方法与 RSA 加解密的处理方法基本一样，不同之处在于，签名时，签名者要用自己的私有密钥对消息“加密”，而验证签名时，验证者要使用签名者的公钥对签名者的数字签名“解密”。RSA 数字签名有效性的验证正好可以通过 7.3 节中 RSA 解密算法的正确性得到证实。

8.2.2 RSA 数字签名的安全问题

RSA 签名方案是依据数字签名方式运用 RSA 公钥密码算法产生的，在 7.3.2 节中我们已经讨论了 RSA 算法安全性的一些问题，并在 7.3.3 节中对如何更安全地选择 RSA 算法的参数给出了一些建议，这些讨论和建议对 RSA 算法用于数字签名同样有效。

对 RSA 数字签名算法进行选择密文攻击可以实现 3 个目的，即消息破译、骗取仲裁签名和骗取用户签名。

1. 消息破译

攻击者对通信过程进行监听，并设法成功收集到使用某个合法用户公钥 e 加密的密文 c。攻击者想恢复明文消息 m，即找出满足 $c\equiv m^e \bmod n$ 的消息 m，则可以按如下步骤处理。

第一步：攻击者随机选取 $r<n$ 且 $\gcd(r, n)=1$，计算 3 个值 $u\equiv r^e \bmod n$，$y\equiv u\times c \bmod n$ 和 $t\equiv r^{-1} \bmod n$；

第二步：攻击者请求合法用户用其私钥 d 对消息 y 签名，得到 $s\equiv y^d \bmod n$；

第三步：由 $u\equiv r^e \bmod n$ 可知 $r\equiv u^d \bmod n$，所以 $t\equiv r^{-1} \bmod n\equiv u^{-d} \bmod n$。因此攻击者容易计算出

$$t\times s \bmod n\equiv u^{-d}y^d \bmod n\equiv u^{-d}u^dc^d \bmod n\equiv c^d \bmod n\equiv m^{ed} \bmod\equiv m$$

即得到了原始的明文消息。

2. 骗取仲裁签名

仲裁签名是仲裁方(即公证人)用自己的私钥对需要仲裁的消息进行签名，起到仲裁的作用。如果攻击者有一个消息需要仲裁签名，但由于公证人怀疑消息中包含不真实的成分而不愿意为其签名，那么攻击者可以按下述方法骗取仲裁签名。

假设攻击者希望签名的消息为 m，那么他随机选取一个值 x，并用仲裁者的公钥 e 计算 $y\equiv x^e \bmod n$。再令 $M\equiv m\times y \bmod n$，并将 M 发送给仲裁者要求仲裁签名。仲裁者回送仲裁签名 $M^d \bmod n$，攻击者即可计算

$$(M^d \bmod n)\times x^{-1} \bmod n\equiv m^d\times y^d\times x^{-1} \bmod n\equiv m^d\times x^{ed}\times x^{-1} \bmod n\equiv m^d \bmod n$$

立即得到消息 m 的仲裁签名。

3. 骗取用户签名

骗取用户签名实际上是指攻击者可以伪造合法用户对消息的签名。例如，如果攻击者能够获得某合法用户对两个消息 m_1 和 m_2 的签名 $m_1^d \bmod n$ 和 $m_2^d \bmod n$，那么他马上就可以伪造出该用户对新消息 $m_3=m_1\times m_2$ 的签名 $m_3^d \bmod n=m_1^d\times m_2^d \bmod n$。因此，当攻击者希望某合法用户对一个消息 m 进行签名但该签名者可能不愿意为其签名时，他可以将 m 分解成两个(或多个)更能迷惑合法用户的消息 m_1 和 m_2，且满足 $m=m_1\times m_2$，然后让合法用户对 m_1 和 m_2 分别签名，攻击者最终获得该合法用户对消息 m 的签名。

容易看出，上述选择密文攻击都是利用了指数运算能够保持输入的乘积结构这一缺陷(称为可乘性)。因此一定要记住，任何时候都不能对陌生人提交的消息直接签名，最好先经过某种处理，比如先用单向 Hash 函数对消息进行 Hash 运算，再对运算结果签名。

以上这些攻击方法都是利用了模幂运算本身具有的数学特性来实施的。还有一种类似的构成 RSA 签名体制安全威胁的攻击方法，这种方法使任何人都可以伪造某个合法用户的数字签名，方法如下：

伪造者 Oscar 选取一个消息 y，并取得某合法用户(被伪造者)的 RSA 公钥(n, e)，然后计算 $x=y^e \bmod n$，最后伪造者声称 y 是该合法用户对消息 x 的 RSA 签名，达到了假冒该合法用户的目的。这是因为该合法用户用自己的私钥 d 对消息 x 合法签名的结果正好就是 y，即

$$\mathrm{SIG}_{sk}(x)\equiv x^d \bmod n\equiv(y^e)^d \bmod n\equiv y^{ed} \bmod n\equiv y$$

因此，从算法本身不能识别伪造者的假冒行为。如果伪造者精心挑选 y，使 x 具有明确的意义，那么造成的危害将是巨大的。

8.3 ElGamal 数字签名

ElGamal 签名体制是一种基于离散对数问题的数字签名方案。不同于既能用于加密又能用于数字签名的 RSA 算法，ElGamal 签名算法是专门为数字签名设计的，它与用于加密

的 ElGamal 公钥加密算法并不完全一样。现在，这个方案的修正形式已被美国国家标准与技术协会(National Institute of Standards and Technology，NIST)采纳并用于数字签名标准(Digital Signature Standard，DSS)的数字签名算法。

8.3.1 ElGamal 数字签名算法

与 ElGamal 公钥密码体制一样，ElGamal 签名体制也是非确定性的，任何一个给定的消息都可以产生多个有效的 ElGamal 签名，并且验证算法能够将它们中的任何一个当作可信的签名。

ElGamal 签名方案的系统参数包括：一个大素数 p(p 的大小足以使 $\mathbb{Z}_p$ 上的离散对数问题难以求解)，$\mathbb{Z}_p^*$ 的生成元 g，一个任取的秘密数 a，一个由 g 和 a 计算得到的整数 y，且满足

$$y \equiv g^a \bmod p$$

这些系统参数构成 ElGamal 签名方案的密钥 $K=(p, g, a, y)$，其中(p, g, y)是公开密钥，a 是私有密钥。

在对一个消息 $m \in \mathbb{Z}_p$ 签名时，签名者随机选取一个秘密整数 $k \in \mathbb{Z}_p^*$，且 $\gcd(k, \varphi(p))=1$，计算

$$\gamma \equiv g^k \bmod p$$
$$\delta \equiv (m-a\gamma)k^{-1} \bmod \varphi(p)$$

将得到的(γ, δ)作为对消息 m 的数字签名，即签名 $s=\mathrm{SIG}_a(m, k)=(\gamma, \delta)$，ElGamal 签名体制的签名空间为 $\mathbb{Z}_p \times \mathbb{Z}_{\varphi(p)}$。

验证一个消息 m 的 ElGamal 签名时，验证者对收到的消息 m 及其签名 $s=(\gamma, \delta)$按下式验证其真伪：

$$\mathrm{VER}(m, \gamma, \delta)=\mathrm{true} \Leftrightarrow y^\gamma \gamma^\delta \equiv g^m \bmod p$$

如果签名构造是正确的，那么

$$\begin{aligned} y^\gamma \gamma^\delta &= g^{a\gamma} g^{k\delta} = g^{a\gamma+k\delta} \\ &\equiv g^{(a\gamma+k(m-a\gamma)k^{-1} \bmod \varphi(p))} \\ &\equiv g^{(a\gamma+(m-a\gamma) \bmod \varphi(p))} \\ &\equiv g^{m \bmod \varphi(p)} \\ &\equiv g^m \bmod p \end{aligned}$$

在上述 ElGamal 签名方案中，同一个消息 m，对不同的随机数 k 会得到不同的数字签名 $s=(\gamma, \delta)$，并且都能通过验证算法的验证，这就是我们在前面所说的不确定性，这个特点有利于提高安全性。

【例 8.1】 假设选取 $p=467$，$\mathbb{Z}_{467}$的生成元 $g=2$，签名者的私有密钥 $a=127$，那么有

$$y \equiv g^a \bmod p \equiv 2^{127} \bmod 467 = 132$$

若要对消息 $m=100$ 签名，假设取随机数 $k=213$，且

$$k^{-1} \bmod \varphi(p) \equiv 213^{-1} \bmod 466 \equiv 431$$

则有

$$\gamma \equiv g^k \bmod p \equiv 2^{213} \bmod 467 \equiv 29$$
$$\delta \equiv (m-a\gamma)k^{-1} \bmod \varphi(p) \equiv (100-127\times 29)\times 431 \bmod 466 \equiv 51$$

得到数字签名 $s=(29, 51)$。

另取 $k=117$，重新计算对消息 $m=100$ 的数字签名，则有

$$k^{-1} \bmod \varphi(p) \equiv 117^{-1} \bmod 466 \equiv 235$$

且

$$\gamma \equiv g^k \bmod p \equiv 2^{117} \bmod 467 \equiv 126$$

$$\delta \equiv (m-a\gamma)k^{-1} \bmod \varphi(p) \equiv (100-127\times 126)\times 235 \bmod 466 \equiv 350$$

所以又得到一个新的数字签名 $s=(126, 350)$。

下面验证以上这两个数字签名。

对于第一个数字签名 $s=(29, 51)$，有

$$y^\gamma \gamma^\delta = 132^{29}\times 29^{51} \equiv 189 \bmod 467$$

而

$$g^m \bmod p \equiv 2^{100} \bmod 467 \equiv 189$$

对于第二个数字签名 $s=(126, 350)$，仍然有

$$g^m \bmod p \equiv 2^{100} \bmod 467 \equiv 189$$

而

$$y^\gamma \gamma^\delta = 132^{126}\times 126^{350} \equiv 189 \bmod 467$$

所以这两个数字签名都是有效的。

8.3.2　针对 ElGamal 签名算法的可能攻击

由于 ElGamal 签名验证算法只是核实同余式 $y^\gamma \gamma^\delta \equiv g^m \bmod p$ 是否成立，因此攻击者可以考虑通过伪造能够满足该同余式的数偶(γ, δ)攻击此算法。在不知道签名者私有密钥 a 的情况下，攻击者想伪造这样的数偶(γ, δ)，并使之能够成为某个消息 m 的数字签名，他可以选定一个值作为 γ，然后尝试找出合适的 δ，但这必须计算离散对数 $\log_\gamma g^m y^{-\gamma}$。同样，攻击者也可以通过选择 δ 来寻找合适的 γ，而这必须求解同余方程

$$y^\gamma \gamma^\delta \equiv g^m \bmod p$$

来获得 γ，但目前这类方程还没有可行的解法。如果试图通过尝试不同的 γ 以得到 m，仍然需要计算离散对数 $\log_g y^\gamma \gamma^\delta$。如果攻击者通过选择 γ 和 δ 计算出 m，那么他再一次面临求解离散对数 $\log_g y^\gamma \gamma^\delta$。

因此，ElGamal 签名体制的安全性依赖于求解离散对数问题的困难性，如果求解离散对数不再困难，那么 ElGamal 方案也就没有任何意义。

在假定离散对数问题依然难以求解的情况下，ElGamal 签名方案仍然存在一些安全威胁，这些安全威胁首先来自对方案使用不当造成的可能攻击，它包括以下两个方面：

(1) 对签名中使用的随机整数 k 保管不当，发生泄露。如果攻击者知道 k 的话，那么只要攻击者能够再获得签名者对某一个消息 m 的合法签名 $s=(\gamma, \delta)$，就可以非常容易地计算出签名者的私有密钥 $a \equiv (m-k\delta)\gamma^{-1} \bmod \varphi(p)$。这时整个系统被完全破坏，攻击者可以随意伪造该签名者的数字签名。

(2) 对 ElGamal 方案的另一个误用是重复使用签名随机数 k。这同样可以使攻击者易于计算出签名者的私有密钥 a，具体做法如下所示。

设(γ, δ_1)和(γ, δ_2)分别是某个签名者对消息 m_1 和 m_2 的签名，且 $m_1 \neq m_2 \bmod \varphi(p)$，我们有

$$m_1 \equiv (a\gamma + k\delta_1) \bmod \varphi(p)$$

$$m_2 \equiv (a\gamma + k\delta_2) \bmod \varphi(p)$$

两式相减，得

$$m_1 - m_2 \equiv k(\delta_1 - \delta_2) \bmod \varphi(p)$$

设 $d = \gcd(\delta_1 - \delta_2, \varphi(p))$，那么 $d \mid \varphi(p)$且 $d \mid (\delta_1 - \delta_2)$，所以 $d \mid (m_1 - m_2)$。记

$$m' = \frac{m_1 - m_2}{d}$$

$$\delta' = \frac{\delta_1 - \delta_2}{d}$$

$$p' = \frac{\varphi(p)}{d}$$

则上面等式变成

$$m' \equiv k\delta' \bmod p'$$

由于 $\gcd(\delta', p') = 1$，所以可以用扩展的欧几里得算法求出$(\delta')^{-1} \bmod p'$，然后得到

$$k \equiv m'(\delta')^{-1} \bmod p'$$

于是

$$k \equiv m'(\delta')^{-1} + ip' \bmod \varphi(p) \quad i \in \{0, 1, d-1\}$$

对于这 d 个可能的候选值，利用同余式

$$\gamma \equiv g^k \bmod p$$

逐一验证，即可检测出唯一正确的那个 k。

找到了签名随机数 k，就可以像上述(1)一样计算出签名者的私有密钥 a。

除了使用不当造成的安全威胁以外，ElGamal 签名方案还面临着伪造签名的攻击，有以下 4 种方法可以伪造出 ElGamal 数字签名。

第一种伪造方法：需要知道合法签名者的签名验证密钥(即公开密钥)，即可通过任意选择的 γ，构造出 δ 和 m，使(γ, δ)恰好是该签名者对消息 m 的签名。由此可见，攻击者可以在唯密钥的情况下进行存在性伪造。

设 i 和 j 是$[0, p-2]$上的整数，且 γ 可表示为 $\gamma \equiv g^i y^j \bmod p$。那么签名验证条件是

$$g^m \equiv y^\gamma (g^i y^j)^\delta \bmod p$$

于是有

$$g^{m - i\delta} \equiv y^{\gamma + j\delta} \bmod p$$

若

$$m - i\delta \equiv 0 \bmod \varphi(p)$$

且

$$\gamma + j\delta \equiv 0 \bmod \varphi(p)$$

则上式成立。

因此，在给定 i 和 j，且 $\gcd(j, \varphi(p)) = 1$ 的条件下，很容易利用这两个同余式求出 δ

和 m，结果如下：

$$\gamma \equiv g^i y^j \bmod p$$
$$\delta \equiv -\gamma j^{-1} \bmod \varphi(p)$$
$$m \equiv -\gamma i j^{-1} \bmod \varphi(p)$$

显然，按照这种方法构造出来的(γ, δ)是消息 m 的有效签名，但它是伪造的。

下面的例子能够解释上面的攻击方法。

【例 8.2】 设 $p=467$，$g=2$，$y=132$。假如选择 $i=209$ 和 $j=147$，那么 $j^{-1} \bmod \varphi(p) \equiv 149$。计算

$$\gamma \equiv g^i y^j \bmod p \equiv 2^{209} \times 132^{147} \bmod 467 \equiv 435$$
$$\delta \equiv -\gamma j^{-1} \bmod \varphi(p) \equiv -435 \times 149 \bmod 466 \equiv 425$$
$$m \equiv -\gamma i j^{-1} \bmod \varphi(p) \equiv -435 \times 209 \times 149 \bmod 466 \equiv 285$$

(435，425)是对消息 $m=285$ 的有效签名，这可以从下面的式子得到验证：

$$y^\gamma \gamma^\delta = 132^{435} \times 435^{425} \equiv 34 \bmod 467$$
$$g^m = 2^{285} \equiv 34 \bmod 467$$

第二种伪造方法：属于已知消息攻击的存在性伪造，伪造签名者需要从合法签名者的某个已签名消息，来伪造一个新消息的签名。假定(γ, δ)是消息 m 的有效签名，h，i，j 是$[0, p-2]$上的 3 个整数，且 $\gcd(h\gamma - j\delta, \varphi(p))=1$。计算

$$\lambda \equiv \gamma^h g^i y^j \bmod p$$
$$\mu \equiv \delta\lambda (h\gamma - j\delta)^{-1} \bmod \varphi(p)$$
$$m' \equiv \lambda(hm + i\delta)(h\gamma - j\delta)^{-1} \bmod \varphi(p)$$

那么签名验证条件

$$y^\lambda \lambda^\mu \equiv g^{m'} \bmod p$$

显然成立。于是我们伪造出一个(λ, μ)是 m'的有效签名。

这两种伪造签名的攻击都是对 ElGamal 数字签名的存在性伪造，目前似乎还不能将其演化成选择性伪造，对抗这种存在性伪造的简单办法是使消息格式化。最简单的消息格式化机制是在消息中嵌入一个可识别的部分，如签名者的身份数据，使消息成为类似这样的格式 $m=M \| \mathrm{ID}$。而最有效的消息格式化机制是对消息进行 Hash 函数处理，如果签名者在签名之前先对消息进行 Hash 函数处理，这两种存在性伪造攻击方法就不能对 ElGamal 签名体制造成实际的威胁。这里我们再一次发现安全 Hash 处理的重要性。

第三种伪造方法：如果系统参数 p 和 g 满足如下条件：

$$\varphi(p) = bq$$
$$g \equiv \beta^t \bmod p$$

其中，q 是一个足够大的素数，b 是一个仅具有小的素因子的数，$\beta = cq$，且 $c < b$。

对于某个合法用户的公钥 y，我们知道计算对数 $\log_g y$ 是困难的。但是，如果将底数换成 g^q，求解 y^q 的离散对数 $\log_{g^q} y^q$ 是容易的，且该离散对数为 $z \equiv a \bmod b$。因此，同余式

$$y^q \equiv (g^q)^z \bmod p$$

成立。

伪造该合法用户的签名如下：

$$\gamma=\beta=cq$$
$$\delta\equiv t(m-cqz) \bmod \varphi(p)$$

显然，签名有效性验证同余式成立，即

$$y^{\gamma}\gamma^{\delta}=y^{cq}\beta^{t(m-cqz)}=g^{cqz}g^{(m-cqz)}\equiv g^{m} \bmod p$$

因此，(γ, δ)是消息 m 的有效签名，在其生成过程中没有使用合法签名者的私钥 a，只是使用了 $a \bmod b$。

这种攻击方法虽然是一种选择性伪造攻击，但容易发现在这个攻击方法中，γ 是一个可以被 q 整除的值，而 q 是 $\varphi(p)$的大素因子。因此，在签名验证时，如果要求验证 γ 不能被 q 整除，则可以防范这种签名伪造攻击。

第四种伪造方法：该方法在 $\gamma>p$ 条件下可行。假设(γ, δ)是对消息 m 的有效签名，可以通过下面的步骤伪造对任意一个消息 m'的数字签名。先计算

$$u\equiv m'm^{-1} \bmod \varphi(p)$$
$$\delta'=\delta u \bmod \varphi(p)$$

然后再计算 γ'，使 γ'满足

$$\gamma'\equiv\gamma u \bmod \varphi(p)$$
$$\gamma'\equiv\gamma \bmod p$$

显然，可以通过中国剩余定理解出 γ'。

验证同余式是否成立：

$$y^{\gamma'}(\gamma')^{\delta'}=y^{\gamma u}\gamma^{\delta u}=(y^{\gamma}\gamma^{\delta})^{u}=g^{mu}\equiv g^{m'} \bmod p$$

因此，(γ', δ')是消息 m'的有效签名，但它是伪造出来的，因为我们并没有使用签名的私有密钥。如果在验证签名时检查 $\gamma<p$，就足以阻止这种签名伪造攻击。这是因为在上面用中国剩余定理计算出来的 γ'是一个 $p(p-1)$量级的量。

8.4 数字签名标准(DSS)

数字签名标准(DSS)是由美国国家标准与技术协会(NIST)于 1991 年 8 月公布，并于 1994 年 12 月 1 日正式生效的一项美国联邦信息处理标准。DSS 本质上是 ElGamal 签名体制，但它运行在较大有限域的一个小的素数阶子群上，并且在这个有限域上，离散对数问题是困难的。在对消息进行数字签名之前，DSS 先使用安全的 Hash 算法 SHA-1 对消息进行 Hash 处理，然后再对所得的消息摘要签名。这样不仅可以确保 DSS 能够抵抗多种已知的存在性伪造攻击，同时相对于 ElGamal 等签名体制，DSS 的签名长度将会大大地缩短。

8.4.1 DSS 的数字签名算法

DSS 使用的算法称为数字签名算法(Digital Signature Algorithm，DSA)，它是在 ElGamal 和 Schnorr 两个方案的基础上设计出来的。

DSA 的系统参数包括：

(1) 一个长度为 l 位的大素数 p，l 的大小在 512～1024，且为 64 的倍数。

(2) $p-1$，即 $\varphi(p)$ 的一个长度为 160 位的素因子 q。

(3) 一个 q 阶元素 $g\in\mathbb{Z}_p^*$。g 可以这样得到，任选 $h\in\mathbb{Z}_p^*$，如果 $h^{\frac{p-1}{q}} \bmod p>1$，则令 $g=h^{\frac{p-1}{q}} \bmod p$，否则重选 $h\in\mathbb{Z}_p^*$。

(4) 一个用户随机选取的整数 $a\in\mathbb{Z}_p^*$，并计算出 $y\equiv g^a \bmod p$。

(5) 一个 Hash 函数 $H:\{0, 1\}^*\mapsto\mathbb{Z}_p$。这里使用的是安全的 Hash 算法 SHA-1。

这些系统参数构成 DSA 的密钥空间 $K=\{p, q, g, a, y, H\}$，其中 (p, q, g, y, H) 为公开密钥，a 是私有密钥。

为了生成对一个消息 m 的数字签名，签名者随机选取一个秘密整数 $k\in\mathbb{Z}_q$，并计算出

$$\gamma\equiv(g^k \bmod p) \bmod q$$

$$\delta\equiv k^{-1}(H(m)+a\gamma) \bmod q$$

$s=(\gamma, \delta)$ 就是消息 m 的数字签名，即 $\mathrm{SIG}_a(m, k)=(\gamma, \delta)$。由此可见，DSA 的签名空间为 $\mathbb{Z}_q\times\mathbb{Z}_q$，签名的长度比 ElGamal 体制短了许多。

验证 DSA 数字签名时，验证者知道签名者的公开密钥是 (p, q, g, y, H)，对于一个消息签名对 $(m, (\gamma, \delta))$，验证者计算下面几个值并判定签名的真实性：

$$w\equiv\delta^{-1} \bmod q$$

$$u_1\equiv H(m)w \bmod q$$

$$u_2\equiv\gamma w \bmod q$$

$$v\equiv(g^{u_1} y^{u_2} \bmod p) \bmod q$$

$$\mathrm{VER}(m, (\gamma, \delta))=\mathrm{true}\Leftrightarrow v=\gamma$$

这是因为，如果 (γ, δ) 是消息 m 的有效签名，那么

$$\begin{aligned} v &\equiv(g^{u_1} y^{u_2} \bmod p) \bmod q \\ &\equiv(g^{H(m)\delta-1} g^{a\gamma\delta-1} \bmod p) \bmod q \\ &\equiv(g^{H(m)+a\gamma)\delta^{-1}} \bmod p) \bmod q \\ &\equiv(g^k \bmod p) \bmod q \\ &\equiv\gamma \end{aligned}$$

DSA 数字签名算法的基本框图如图 8-3 所示。

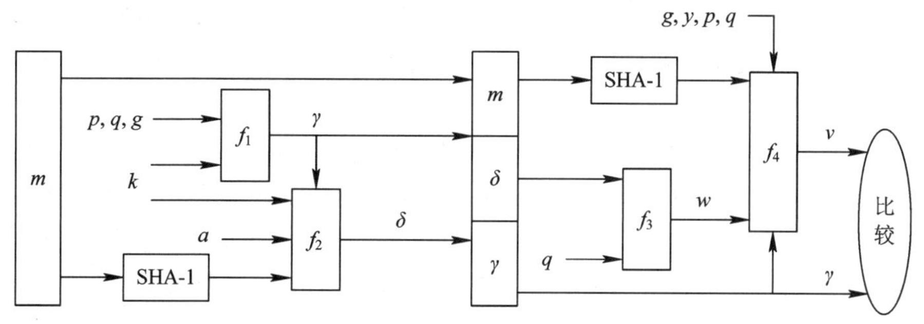

图 8-3　DSA 数字签名算法的基本框图

【例 8.3】　取 $q=101$，$p=78q+1=7879$。由于 3 是 $\mathbb{Z}_{7879}^*$ 的一个生成元，因此取

$$g\equiv3^{78} \bmod 7879\equiv170$$

g 是 $\mathbb{Z}_{7879}^*$ 上的一个 q 阶元素。假设签名者的私有密钥为 $a=87$，那么

$$y\equiv g^a \bmod p\equiv170^{87} \bmod 7879\equiv3226$$

现在，假如该签名者要对一个消息摘要为 SHE-1(m)＝132 的消息 m 签名，并且签名者选择的秘密随机数为 $k=79$，签名者需要计算

$$k^{-1}\bmod q\equiv 79^{-1}\bmod 101\equiv 78$$

$$\gamma\equiv(g^{k}\bmod p)\bmod q\equiv(170^{79}\bmod 7879)\bmod 101\equiv 907\bmod 101\equiv 99$$

$$\delta\equiv k^{-1}(H(m)+a\gamma)\bmod q\equiv 78\times(132+87\times 99)\bmod 101\equiv 682110\bmod 101\equiv 57$$

因此，(99，57)是对消息摘要为 22 的消息 m 的签名。

要验证这个签名，需要进行下面的计算

$$w\equiv\delta^{-1}\bmod q\equiv 57^{-1}\bmod 101\equiv 39$$

$$u_1\equiv H(m)w\bmod q\equiv 132\times 39\bmod 101\equiv 98$$

$$u_2\equiv\gamma w\bmod q\equiv 99\times 39\bmod 101\equiv 23$$

所以

$$v\equiv(g^{u_1}y^{u_2}\bmod p)\bmod q\equiv(170^{98}\times 3226^{23}\bmod 7879)\bmod 101\equiv 99=\gamma$$

说明以上签名是有效的。

8.4.2 DSA 算法的安全问题

DSS 公布以后，引起了学术界和产业界的广泛关注，人们对它的反应更多的是批评和谴责，认为它的政治性强于学术性。NIST 随后开展了一次征求意见活动，到 1992 年 2 月活动结束时，共收到 109 篇评论。概括起来，评价的意见主要体现在以下几个方面：

(1) DSA 算法不能用于数据加密，也不能用于密钥分配。DSS 只是一个数字签名标准，但当时美国还没有法定的公钥加密标准，因此引起了人们对 DSS 的猜疑。

(2) DSA 算法比 RSA 慢。DSA 与 RSA 生成数字签名的速度相当，在验证签名时 DSA 比 RSA 要慢 $\frac{1}{40}\sim\frac{1}{10}$。

(3) DSA 算法的密钥长度太短。最初的 DSA 模数为 512 位，由于 DSA 算法的安全性依赖于求解离散对数问题的困难性，这种规模的离散对数已不能保证长期的安全，所以后来 NIST 将 DSA 的密钥设置为可变的，变化范围在 512 位～1024 位。

(4) DSA 算法由美国国家安全局(National Security Agency，NSA)研制，其设计过程不公开，提供的分析时间不充分，怀疑其中可能存在陷门。这主要是担心政府借机干涉公民的隐私。

(5) 其他意见。例如，DSA 算法可能侵犯别人的专利。

现在看来，DSA 算法的安全问题并不像当初很多人猜测的那样严重，有些涉及安全脆弱性的疑虑并不是 DSA 算法独有的，并且可以在算法的具体实现过程中通过适当的措施得以避免。但也不能说 DSA 算法是绝对完美的，在后来的分析过程中，一些有关安全的瑕疵也多次被提出，主要有以下几个方面：

(1) 攻击秘密数 k：k 是签名者选取的秘密数，每一次签名都需要一个新的 k，而且应该是随机选取的。如果攻击者能够恢复一个签名者对消息签名时使用的秘密数 k，那么就可以导出签名者的签名私钥 a。更危险的是，如果一个签名者使用同一个秘密数 k 对两个不同的消息进行签名，那么攻击者只要能够截获这两个消息及其签名，则根本不需要求解

k 就可以直接导出签名者的签名私钥 a，进而能够伪造该签名者的数字签名。因此，在 DSA 的应用中，随机秘密数 k 非常敏感，一定要十分小心。通常借助一个好随机数生成器来应对这个问题，避免出现安全漏洞。

(2) 共用模数的危险：DSA 算法并没有为所有用户指定一个共享的公共模数，但在具体的应用中可能会要求所有人都使用相同的 p 和 q，这给算法的实现带来一定的方便。虽然现在还没有发现共用模数会有什么问题，但对攻击者来说，共用模数显然是一个诱人的目标。

(3) DSA 的阈下信道：Simmons 发现在 DSA 算法中存在一种阈下信道，该阈下信道允许签名者在其签名中嵌入秘密消息，只有知道密钥的人能提取签名者嵌入的秘密消息。Simmons 声称，DSA“提供了至今发现的最合适于阈下信道通信的环境”。

8.5 SM2 数字签名算法

8.5.1 SM2 数字签名基础

2017 年 10 月 30 日至 11 月 3 日，我国的 SM2 与 SM9 数字签名算法在德国柏林召开的第 55 次 ISO/IEC 信息安全分技术委员会(SC27)会议上一致通过并成为国际标准，正式进入标准发布阶段。这两个数字签名机制为 ISO/IEC 14888－3/AMD1 标准研制项目的主体部分，这是我国商用密码标准首次正式进入 ISO/IEC 标准，极大地提升了我国在网络空间安全领域的国际标准化水平。

SM2 算法共包含 3 个不同功能的算法：公钥加密算法、数字签名算法、密钥交换协议。我们在 7.7 节中已经详细介绍了 SM2 公钥加密算法，本节介绍 SM2 数字签名算法。

1. SM2 系统参数

SM2 数字签名算法中，椭圆曲线的选取同 SM2 公钥加密算法，主要参数有：用来定义曲线的两个有限域元素 a、b，曲线上的基点 $G=(x_G, y_G)$。选择 Hash 函数 $H_v(x)$，输出长度为 v 的 Hash 值。作为签名者的用户 A 的密钥对包括私钥 $d_A \in \{1, 2, \cdots, n-1\}$ 和公钥 $P_A=d_AG=(x_A, y_A)$。用户 A 的标识为 ID_A，其长度 $entlen_A$ 转换成二进制以后记作 $ENTL_A$，选择杂凑函数 H_{256}，可以按下式计算出用户 A 的杂凑值。其中 SM2 算法规定 H_{256} 使用 SM3 杂凑算法

$$Z_A=H_{256}(ENTL_A \| ID_A \| a \| b \| x_G \| y_G \| x_A \| y_A)$$

2. SM2 签名算法

设待签名的消息为 M，为了获得其签名值，用户 A 需要执行以下操作：

(1) 计算 $e=H_v(Z_A \| M)$。

(2) 使用随机数生成器产生随机数 $k \in \{1, 2, \cdots, n-1\}$。

(3) 计算椭圆曲线点 $C_1=kG=(x_1, y_1)$，将 x_1 转换为整数。

(4) 计算 $r \equiv (e+x_1) \bmod n$，若 $r=0$ 或者 $r+k=n$，则返回(2)。

(5) 计算 $s \equiv ((1+d_A)^{-1} \cdot (k-r \cdot d_A)) \bmod n$，若 $s=0$，则返回(2)。

(6) 将 r，s 的数据类型转换为字符串，得到消息 M 的签名(r，s)。

SM2 数字签名的流程如图 8-4 所示。

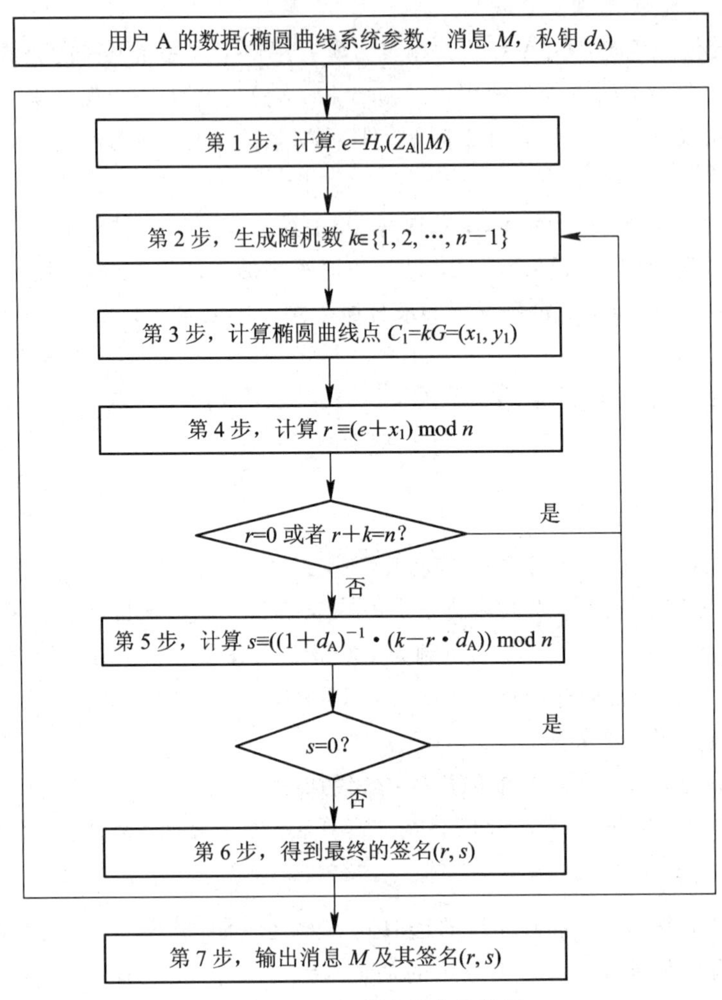
用户 A 的数据(椭圆曲线系统参数，消息 M，私钥 d_A)
第 1 步，计算 $e=H_v(Z_A||M)$
第 2 步，生成随机数 $k\in\{1, 2, \cdots, n-1\}$
第 3 步，计算椭圆曲线点 $C_1=kG=(x_1, y_1)$
第 4 步，计算 $r\equiv(e+x_1) \bmod n$
$r=0$ 或者 $r+k=n$?
是
否
第 5 步，计算 $s\equiv((1+d_A)^{-1}\cdot(k-r\cdot d_A)) \bmod n$
$s=0$?
是
否
第 6 步，得到最终的签名(r, s)
第 7 步，输出消息 M 及其签名(r, s)

图 8-4　SM2 数字签名流程图

3. SM2 签名验证算法

设待检验的消息为 M'，其数字签名为(r'，s')，为了验证签名的有效性，用户 B 需要执行以下操作：

(1) 检验 $r'\in\{1, 2, \cdots, n-1\}$是否成立，若不成立则验证不通过。

(2) 检验 $s'\in\{1, 2, \cdots, n-1\}$是否成立，若不成立则验证不通过。

(3) 计算 $e'=H_v(Z_A \| M')$，将其数据类型转换为整数。

(4) 将 r'和 s'的数据类型转换为整数，计算 $t\equiv(r'+s') \bmod n$，若 $t=0$，则验证不通过。

(5) 计算椭圆曲线点$(x', y')=s'G+tP_A$。

(6) 将 x'的数据类型转换为整数，计算 $R\equiv(e'+x') \bmod n$，检验 $R=r'$是否成立，若成立，则验证通过，否则不通过。

SM2 数字签名算法的验证过程如图 8-5 所示。

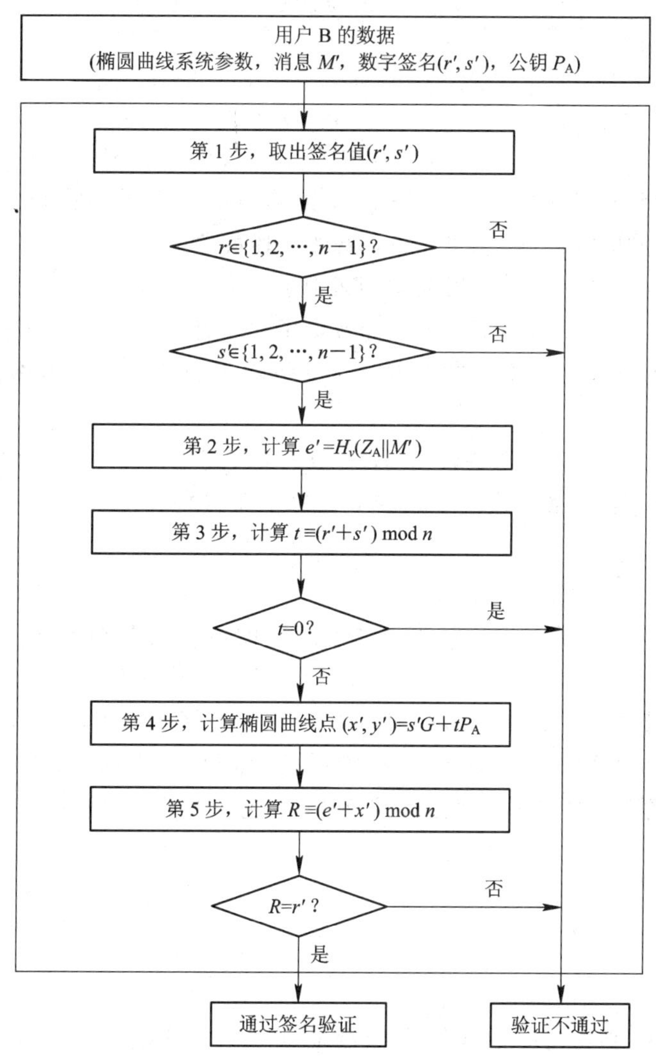

图 8－5　SM2 签名验证流程图

验证签名的流程正确性说明如下：

如果(r', s')的确是消息M'经 SM2 签名算法得到的签名，则

$$s'\equiv((1+d_A)^{-1}\cdot(k-r'\cdot d_A))\bmod n$$
$$\Rightarrow s'\cdot(1+d_A)\equiv(k-r'\cdot d_A)\bmod n$$
$$\Rightarrow k\equiv s'+s'd_A+r'd_A \bmod n$$

于是

$$\begin{aligned}(x', y')&=s'G+tP_A\\&=s'G+(r'+s')d_AG\\&=(s'+(r'+s')d_A)G\end{aligned}$$

因此

$$(x', y')=kG=(x_1, y_1)$$
$$R=e'+x'=e+x_1\equiv r \bmod n$$

签名验证成功。

8.5.2 SM2 数字签名的分析

1. 安全性分析

SM2 数字签名算法中的系统参数与 SM2 公钥加密算法中的参数一致，用户私钥的安全性等价于求解椭圆曲线上的离散对数问题，因此 SM2 数字签名算法必须选择安全的椭圆曲线，避免弱椭圆曲线。关于其安全性的详细描述可参见 7.7.2 节，此处不再赘述。

针对数字签名算法的最强攻击是适应性选择消息攻击（Adaptively Chosen-Message Attacks），攻击者可以访问签名预言机，而且除了攻击者正在攻击的消息之外，还可以获得任意消息并获得有效的签名。攻击者如果达到以下目标之一，则称数字签名算法被攻破。

(1) 完全攻破：攻击者获得签名私钥，可以伪造任意消息的签名，这是最严重的攻破。

(2) 一般性伪造：攻击者建立一个有效的算法来模仿签名，模仿签名成功的概率足够高。

(3) 存在性伪造：存在性伪造也称为随机消息签名伪造。攻击者利用已知的消息/签名对，可以生成新的消息/签名对，新的消息与原来的消息具有相关性，攻击者不能自主选择。

上述 3 类攻击中，存在性伪造的破坏是最低的。对于一个数字签名算法，如果攻击者采用最强的攻击行为仍然不能达到最低的攻击目标，则该数字签名算法是安全的。Goldwasser 等人提出的适应性选择消息攻击下存在性不可伪造（EUF-CMA）已经成为评估数字签名算法安全性的一个标准。

SM2 数字签名算法将签名者 ID、公钥、原消息一起进行 Hash，在 Hash 算法安全的前提下，可以抵抗密钥替换攻击，其安全性是很高的。

2. 效率分析

ECC 运算过程中最耗时的运算是椭圆曲线点乘，无论是软件实现、FPGA（Field Programmable Gate Array，现场可编程逻辑门阵列）实现还是集成电路实现，点乘运算占据整个算法运行时间的比例一般超过 80%。此外，算法中如果存在有限域元素的求逆，也将占用不可忽略的时间比例。

对于 SM2 数字签名算法来说，其实现效率与国际上同类型算法 ECDSA（Elliptic Curve Digital Signature Algorithm，椭圆曲线数字签名算法）相当。但是 SM2 算法中的求逆运算 $(1+d_A)^{-1} \bmod n$ 是可以由用户 A 自己提前进行预计算的，对不同的消息进行签名时，该值恒定不变。因此总体来看，SM2 的实现效率还是有很大的提高的。

ECC 更适合在智能 IC 卡芯片等资源受限的环境中使用。通过在硬件协处理器中采用并行及脉动流水线结构等技术，SM2 算法在 ASIC 中可以实现很高的运算性能，适用于大型签名验证服务器。以我国目前的 IC 设计和制造技术，已经有 SM2 数字签名性能超过 1 万次/秒的芯片研制成功并得到应用。

总之，SM2 数字签名算法的实现效率可以满足从服务器端到客户端的不同种类的信息安全设备的需求。

8.6 身份认证

我们生活的现实世界是一个真实的物理世界，每个人都拥有独一无二的物理身份。而今我们也生活在数字世界中，一切信息都是由一组特定的数据表示，当然也包括用户的身份信息。如果没有有效的身份认证管理手段，访问者的身份就很容易被伪造，使得任何安全防范体系都形同虚设。因此，在计算机和互联网络世界里，身份认证是一个最基本的要素，也是整个信息安全体系的基础。

身份认证是证实客户的真实身份与其所声称的身份是否相符的验证过程。目前，计算机和网络系统中常用的身份认证技术主要有以下几种。

1. 用户名/密码方式

用户名/密码是最简单也是最常用的身份认证方法，是基于“what you know”的验证手段。每个用户的密码是由用户自己设定的，只有用户自己才知道。只要能够正确输入密码，计算机就认为操作者是合法用户。实际上，许多用户为了防止忘记密码，经常采用诸如生日、电话号码等容易被猜测的字符串作为密码，或者把密码抄在纸上放在一个自认为安全的地方，这样很容易造成密码泄露。即使能保证用户密码不被泄露，由于密码是静态的数据，在验证过程中需要在计算机内存和网络中传输，而每次验证使用的验证信息都是相同的，很容易被驻留在计算机内存中的木马程序或网络中的监听设备截获。因此，从安全性上讲，用户名/密码方式是一种极不安全的身份认证方式。

2. 智能卡认证

智能卡是一种内置集成电路的芯片，芯片中存有与用户身份相关的数据，智能卡由专门的厂商通过专门的设备生产，是不可复制的硬件。智能卡由合法用户随身携带，登录时必须将智能卡插入专用的读卡器读取其中的信息，以验证用户的身份。智能卡认证是基于“what you have”的手段，通过智能卡硬件不可复制来保证用户身份不会被仿冒。然而由于每次从智能卡中读取的数据是静态的，通过内存扫描或网络监听等技术还是很容易截取到用户的身份验证信息，因此还是存在安全隐患。

3. 动态口令

动态口令技术是一种让用户密码按照时间或使用次数不断变化、每个密码只能使用一次的技术。动态口令采用一种叫作动态令牌的专用硬件，内置电源、密码生成芯片和显示屏。密码生成芯片运行专门的密码算法，根据当前时间或使用次数生成当前密码并显示在显示屏上。认证服务器采用相同的算法计算当前的有效密码，用户使用时只需要将动态令牌上显示的当前密码输入客户端计算机，即可实现身份认证。由于每次使用的密码必须由动态令牌产生，只有合法用户才持有该硬件，所以只要通过密码验证就可以认为该用户的身份是可靠的。而用户每次使用的密码都不相同，即使黑客截获了一次密码，也无法利用这个密码来仿冒合法用户的身份。动态口令技术采用一次一密的方法，有效保证了用户身份的安全性。但是如果客户端与服务器端的时间或次数不能保持良好的同步，就可能发生合法用户无法登录的问题。并且用户每次登录时需要通过键盘输入一长串无规律的密码，一旦输错就要重新操作，使用起来非常不方便。

4. USB Key 认证

基于 USB Key 的身份认证方式是近几年发展起来的一种方便、安全的身份认证技术。USB Key 认证采用软硬件相结合、一次一密的强双因子认证模式，很好地解决了安全性与易用性之间的矛盾。USB Key 是一种 USB 接口的硬件设备，它内置单片机或智能卡芯片，可以存储用户的密钥或数字证书，利用 USB Key 内置的密码算法实现对用户身份的认证。基于 USB Key 身份认证系统主要有两种应用模式：一是基于冲击/响应的认证模式，二是基于 PKI 体系的认证模式。

5. 生物特征认证

基于生物特征的身份识别技术主要是指通过可测量的身体或行为等生物特征进行身份认证的一种技术，是基于“what you are”的身份认证手段。生物特征是指唯一的可以测量或可自动识别和验证的生理特征或行为方式。生物特征分为身体特征和行为特征两类，身体特征包括指纹、掌型、视网膜、虹膜、人体气味、脸型、手的血管和 DNA 等；行为特征包括签名、语音、行走步态等。从理论上说，生物特征认证是最可靠的身份认证方式，因为它直接使用人的物理特征来表示每一个人的数字身份，不同的人具有不同的生物特征，因此几乎不可能被仿冒。但是，近年来随着基于生物特征的身份识别技术的广泛应用，相应的身份伪造技术也随之发展，对其安全性提出了新的挑战。

由于以上这些身份识别方法均存在一些安全问题，本书将主要讨论基于密码技术和 Hash 函数设计的安全的用户身份识别协议。

从实用角度考虑，要保证用户身份识别的安全性，身份识别协议至少要满足以下条件：

(1) 识别者 A 能够向验证者 B 证明他的确是 A。

(2) 在识别者 A 向验证者 B 证明他的身份后，验证者 B 没有获得任何有用的信息，B 不能模仿 A 向第三方证明他是 A 。

目前已经设计出了许多满足这两个条件的识别协议。例如，Schnorr 身份识别协议、Okanmto 身份识别协议、Guillou-Quisquater 身份识别协议和基于身份的识别协议等。这些识别协议均是询问-应答式协议。询问-应答式协议的基本观点是：验证者提出问题(通常是随机选择一些随机数，称作口令)，由识别者回答，然后验证者验证其真实性。一个简单的询问-应答式协议的例子如下：

(1) 识别者 A 通过用户名和密码向验证者 B 进行注册。

(2) 验证者 B 发给识别者 A 一个随机号码(询问)。

(3) 识别者 A 对随机号码进行加密，将加密结果作为答复，加密过程需要使用识别者 A 的私钥来完成(应答)。

(4) 验证者 B 证明识别者 A 确实拥有相关密钥(密码)。

对于攻击者 Oscar 来说，以上询问-应答过程具有不可重复性，因为当 Oscar 冒充识别者 A 与验证者 B 进行联系时，将得到一个不同的随机号码(询问)，由于 Oscar 无法获知识别者 A 的私钥，因此他就无法伪造识别者 A 的身份信息。

以上例子中的身份验证过程是建立在识别者 A 和验证者 B 之间能够互相信任的基础上的，如果识别者 A 和验证者 B 之间缺乏相互信任，则以上验证过程将是不安全的。考虑到实际应用中识别者 A 和验证者 B 之间往往会缺乏信任，因此，在基于询问-应答式协议设计身份识别方案时，要保证识别者 A 的加密私钥不被分享。

根据攻击者采取攻击方式的不同，目前，对身份认证协议的攻击包括假冒、重放攻击、交织攻击、反射攻击、强迫延时和选择文本攻击。

(1) 假冒：一个识别者 A_1 声称是另一个识别者 A_2 的欺骗。

(2) 重放攻击：针对同一个或者不同的验证者，使用从以前执行的单个协议得到的信息进行假冒或者其他欺骗。对存储的文件，重放攻击是重新存储攻击，攻击过程使用早期的版本来代替现有文件。

(3) 交织攻击：对从一个或多个以前的或同时正在执行的协议得来的信息进行有选择的组合，从而假冒或者进行其他欺骗，其中的协议包括可能由攻击者自己发起的一个或者多个协议。

(4) 反射攻击：从正在执行的协议将信息发送回该协议的发起者的交织攻击。

(5) 强迫延时：攻击者截获一个消息，并在延迟一段时间后重新将该消息放入协议中，使协议继续执行，此时强迫延时发生(这里需要注意的是，延时的消息不是重放消息)。

(6) 选择文本攻击：选择文本攻击是对询问-应答协议的攻击，其中攻击者有策略地选择询问消息以尝试获得识别者的密钥信息。

8.6.1 Schnorr 身份认证协议

1991 年，Schnorr 提出了一种基于离散对数问题的交互式身份识别方案，能够有效验证识别者 A 的身份。该身份识别方案不仅具有计算量小、通信数据量少、适用于智能卡等优点，而且识别方案融合了 ELGamal 协议、Fiat-Shamir 协议等交互式协议的特点，具有较好的安全性和实用性，被广泛应用于身份识别的各个领域。

Schnorr 身份识别方案首先需要一个信任中心(Trusted Authority，TA)为识别者 A 颁发身份证书。信任中心首先确定以下参数：

(1) 选择两个大素数 p 和 q，其中 $q|(p-1)$。

(2) 选择 $\alpha\in\mathbb{Z}_p^*$，其中 α 的阶为 q。

(3) 选择身份识别过程中要用到的 Hash 函数 h。

(4) 确定身份识别过程中用到的公钥加密算法的公钥 a 和私钥 b。该过程通过识别者 A 选定加密私钥 $b\in\mathbb{Z}_q^*$，同时计算相应的加密公钥 $a\equiv(\alpha^b)^{-1} \bmod p$。

对于需要进行身份识别的每一个用户，均需要先到 TA 进行身份注册，由 TA 颁发相应的身份证书，具体注册过程为：TA 首先确认申请者的身份，在此基础上对每一位申请者指定一个识别名称 Name，Name 中包含有申请者的个人信息，如姓名、职业、联系方式等，以及身份识别信息，如指纹信息、DNA 信息等。TA 应用选定的 Hash 函数对用户提供的 Name 和加密公钥 a 计算其 Hash 函数值 $h(\text{Name}, a)$，并对计算结果进行签名得到 $s=\text{Sign}_{\text{TA}}(\text{Name}, a)$。

在 TA 进行以上处理的基础上，具体的识别者 A 和验证者 B 之间的身份识别过程描述如下：

(1) 识别者 A 选择随机整数 $k\in\mathbb{Z}_q^*$，并计算 $\gamma\equiv\alpha^k \bmod p$。

(2) 识别者 A 发送 $C(A)=(\text{Name}, a, s)$和 γ 给验证者 B。

(3) 验证者B应用TA公开的数字签名验证算法 Ver_{TA}，验证签名 $Ver_{TA}(Name, a, s)$ 的有效性。

(4) 验证者B选择一个随机整数 $r(1\leqslant r\leqslant 2^t)$，并将其发给识别者A，其中 t 为Hash函数 h 的消息摘要输出长度。

(5) 识别者A计算 $y\equiv(k+br)\bmod q$，将计算结果 y 发送给验证者B。

(6) 验证者B通过计算 $\gamma\equiv\alpha^y a^r \bmod p$ 来验证身份信息的有效性。

以上Schnorr身份认证协议中，参数 t 被称为安全参数，它的目的是防止攻击者Oscar伪装成识别者A来猜测验证者B选取的随机整数 r。如果攻击者能够知道随机整数 r 的取值，则他可以选择任意的 y，并计算 $\gamma\equiv\alpha^y a^r \bmod p$，攻击者Oscar将在识别过程(2)将自己计算得到的 γ 发送给验证者B，当验证者B将选择的参数 r 发送给Oscar时，Oscar可以将自己计算过的 y 值发送给验证者B，以上提供的数据将能够通过(6)的验证过程，Oscar从而成功地实现伪造识别者A的身份认证信息。因此，为了保证以上身份认证协议的安全性，Schnorr建议Hash函数 h 的消息摘要长度不小于72位。

Schnorr提出的身份认证协议实现了在识别者A的加密私钥信息不被验证者B知道的情况下，识别者A能够向验证者B证明他知道加密私钥 b 的值，证明过程通过身份认证协议(5)来实现，具体方案是通过识别者A应用加密私钥 b，计算 $y\equiv(k+br)\bmod q$，回答验证者B选取的随机整数 r 来完成。整个身份认证过程中，加密私钥 b 的值一直没有泄露，所以这种技术被称为知识的证明。

为保证Schnorr身份认证协议的计算安全性，加密参数的选取过程中，参数 q 要求长度不小于140位，参数 p 的长度则要求至少要达到512位。对于参数 α 的选取，可以先选择一个 $\mathbb{Z}_p$ 上的本原元 $g\in\mathbb{Z}_p$，通过计算 $\alpha\equiv g^{\frac{p-1}{q}} \bmod p$ 得到相应的参数 α 的取值。

对Schnorr身份认证协议的攻击涉及离散对数问题的求解问题，由于当参数 p 满足一定的长度要求时，$\mathbb{Z}_p$ 上的离散对数问题在计算上是不可行的，保证了Schnorr身份认证协议的安全性。

需要说明的是，Schnorr身份认证协议的实现必须存在一个TA负责管理所有用户的身份信息，每一位需要进行身份认证的用户首先要到TA进行身份注册，只有经过注册的合法用户，才可以通过以上协议进行身份认证。但是在整个身份的认证过程中，TA不需要参与。

8.6.2 Okamoto身份认证协议

Okamoto身份识别协议是Schnorr协议的一种改进方案。

Okamoto身份识别协议也需要一个TA，TA首先确定以下参数：

(1) 选择两个大素数 p 和 q。

(2) 选择两个参数 $\alpha_1, \alpha_2\in\mathbb{Z}_p$，且 α_1 和 α_2 的阶均为 q。

(3) TA计算 $c=\log_{\alpha_1}\alpha_2$，保证任何人要得到 c 的值在计算上是不可行的。

(4) 选择身份识别过程中要用到的Hash函数 h。

TA向用户A颁发证书的过程描述如下：

(1) TA确认申请者的身份，在此基础上，对每一位申请者指定一个识别名称Name。

(2) 识别者A秘密地选择两个随机整数 $m_1, m_2\in\mathbb{Z}_q$，计算 $v\equiv\alpha_1^{-m_1}\alpha_2^{-m_2} \bmod p$，将计

算结果发给 TA。

(3) TA 计算 $s=\text{Sign}_{\text{TA}}(\text{Name}, v)$对信息进行签名。将结果 $C(A)=(\text{Name}, v, s)$作为认证证书颁发给识别者 A。

在 TA 进行以上处理的基础上，Okamoto 身份识别协议中，识别者 A 和验证者 B 之间的过程描述如下：

(1) 识别者 A 选择两个随机数 $r_1, r_2 \in \mathbb{Z}_q$，并计算 $X \equiv \alpha_1^{r_1} \alpha_2^{r_2} \bmod p$。

(2) 识别者 A 将他的认证证书 $C(A)=(\text{Name}, v, s)$和计算结果 X 发送给验证者 B。

(3) 验证者 B 应用 TA 公开的数字签名验证算法 Ver_{TA}，计算 $\text{Ver}_{\text{TA}}(\text{Name}, v, s)$来验证签名的有效性。

(4) 验证者 B 选择一个随机数 e，$1 \leqslant e \leqslant 2^t$，并将 e 发给识别者 A。

(5) 识别者 A 计算 $y_1 \equiv (r_1+m_1 e) \bmod q$，$y_2 \equiv (r_2+m_2 e) \bmod q$，并将 y_1 和 y_2 发给验证者 B。

(6) 验证者 B 通过计算 $X \equiv \alpha_1^{y_1} \alpha_2^{y_2} v^e \bmod p$ 来验证身份信息的有效性。

Okamoto 身份认证协议与 Schnorr 身份认证协议的主要区别在于：当选择的计算参数保证 $\mathbb{Z}_p$ 上的离散对数问题是安全的，则可以证明 Okamoto 身份认证协议就是安全的。该证明过程的基本思想是：识别者 A 通过执行该认证协议向攻击者 Oscar 证明自己的身份，假定 Oscar 能够获得识别者 A 的秘密指数 α_1 和 α_2 的某些信息，那么将可以证明识别者 A 和攻击者 Oscar 一起能够以很高的概率在多项式时间内计算出离散对数 $c=\log_{\alpha_1} \alpha_2$，这和我们认为离散对数问题是安全的假设相矛盾。因此就证明了 Oscar 通过参加协议一定不能获得关于识别者 A 的任何信息。

8.6.3　Guillou-Quisquater 身份认证协议

Guillou-Quisquater 身份认证协议的安全性基于 RSA 公钥密码体制的安全性。该协议的建立过程也需要一个 TA，TA 首先确定以下参数：

(1) 选择两个大素数 p 和 q，计算 $n=pq$，公开 n，保密 p 和 q。

(2) 随机选择一个大素数 b 作为安全参数，同时选择一个公开的 RSA 加密指数。

(3) 选择身份识别过程中要用到的 Hash 函数 h。

TA 向用户 A 颁发证书的过程描述如下：

(1) TA 确认申请者的身份，在此基础上，对每一位申请者指定一个识别名称 Name。

(2) 识别者 A 秘密地选择一个随机整数 $m \in \mathbb{Z}_n$，计算 $v \equiv (m^{-1})^b \bmod n$，并将计算结果发给 TA。

(3) TA 对(Name, v)进行签名得到 $s=\text{Sign}_{\text{TA}}(\text{Name}, v)$，TA 将证书 $C(A)=(\text{Name}, v, s)$发给识别者 A。

在 TA 进行以上处理的基础上，Guillou-Quisquater 身份认证协议中，识别者 A 和验证者 B 之间的过程描述如下：

(1) 识别者 A 选择一个随机整数 $r \in \mathbb{Z}_n$，计算 $X \equiv r^b \bmod n$，并将他的证书 $C(A)$和 X 发送给验证者 B。

(2) 验证者 B 通过计算 $\text{Ver}_{\text{TA}}(\text{Name}, v, s)=\text{TRUE}$ 来验证 TA 签名的有效性。

(3) 验证者 B 选择一个随机整数 $e \in \mathbb{Z}_b$，并将其发给识别者 A。

(4) 识别者 A 计算 $y \equiv rm^e \bmod n$，并将其发送给验证者 B。

(5) 验证者 B 通过计算 $X \equiv v^e y^b \bmod n$ 来验证身份信息的有效性。

可以看出，Guillou-Quisquater 身份认证协议的安全性与 RSA 公钥密码体制一样，均基于大数分解的困难性问题，该性质能够保证 Guillou-Quisquater 身份认证协议是计算安全的。

习 题

8-1 什么是数字签名？数字签名应满足的基本要求是什么？

8-2 数字签名应满足的基本要求是什么？

8-3 数字签名与手书签名的主要区别有哪些？

8-4 直接数字签名和可仲裁数字签名的区别是什么？

8-5 为什么对称密码体制不能实现消息的不可否认性？

8-6 在数字签名标准 DSS 中，设 $p=83$，$q=41$，$h=2$。

(1) 求参数 g；

(2) 取私钥 $x=57$，求公钥 y；

(3) 对消息 M，若 $H(M)=56$，取随机数 $k=23$，求 M 的签名；

(4) DSA 签名算法中，如果签名人选择的随机数 k 被泄露，将会发生什么问题？

8-7 在 ElGamal 签名方案中不允许 $\delta=0$。证明如果对消息签名时算出 $\delta=0$，那么攻击者很容易计算出签名者的签名私钥 a。

8-8 数字签名算法中，对消息的 Hash 值签名，而不对消息本身签名有哪些好处？

8-9 从实用角度考虑，要保证用户身份识别的安全性，身份识别协议至少要满足什么条件？

第9章

密钥管理

著名的 Kerckhoffs 原则指出，密码系统的安全仅取决于对用户密钥的保护。密钥是安全系统中的脆弱点，密钥管理(Key Management)作为提供数据机密性、完整性、可认证性和可鉴别性等安全技术的基础，在现代密码理论和技术中占据着举足轻重的地位，它不仅会影响系统的安全性，还会涉及系统的可靠性和有效性。密钥管理涵盖了密钥的设置、产生、分配、存储、装入、使用、备份、恢复、提取、更新、吊销、销毁、保护等内容和过程。密钥管理是一项综合性的系统工程，本章从理论和技术的角度介绍密钥管理的各个方面。

9.1 密钥管理的生命周期

在前面章节中，我们关注的主要是采用何种密码体制来实现数据的机密性、完整性、真实性等安全属性。密码技术的核心思想是利用加密手段把对大量数据的保护归结为对若干核心参数的保护，而最关键的核心参数是系统中的各种密钥。密钥管理的目的是确保系统中各种密钥的安全性不受威胁。密钥管理除了技术因素以外，还与人的因素密切相关，不可避免地要涉及物理的、行政的、人事的等方面的问题，但我们最关心的还是理论和技术上的一些问题。

1. 密钥管理的完整过程

密钥管理覆盖了密钥的整个生命周期。对于一个具体的实体，密钥管理的完整过程大致可分成 12 个阶段，阶段之间相互关联构成密钥管理的完整生命周期，如图 9-1 所示。

1) 用户登记

在用户登记阶段，一个实体成为一个安全域的授权成员。用户登记包括通过安全的一次性技术实现初始密钥材料(如共享的口令或 PIN 码)的获取、创建或交换。

2) 系统和用户初始化

系统初始化是指搭建和配置一个用于安全操作的系统。用户初始化就是一个实体初始化加密应用的过程，如软件和硬件的安装和初始化，其中包括用户或用户登记期间所获得的初始密钥材料的安装。

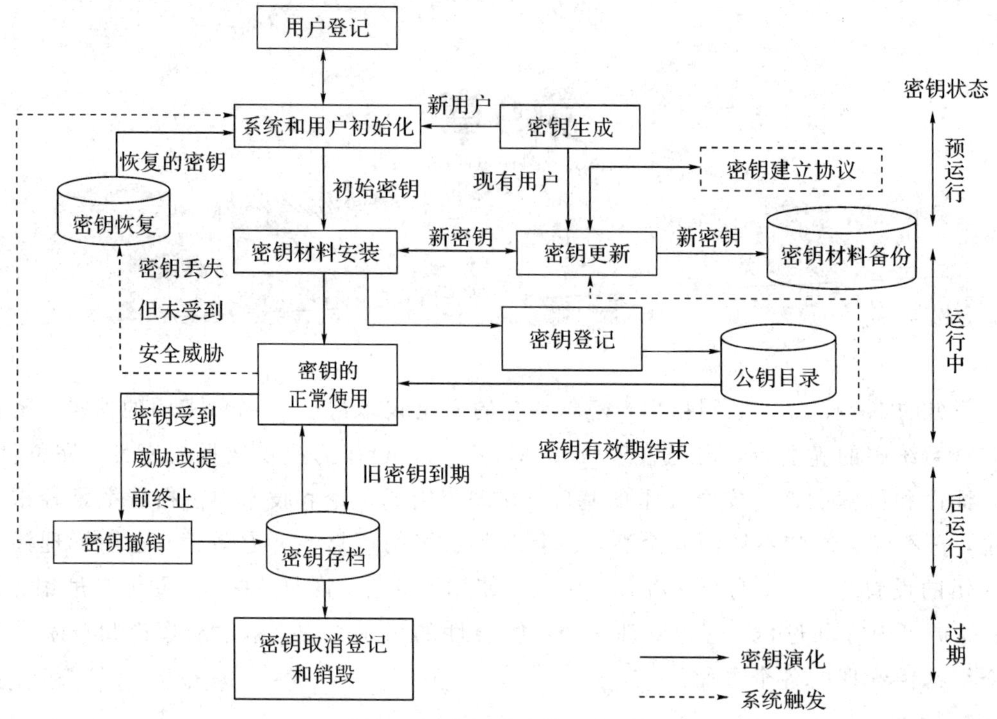

图 9-1 密钥管理的生命周期

3）密钥材料安装

密钥材料是用于生成密钥的一些系统要素，密钥材料的安全安装是保证整个系统安全的关键。密钥材料安装是指将密钥材料配置到一个实体的软件或硬件中，以便于使用。用于密钥材料安装的技术和设备包括手工输入口令或PIN码、磁盘交换、ROM设备、智能卡或其他硬件设备。初始密钥材料可用于创建一个安全的在线会话环境，以实现工作密钥的建立。当上述项目第一次建立时，新的密钥材料要加入现有的密钥材料中；当现有密钥材料需要被更新时，则要进行新密钥材料的安装。

4）密钥生成

密钥生成是指按照预定的规则，采用可行的措施和机制产生符合应用目标或算法属性要求的、具有可预见概率的、伪随机的有效密钥。一个实体可以生成自己的密钥，也可以从可信的实体处获取。

5）密钥登记

密钥登记是指将密钥材料记录下来，并与相关实体的信息和属性捆绑在一起。捆绑的信息一般是密钥材料相关实体的身份与相应的认证信息或指定信任级别，如认证生成公钥、公钥证书等。密钥登记后，对其感兴趣的实体再通过一个公开目录或其他方式来访问密钥。

6）密钥的正常使用

密钥管理的目的是方便密钥的安全使用。通常情况下，密钥在其有效期之内都可以使用，但也存在一些需要注意的问题。比如，当一个用户拥有多个密钥时，要注意把不同的密钥用于不同的场合；在某些情况下，密钥的有效期有可能被提前终止，或者需要提前更新正在使用的密钥；对于公钥体制，在某种情况下可能公钥已经不再适合继续用于加密，但相应的私钥还需要用于解密。这些都是在密钥使用过程需要注意的问题。

7）密钥材料备份

密钥材料备份是指将密钥材料的副本备份到独立的有安全保障的存储媒体上，当需要恢复密钥时可为密钥恢复提供数据源。

8）密钥存档

密钥存档指的是对过了有效期或者提前撤销的密钥进行较长时间的离线保存。密钥过了有效期或者因为意外情况不得不提前撤销时，该密钥及相关的密钥材料就不能再正常使用了，但不能直接销毁它们，通常还需要将它们保存一定的时间，以便在某种特殊的情况下需要用到时能够对其进行检索。例如，对产生于过去的数字签名的认证可能需要签名者已经不再使用的公钥，某些涉及过去行为的争议仲裁也可能需要当事人的旧密钥。

9）密钥更新

密钥更新是指如果当前密钥的有效期即将结束，则需要一个新的密钥来取代当前正在使用的密钥，才能保证各种必要的安全保护不降级。密钥更新可以通过使用重新生成的密钥取代原有密钥的方式来实现。当然，密钥更新以后还需要重新进行安装、登记、备份、发布等处理，才能投入正常使用。

10）密钥恢复

从备份或者存档的密钥材料中检索出与某个密钥有关的内容并重新构造出该密钥的过程称为密钥恢复。如果密钥因为某种原因丢失或损坏，但可以确信这种丢失或损坏不会带来任何安全威胁(如设备损坏或口令被遗忘)，则可以从原来备份的密钥材料中恢复出该密钥。

11）密钥撤销

有些时候，在一个密钥的正常生命周期结束之前必须将其提前作废，不再使用，这就是密钥撤销。这可能是因为该密钥的安全已经受到威胁(比如被泄密)，或者是因为与该密钥相关的实体其自身状况已发生变化(比如人事变动)，致使必须提前终止对该密钥的使用。密钥撤销可以通过公告或者逐个通知所有可能使用该密钥材料的实体来实现，告知的内容应包括密钥材料的完整ID、撤销的日期时间、撤销的原因等。对于基于证书分发的公钥，密钥撤销就是撤销相应的证书并通过某种途径公之于众。密钥撤销以后，相关实体还必须采取有效的措施来处理那些曾受被撤销密钥保护的信息，确保不破坏它们的安全性。

12）密钥取消登记与销毁

对于那些不再需要保留或者不再需要维护它与某个实体联系的密钥材料，应该将其从密钥登记中取消，即所有的密钥材料及其相关的记录应从所有现有密钥的正式记录中清除，所有的密钥备份应被销毁，任何存储过该密钥材料的媒体应该被安全清除以消除与该密钥有关的所有信息，以使该密钥不能再以物理的或电子的方式恢复。

2. 密钥状态的划分

从密钥使用的角度来观察生命周期不同阶段中的密钥，可以将它们归为不同的状态，密钥的状态决定了如何对它们进行操作。下面就是密钥状态的一种分法：

(1) 预运行状态：此状态的密钥还不能用于正常的密码操作，也就是说还不能正式使用。

（2）运行中状态：此状态的密钥是可用的，且处于正常使用中。

（3）后运行状态：此状态的密钥已经不再用于通常的用途，但在某些特定情况下还有可能需要对其进行离线访问或查询。

（4）过期状态：此状态的密钥在任何情况下都不会再用，所有与密钥相关的记录已被销毁或即将被销毁。

9.2 单钥体制的密钥管理

密钥管理活动需要处理密钥从产生到销毁的整个过程中的所有问题。在过去的点对点通信系统中，通常都是采用手工方式处理密钥管理的问题。在当前的多用户网络通信背景下，网络环境复杂多变，系统用户数量巨大，密钥管理任务极其艰巨，因此要求密钥管理系统能够逐步实现自动化操作。虽然当前已经设计出了多种自动密钥分配机制，它们能够快速、透明、安全地交换密钥，且某些方案已被成功使用，如 Kerberos 和 ANSI X9.17 方案采用了 DES 技术，ISO-CCITT X.509 目录论证方案主要依赖于公钥技术，然而在某些场景下，仍然可能需要对密钥进行手工处理，以增加密钥管理的有效性。

9.2.1 密钥的分类

为了增强密钥的安全性，通常根据使用场合将密钥分成很多不同的种类，并对不同种类的密钥采取不同的管理策略。从密钥用途和功能的角度可将密钥分成用于机密性的加/解密密钥、完整性论证密钥、数字签名密钥和密钥协商密钥等种类。但从密钥管理的角度，一般将密钥分为以下几种：

（1）初始密钥(Original Key)：由用户选定或者系统分配，可在较长时间内有效，通常用它来启动和控制系统的密钥生成器，产生一次通信过程使用的会话密钥。因此初始密钥的使用频率并不高，并且不直接用于保密通信过程，有利于初始密钥本身和整个系统的安全。

（2）会话密钥(Session Key)：是两个通信终端用户在一次通信过程中真正使用的密钥，它主要用来对传输中的数据进行加密，因此也称为数据加密密钥。会话密钥可以使用户不必频繁地更换主密钥等其他密钥，有利于密钥的安全和管理。会话密钥使用的时间较短，这样就限制了攻击者能够截获的同一密钥加密的密文量，增加了密码分析的难度，有利于数据的安全。另外，在不慎将会话密钥丢失的情况下，由于受影响的密文数量有限，因而能够减少损失。会话密钥一般是在一次会话开始时根据需要通过协议自动建立并分发的，因而降低了密钥管理的难度。

（3）密钥加密密钥(Key-encryption Key)：在密钥分配协议中用于对传输中的会话密钥等其他密钥进行加密的密钥，也称密钥传送密钥。通信网中的每个节点都要配备一个这样的密钥，并且各不相同，每台主机都应存储其他有关主机的密钥加密密钥。

（4）主密钥(Master Key)：对密钥加密密钥进行保护的密钥，它的层次最高，通常不受密码学手段保护，采用手工分配，或者是在初始阶段通过过程控制在物理或电子隔离环境下安装。

从密钥使用的有效期来看，上述 4 种密钥中，会话密钥一定是短期密钥，初始密钥和主密钥的使用期限一般较长，而密钥加密密钥可能是长期有效的，也可能是暂时的。这种分层的密钥结构使每一个密钥被使用的次数都不太多，同一密钥产生的密文数量不太大，能被密码分析者利用的信息较少，有利于系统的安全。

9.2.2　密钥分配的基本方法

密钥分配(Key Distribution)是密钥管理工作中最为困难的环节之一。在单钥密码体制下，两个用户要进行保密通信，首先必须有一个共享的会话密钥。同时，为了避免攻击者获得密钥，还必须时常更新会话密钥，这都需要用到密钥分配的理论和技术。单钥体制密钥分配的基本方法主要有以下几种：

(1) 由通信双方中的一方选取并用手工方式发送给另一方。

(2) 由双方信任的第三方选取并用手工方式发送给通信的双方。

(3) 如果双方之间已经存在一个共享密钥，则其中一方选取新密钥后可用已共享的密钥加密新密钥，然后通过网络发送给另一方。

(4) 如果双方与信任的第三方之间分别有一个共享密钥，那么可由信任的第三方选取一个密钥并通过各自的共享密钥加密发送给双方。

前两种方法是手工操作。虽然在网络通信的大多数场景下手工操作是不实际的，但在个别情况下还是可行的。比如，对用户主密钥进行配置时，使用手工方式则更可靠。后两种方法是网络环境下经常使用的密钥分配方法。由于可以通过网络自动或者半自动地实现，因此能够满足网络用户数量巨大的需求，特别是第四种方法，由于存在一个双方都信任的第三方(称为可信第三方)，只要大家分别与这个可信第三方建立共享密钥，就无须再两两建立共享密钥，从而大大减少了必需的共享密钥数量，降低了密钥分配的代价。这样的可信第三方通常是一个专门为用户分配密钥的密钥分配中心(Key Distribution Center, KDC)。在这样的背景下，系统的每个用户(主机、应用程序或者进程)与 KDC 建立一个共享密钥，即主密钥，当某两个用户需要进行保密通信时，可以请求 KDC 利用各自的主密钥为他们分配一个共享密钥作为会话密钥加密密钥或者直接作为会话密钥(如果是前者，则再使用上述第三种方法建立会话密钥)。一次通信完成后，会话密钥立即作废，而主密钥的数量与用户数量相同，可以通过更安全的方式甚至手工方式配置。

图 9－2 是借助密钥分配中心进行密钥分配的一个例子。假定通信双方 Alice 和 Bob (简称为 A 和 B)分别与 KDC 有一个共享主密钥 K_A 和 K_B，现在 A 希望与 B 建立一个连接，进行保密通信，那么可以通过以下步骤得到一个共享的会话密钥。

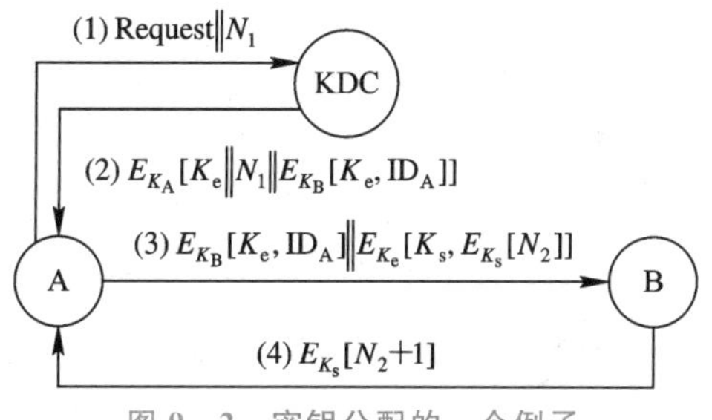

图 9－2　密钥分配的一个例子

(1) A 向 KDC 发送一个建立会话密钥的请求消息。此消息除了包含 A 和 B 的身份标识以外，还应有一个识别这次呼叫的唯一性标识符 N_1。N_1 可以是时间戳、某个计数器的值或者一次性随机数。N_1 的值应难以猜测并且每次呼叫所用的 N_1 必须互不相同，以抵抗假冒和重放攻击。

(2) KDC 向 A 回复一个用 A 的主密钥 K_A 加密的应答消息。在这个消息中，KDC 为 A 与 B 即将进行的通信生成一个密钥 K_e，并用 A 的主密钥 K_A 加密消息，同时还用 B 的主密钥产生一个加密包 $E_{K_B}[K_e, ID_A]$。因此，只有 A 和 B 可以通过解密此消息中的相应部分获得密钥 K_e。另外，此消息还包含了第一步中的唯一性标识符 N_1，它可以使 A 将收到的消息与发出的消息进行比较，如果匹配则可以断定此消息不是重放的。

(3) A 解密出密钥 K_e，但 A 并没有直接将 K_e 当作会话密钥，而是重新选择一个会话密钥 K_s，再选取一个一次性随机数 N_2 作为本次呼叫的唯一性标识符，并用 K_s 加密 N_2，再用 K_e 加密 K_s 和 $E_{K_s}[N_2]$，然后将加密的结果连同从第(2)步中收到的加密包 $E_{K_B}[K_e, ID_A]$ 一起发送给 B。

(4) B 从第(3)步收到的消息中解密出 K_e 和 ID_A，由 ID_A 可以识别消息来源的真实性，然后由 K_e 解密出 K_s，再用 K_s 解密出 N_2。最后，B 对 N_2 做一个事先约定的简单变换(比如加 1)，并将变换的结果用 K_s 加密发送给 A。A 如果能用 K_s 解密出 N_2+1，则可断定 B 已经知道本次通信的会话密钥 K_s，并且 B 在第(3)步收到的消息不是一个重放的消息，密钥分配过程结束，接下来 A 和 B 就可以在 K_s 的保护下进行保密通信了。

在上面这个简单例子中，通信双方在 KDC 的帮助下安全地共享了一个会话密钥 K_s。由于在需要保密的环节均使用相应的密钥进行保护，因而避免了机密信息的泄露和假冒，同时唯一性标识符的使用可以防止过期消息的重放。在这个过程中还共享了一个密钥加密密钥 K_e。如果接下来的保密通信过程比较长，则通信双方还可以自行更新会话密钥，以减少同一个会话密钥产生的密文量，降低会话密钥被攻击的风险。

9.2.3 层次式密钥控制

尽管我们在协议设计中尽量减少 KDC 对密钥分配的参与，但如果网络的规模非常大，用户数量非常多，分布的地域也非常广，则只有一个 KDC 可能无法承担为所有用户分配密钥的重任。这时我们可以将整个网络划分成多个安全域，每个安全域设置一个 KDC，所有不同安全域的 KDC 可以构成一个层次结构，如图 9－3 所示，并且可以让这个 KDC 的层次结构与相应部门之间的行政隶属关系联系起来，建立与其他管理制度互相协调的管理体系。

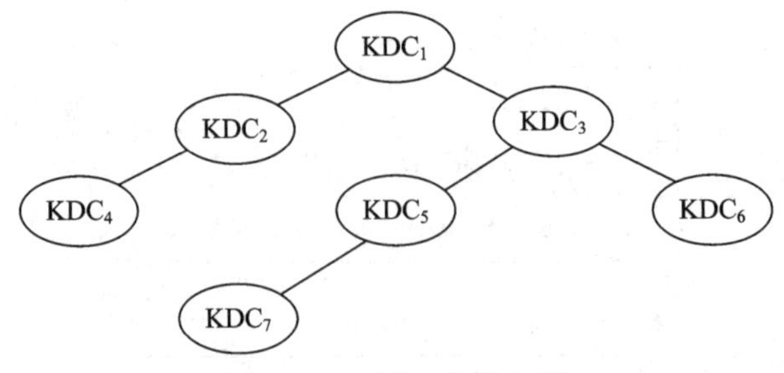

图 9－3　层次式密钥控制

在这种分层结构中，共享密钥的分配采用分层控制方式。当同一个安全域的用户需要保密通信时，由该安全域的本地 KDC 负责为他们分配会话密钥。如果两个不同安全域中的用户需要共享密钥，则需要通过他们所在域的两个本地 KDC 之间的沟通与协作来实现这一任务。由于所有 KDC 都在一个层次结构中，因此任何两个 KDC 一定可以找到一个共同的上级 KDC 实现关联，通过这个关联 KDC 为两个不同安全域中的用户分配共享密钥。

例如，在图 9－3 中，KDC_6 下面的一个用户需要与 KDC_7 管辖的一个用户建立共享密钥，KDC_6 和 KDC_7 都能够识别出请求共享密钥的两个用户之一不在自己的安全域之内，这时候他们可以通过相互之间的层次关系发现 KDC_3 是距离最近的一个共同上级 KDC，然后将分配共享密钥的任务交给 KDC_3，由 KDC_3 为两个不同安全域中的用户分配共享密钥。

分层结构中的下级 KDC 也是其相邻上级 KDC 的一个用户，与普通用户一样，下级 KDC 有一个主密钥与其相邻的上级 KDC 共享。这样每个用户只需与其本地 KDC 共享一个主密钥就可以满足与任何其他用户进行保密通信的需要。因此，在分层结构中每个用户需要的主密钥数量将大大减少，密钥管理的工作量也相应减少。

9.2.4　分布式密钥控制

使用密钥分配中心为用户分配密钥虽然有很多优势，但也存在一些问题。例如，KDC 必须是中立可信的，每一个用户都绝对信任 KDC 的工作；同时，KDC 必须受到严密保护，一旦 KDC 遭到入侵，可能造成用户主密钥的泄密，其后果不堪设想；另外，KDC 可能会成为系统的瓶颈。

如果两个用户之间已存在共享的主密钥，则不需要 KDC 的参与也能实现会话密钥的共享，并避免了上面问题。

如图 9－4 所示，没有 KDC 的密钥分配需要以下 3 个步骤来建立会话密钥：

(1) 用户 A 向用户 B 发出建立会话密钥的请求，消息中嵌入一个一次性随机数 N_1 作为本次呼叫的唯一性标识。

(2) 用户 B 选择一个会话密钥 K_s 构造应答消息，并用与 A 共享的主密钥 M_K 加密这个应答消息回送给 A。应答消息中除了会话密钥 K_s 之外，还包含 B 的身份标识 ID_B 来自请求消息的一次性随机数 N_1 以及 B 选取的另一个新的一次性随机数 N_2。这些信息使 A 能够确认收到的消息不是假冒或重放的，且 N_2 还作为本消息的唯一性标识。

(3) A 使用与 B 共享的主密钥 M_K 解密收到的消息，并进行真实性和新鲜性验证，然后对 N_2 做一个事先约定的简单变换(比如加 1)，再将变换的结果用收到的会话密钥 K_s 加密并发送回用户 B。B 用会话密钥解密收到的消息，如果能正确地恢复出 N_2+1，则说明 A 已经掌握会话密钥 K_s，密钥分配工作完成。

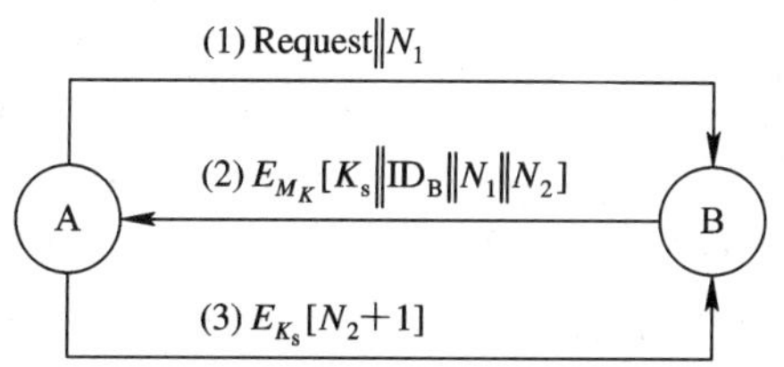

图 9－4　无 KDC 的密钥分配

这种不需要密钥分配中心的分布式密钥分配方案要求两个用户必须事先共享一个主密钥，才能完成会话密钥的分配。在一个用户众多的大型网络中，要在任何两个用户之间建立共享主密钥是不现实的，但这并不意味此方案没有任何意义。事实上，与一个用户有联系的用户数量一般是有限的，只需在每一用户与其有联系的其他用户之间建立共享主密钥即可满足一般工作的需要，因此这个方案对完成网络局部通信还是很有价值的。

9.3 公钥体制的密钥管理

在公钥密码的相关协议中，总是假设已经掌握了对方的公开密钥。事实上，虽然公钥密码体制的优势之一就在于密钥管理相对简单，但要保证公钥或公共参数的真实性，或者验证其真实性，还需要有一套科学的策略和方法。

9.3.1 公开密钥的分发

公开密钥的分发方法有以下几种。

1. 公开发布

由于公钥体制的公开密钥不需要保密，因此任何用户都可以将自己的公开密钥发送给其他用户或者直接在某个范围内广播。例如，一些基于公钥体制的系统允许用户将自己的公开密钥附加在发送的消息上进行传递，这使得通信对方或者对自己公钥感兴趣的其他用户很容易获取公开密钥。

这种方法的突出优点是非常简便，密钥分发不需要特别的安全渠道，降低了密钥管理的成本。然而，该方法也存在一个致命的缺点，那就是公钥发布的真实性和完整性难以保证，容易造成假冒的公钥发布。任何用户都可以伪造一个公钥并假冒他人的名义发布，然后解读所有使用该假冒公钥加密的信息，并且可以利用伪造的密钥通过论证。

2. 使用公钥目录分发

使用公钥目录分发是指建立一个公开、动态、在线可访问的用户公钥数据库(称为公钥目录)，让每个用户将自己的公开密钥安全地注册到这个公钥目录中，并由可信的机构(称为公钥目录管理员)对公钥目录进行维护和管理，确保整个公钥目录的真实性和完整性。每个用户都可以通过直接查询公钥目录获取他感兴趣的其他用户的公开密钥。

这种方法比每个用户都自由发布自己的公开密钥更安全，但公钥目录可能会成为系统的脆弱点，除了可能成为性能瓶颈之外，公钥目录自身的安全保护也是一个大问题。一旦攻击者攻破公钥目录或者获取了目录管理员的管理密钥，就可以篡改或者伪造任何用户的公钥，进而既可以假冒任一用户与其他用户通信，又可以监听发往任一用户的消息。

3. 在线安全分发

针对公钥目录的不足，对其运行方式进行安全优化，引入认证功能对公钥访问加以控制，可以增强公钥分配的安全性。与使用公钥目录分发类似，这种改进的方法需要一个可信的公钥管理机构来建立、维护和管理用户公钥数据库，并且每一个用户都可靠地知道公钥管理机构的公开密钥，而对应的私钥只有公钥管理机构自己知道。当用户通过网络向公钥管理机构请求他需要的其他用户的公钥时，公钥管理机构将经过其私钥签名的被请求公钥回送给请求者，请求者收到经公钥管理机构签名的被请求公钥后，用已经掌握的公钥管理机构的公钥对签名进行验证，以确定该公钥的真实性，同时还需要使用时间戳或者一次性随机数来防止对用户公钥的伪造和重放，保证分发公钥的新鲜性。请求者可以将经过认证的所有其他用户公钥存储在自己的本地磁盘上，再次使用时无须重新请求，但还必须定期与公钥管理机构保持联系，以免错过对已存储用户公钥的更新。

这是一种在线式公钥分配方案，该方案由于限制了用户对公钥数据库的自由查询，并使用数字签名和时间戳对分发公钥进行保护，因而提高了公钥分配的安全性。但这种方案的缺点也是明显的：一是公钥管理机构必须时刻在线，时刻准备为用户服务，这为公钥管理机构的建设增加了难度，使其与公钥目录一样可能成为系统性能的瓶颈；二是要保证所有用户与公钥管理机构间的通信连接时刻畅通，确保任何用户随时可以向公钥管理机构请求他需要的用户公钥，这要求整个网络具有良好的性能；三是公钥管理机构仍然是被攻击的目标，公钥管理机构自己的私钥必须绝对安全。

4. 使用公钥证书分发

如果对每个用户的公开密钥进行安全封装，形成一个公钥证书，然后通信各方通过相互交换公钥证书来实现密钥分发，则不需要在每次通信时都与公钥管理机构在线联系，且能够获得同样的可靠性和安全性。这里有一个前提，即公钥证书必须真实可信，不存在伪造和假冒的可能。因此，通常由专门的证书管理机构(Certificate Authority，CA)来为用户创建并分发公钥证书，证书包含了与持有人公钥有关的全部信息，如持有人的用户名、持有人的公钥、证书序列号、证书发行 CA 的名称、证书的有效起止时间等。当然，最关键的还是证书发行 CA 对证书的数字签名，以保证证书的真实可靠性。另一方面，与封装在一个公钥证书中的用户公钥相对应的私钥只有该用户本人掌握。在通信过程中，如果一方需要将自己的公钥告知对方，则将自己的公钥证书发送给对方，对方收到公钥证书后用证书发行 CA 的公钥去验证证书中的签名，即可识别证书的真伪，同时可判断证书是否还在有效期内。

这个方案是一种离线式的公钥分配方法，每个用户只需一次性与 CA 建立联系，将自己的公钥注册到 CA 上，同时获取 CA 的证书证实公钥，然后由 CA 为其产生并颁发一个公钥证书。用户收到 CA 为其生成的公钥证书后，可以将证书存储在本地磁盘上，如果其私钥不泄密，则在证书的有效期内可以多次使用该证书而无须再与 CA 建立联系。也就是说，一旦用户获得一个公钥证书，以后用证书来交换公钥是离线方式的，不再需要 CA 参与。这种公钥分配方法的优势很明显：一是证书管理机构的压力显著降低，每个用户只是偶尔与证书管理机构发生联系；二是公钥分配的可靠性和效率都大大提高，由于每个用户的公钥证书都是经过 CA 签名的，因此只要掌握了 CA 的证书证实公钥就可以方便地识别出证书的真伪，而且对证书内容的任何轻微改动都能被轻易地检查出来，杜绝了伪造和假冒的可能，同时公钥的分配是通过证书的交换实现的，通信各方随时可以交换各自的公钥证书，省去了许多烦琐的步骤，简化了分配的过程，提高了公钥分配的效率。使用公钥证书分配用户公钥是当前公钥分配的最佳方案。

9.3.2　用公钥加密分配单钥体制的会话密钥

虽然利用公钥证书能够在通信各方之间方便地交换密钥，然而由于公钥加密的速度远比单钥加密慢，因通信各方通常不直接采用公钥体制进行保密通信。但是，将公钥体制用于分配单钥体制的会话密钥却是非常合适的。

图 9－5 描述了如何利用公钥加密分配单钥体制的会话密钥。图中，PK_X 和 SK_X 分别表示用户 X 的公钥和私钥，$CERT_X$ 代表用户 X 的公钥证书。这个过程具有保密性和认证性，因此既能防止被动攻击，又能抵抗主动攻击。用户 A 和 B 可以通过以下步骤得到一个共享的会话密钥：

(1) 用户 A 将自己的身份 ID_A 和一个一次性随机数 N_1 用自己的私钥 SK_A 加密，并附上自己的公钥证书 $CERT_A$ 一起发送给用户 B。显然，这里的私钥加密不是为了保密，只是为了让对方更好地验证自己的公钥证书，同时抵抗对消息的篡改。

(2) 用户 B 验证收到的消息，并从中提取对方的公钥 PK_A 和一次性随机数 N_1，然后选取一个会话密钥 K_s 和一个新的一次性随机数 N_2，将 K_s 与自己的身份 ID_B 以及 N_1 和 N_2 一起先用对方的公钥 PK_A 加密，再用自己的私钥 SK_B 签名，并附上自己的公钥证书回送给用户 A。这个消息实现保密与认证的结合，A 收到消息后可以从中获得一个机密的会话密钥 K_s，同时确信这个会话密钥一定来自 B。

(3) A 验证收到的消息，并解密出会话密钥 K_s 和一次性随机数 N_2，然后对 N_2 做一简单变换(例如加 1)，再将变换的结果用 K_s 加密发送给用户 B。

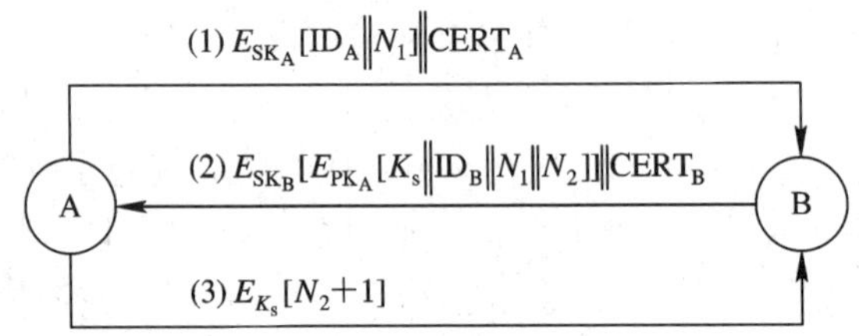

图 9－5 用公钥加密分配单钥体制的会话密钥

若 B 能从第(3)步收到的消息中解密出 N_2+1，则可相信 A 已经与其共享了会话密钥 K_s，会话密钥的分配工作结束。

9.3.3 Diffie-Hellman 密钥交换与中间人攻击

W. Diffie 与 M. Hellman 在 1976 年提出了一个称为 Diffie-Hellman 密钥交换的公钥密码算法。该算法能用来在两个用户之间安全地交换密钥材料，从而使双方得到一个共享的会话密钥，但该算法只能用于交换密钥，不能用于加解密。

Diffie-Hellman 密钥交换的安全性基于求解有限域上离散对数的困难性。首先，双方需要约定一个大素数 p 和它的一个本原根 g，然后整个密钥交换的过程分以下两步完成：

(1) 双方(记为 A 和 B)分别挑选一个保密的随机整数 X_A 和 X_B，并分别计算 $Y_A \equiv g^{X_A} \bmod p$ 和 $Y_B \equiv g^{X_B} \bmod p$，然后互相交换，即 A 将 Y_A 发送给 B，而 B 将 Y_B 发送给 A。这里 Y_A 和 Y_B 分别相当于 A 和 B 的公开密钥(但不能用于真正的消息加密)。

(2) A 和 B 分别计算 $K \equiv Y_B^{X_A} \bmod p$ 和 $K \equiv Y_A^{X_B} \bmod p$，得到双方共享的密钥 K。这是因为

$$
\begin{aligned}
Y_B^{X_A} \bmod p &\equiv (g^{X_B} \bmod p)^{X_A} \bmod p \\
&\equiv g^{X_B X_A} \bmod p \\
&\equiv (g^{X_A})^{X_B} \bmod p \\
&\equiv (g^{X_A} \bmod p)^{X_B} \bmod p \\
&\equiv Y_A^{X_B} \bmod p
\end{aligned}
$$

由于 X_A 和 X_B 是保密的，因此攻击者最多能够得到 p，g，Y_A 和 Y_B。如果攻击者希望得到 K，则必须至少计算出 X_A 和 X_B 中的一个，这意味着需要求解离散对数，这在计算上是不可行的。

【例 9.1】 假设 Diffie-Hellman 密钥交换使用的素数 $p=97$，p 的一个本原根 $g=5$。交换密钥者 A 和 B 分别选择秘密随机数 $X_A=36$ 和 $X_B=58$，并计算各自的公开密钥：

$$\text{A}: Y_A \equiv g^{X_A} \bmod p \equiv 5^{36} \bmod 97 \equiv 50$$

$$\text{B}: Y_B \equiv g^{X_B} \bmod p \equiv 5^{58} \bmod 97 \equiv 44$$

他们相互交换公开密钥，然后各自独立地计算出共享的会话密钥 K 为

$$\text{A}: K \equiv Y_B^{X_A} \bmod p \equiv 44^{36} \bmod 97 \equiv 75$$

$$\text{B}: K \equiv Y_A^{X_B} \bmod p \equiv 50^{58} \bmod 97 \equiv 75$$

可见，A 和 B 获得了完全一样的会话密钥 K，而攻击者最多能够知道 $p=97$，$g=5$，$Y_A=50$，$Y_B=44$，从这些数据出发计算出 $K=75$ 是很不容易的。

虽然 Diffie-Hellman 密钥交换简单易行，但它也很容易遭受中间人攻击(man-in-the-middle attack)，方法如下：

(1) 在 A 将他的公开密钥 $Y_A \equiv g^{X_A} \bmod p$ 发送给 B 的过程中，中间人 MIM(即攻击者)截取 Y_A，并用自己的公开密钥 $Y_M \equiv g^{X_M} \bmod p$ 取代 Y_A 发送给 B。

(2) 在 B 将他的公开密钥 $Y_B \equiv g^{X_B} \bmod p$ 发送给 A 的过程中，中间人 MIM 截取 Y_B，并用自己的公开密钥 Y_M 取代 Y_B 发送给 A。

(3) A、B、MIM 分别计算会话密钥，但计算的结果是 A 与 MIM 共享一个会话密钥 $K=Y_M^{X_A}=Y_A^{X_M}\equiv g^{X_A X_M} \bmod p$，而 B 与 MIM 共享另一个会话密钥 $\widetilde{K}=Y_M^{X_B}=Y_B^{X_M}\equiv g^{X_B X_M} \bmod p$。一般情况下 $K\neq\widetilde{K}$，但 A 与 B 对此一无所知。

(4) 在 A 与 B 通信过程中，A 用会话密钥 K 加密他发送的消息，B 则用会话密钥 $\widetilde{K}$ 加密他发送的消息。中间人 MIM 可以设法截取来自 A 的消息并用 K 解密，再用 $\widetilde{K}$ 重新加密后发送给 B；对于来自 B 的消息则先用 $\widetilde{K}$ 解密，然后用 K 加密后发送给 A。这样中间人 MIM 就可以轻易监视 A 与 B 的通信，甚至能够在其中实施篡改、伪造或假冒攻击。

在 Diffie-Hellman 密钥交换中，中间人攻击之所以能够得逞，是因为密钥交换者 A 和 B 交换的消息缺少认证保护，只需让 A 和 B 分别对他们发送的消息施加数字签名，并在协议的每一步进行签名验证，那么中间人将不会再有任何机会。下面是一种用数字签名改进的 Diffie-Hellman 密钥交换方案。

假定 A 和 B 互相拥有对方的公钥证书，那么他们可以按照如下步骤安全地生成一个共享会话密钥。

(1) A 选取一个随机数 X_A，计算 $Y_A \equiv g^{X_A} \bmod p$ 并将其发送给 B。

(2) 收到 Y_A 之后，B 也选取一个随机数 X_B，计算 $Y_B \equiv g^{X_B} \bmod p$ 并根据 Diffie-Hellman 协议计算出基于随机数 X_A 和 X_B 的共享会话密钥 K。然后，B 对 Y_A、Y_B 签名，再用刚才计算出的会话密钥 K 对签名加密，最后把它与 Y_B 一起发送给 A，即 B 发给 A 的消息为

$$Y_B,\ E_K(\mathrm{SIG}_{sk_B}(Y_A,\ Y_B))$$

(3) A 收到消息后，也根据 Diffie-Hellman 协议计算出基于 Y_A 和 Y_B 的共享会话密钥 K，然后用计算出的 K 解密收到的消息 $E_K(\mathrm{SIG}_{sk_B}(Y_A,\ Y_B))$，并验证 B 的数字签名

$SIG_{sk_B}(Y_A, Y_B)$。如果签名 $SIG_{sk_B}(Y_A, Y_B)$通过验证，A 再用自己的私钥对 Y_A、Y_B 签名，并将签名结果用共享密钥 K 加密送回给 B，即

$$E_K(SIG_{sk_A}(Y_A, Y_B))$$

(4) B 用会话密钥 K 解密收到的消息，并验证 A 的数字签名。如果签名通过验证，A 和 B 获得了共享的会话密钥 K，并且在这个过程中攻击者没有任何渗透机会，则 K 是安全的。

9.4 秘密共享

当我们将大量的机密信息以文档的形式存储于计算机系统，并依据不同的类型和密级使用不同的密钥去保护它们时，为了便于管理大量的密钥，通常所用的全部密钥可能由一个主密钥(Master Key)来保护。这样一来，存储在系统中的所有信息的安全最终可能取决于一个主密钥。这样的主密钥是整个系统的安全关键点，它的管理策略和方法对整个系统的安全至关重要，如果将它交给单独的一个管理员保管，则可能造成一些难以克服的弊端：首先，这个管理员将会具有同他保管的主密钥一样的安全敏感性，需要重点保护，如果他保管的主密钥意外丢失或者他本人突遇不测，则整个系统可能就无法使用了；其次，这个管理员的个人素质和他对组织的忠诚度也将成为系统安全的关键，如果他为了某种利益而将他保管的主密钥主动泄露给他人，将会危害整个系统的安全。

上面提到的前一个问题可以通过密钥备份获得部分解决，但又可能引出新的问题。现在能够有效解决全部上述问题的方法称为秘密共享(Secret Sharing)，并且研究人员已经提出了多个具体的秘密共享方案。一种简单的秘密共享方案又称为秘密分割(Secret Splitting)，它的思想很简单：当你不想将一个十分贵重的东西(比如某种产品的配方)的命运完全寄托于某一个人时，你可以把它分成很多份，每一份交付一个人，当然单独的每一份没有什么价值，只有将所有份额放到一起才能重构价值，因此，除非所有掌握份额的人合谋背叛你，否则他们不会从各自掌握的份额中获得利益。

假如要使用秘密分割方法来保护一个重要消息 M，那么在两个持有人之间进行秘密分割是最简单的一种方案，此时只需选取一个比特数与 M 一样长的随机串 R，并计算出 $S=M\oplus R$，然后将 S 和 R 分别交付选定的两个不同的持有人，即可完成秘密分割。当需要重构消息 M 时，只要将两个持有人掌握的消息 S 和 R 进行异或运算，即可得到 M，$S\oplus R=S\oplus M\oplus S=M$。显然，在这个方案中，任何一个持有人所掌握的信息只是消息 M 的部分碎片，无论他有多大的计算能力，都不可能仅靠他个人掌握的消息碎片恢复出完整的消息 M。

这种两个持有人秘密分割的方案很容易推广到多个持有人。如果要在 n 个持有人中分割一个秘密 M，则需要选择 $n-1$ 个随机比特串，并将它们与秘密 M 异或产生第 n 个比特串。显然，这 n 个比特串的异或即为 M，只要将这 n 个比特串分别交给 n 个持有人，每人一串，就实现了 n 个持有人的秘密分割。

秘密分割方案确实很简单，但它的缺陷也很明显。一方面，这个方案在恢复共享秘密时要求所有份额缺一不可，任何一部分丢失或者任何一个份额持有人出现意外，则共享的秘密就不能恢复，因此它给个别份额持有者的损人不利己行为提供了机会，同时每次重构共享秘密都要求所有份额持有者必须同时到场，这也不利于方案的高效运用。另一方面，

在秘密分割方案中，有一个实体占主导地位，它负责产生并分发份额，因此它有作弊的机会。比如，它可以将一个毫无意义的东西当作份额分配给一个持有人，但这丝毫不会影响共享秘密的重构，也没有人能够发现。

更复杂的秘密共享方案是门限方案(Threshold Scheme)，目前已经提出了多个具体的门限方案。它们的基本思想是：先由需要保护的共享秘密产生 n 个份额，或者称为秘密影子(Shadow)，并且这 n 个份额中的任意 t 个就可以重构共享秘密。通常 t 称为门限值(Threshold Value)，这样的方案称为(t, n)门限方案。

下面是(t, n)门限方案的正式定义。

(t, n)门限秘密共享方案采用一个精心设计的方法作用于被共享的秘密信息 K，产生满足下面要求的 n 个秘密份额 $k_1, k_2, \cdots, k_n$：

(1) 由任意 t 个已知的秘密份额 k_i 可以方便地计算出共享秘密 K；

(2) 若仅知道 $t-1$ 个或者更少的 k_i，则不可能确定共享秘密 K(这里所说的不可能是指计算上不可能)。

然后，将 n 个秘密份额 $k_1, k_2, \cdots, k_n$ 分别授予 n 个不同的持有人保管，即可实现秘密共享。

由于重构共享秘密至少需要 t 个秘密份额，所以少于 t 个份额的暴露或泄密不会危害共享秘密的安全，同样少于 t 个持有人的共谋也不可能获得共享秘密；同时，少数秘密份额被丢失或损毁(只要不超过 $n-t$ 个)也不会影响共享秘密的重构。因此，(t, n)门限秘密共享方案为多人共同掌管一个机密信息提供了可能。

(t, n)门限方案还是一种非常灵活的秘密共享方案。门限值 t 决定了系统在安全性、操作效率及易用性上的均衡，只需改变 t 的大小即可使系统在高安全性、高效、高易用性等方面得到适当调整。增大门限值 t 意味着需要更多的秘密份额方可重构共享秘密，因此可以提高系统的安全性，但易用性会相应降低，不便于系统操作；减小门限值 t 则正好相反。

门限方案是由 Adi Shamir 和 George Blakley 于 1979 年分别独自提出的。Shamir 提出的方案基于 Lagrange 插值公式构造的秘密共享方法，而 Blakley 则是利用线性几何投影法来构造秘密共享方案。在他们之后，更多的门限方案被相继提出，下面挑选几个有代表性的方案加以介绍。

9.4.1　Lagrange 插值多项式算法

Shamir 利用有限域上的多项式方程结合 Lagrange 插值公式构造了一个(t, n)门限方案。该方案需要一个大素数 p，它应大于秘密份额的数目 n 和被保护的共享秘密 K，故 K 在有限域 $\mathbb{Z}_p$ 中。该方案还需要一个任意挑选的 $t-1$ 次多项式 $h(x)=a_{t-1}x^{t-1}+\cdots+a_1x+K\in\mathbb{Z}_p[x]$，其所有系数 $a_i\in\mathbb{Z}_p(i=1, \cdots, t-1)$，常数项 K 是需要保护的共享秘密，且显然 $h(0)=K$。

上面选择素数 p 和多项式 $h(x)$ 的工作由一个可信中心或者称为庄家的机构执行，素数 p 需要公开，但所有系数 a_i 都必须保密。为了产生 n 个份额，可信中心还需要选取 n 个非零且互不相同的 $x_i\in\mathbb{Z}_p$，并计算出 $k_i=h(x_i)(i=1, 2, \cdots, n)$，将$(x_i, k_i)$作为秘密份额分配给 n 个共享者持有。这里 x_i 是公开的，通常可以直接取 n 个共享者的身份 $\mathrm{ID}_i(i=1, 2, \cdots, n)$，但每一个共享者必须保密他的秘密份额 k_i。

每个(x_i, k_i)看成多项式$h(x)$在二维空间上的一个坐标点。由于$h(x)$是$t-1$次多项式，因此t个或t个以上的坐标点可唯一确定$h(x)$，从而得到共享秘密$K=h(0)$。假如已知t个共享份额$(x_{ij}, k_{ij})(j=1, 2, \cdots, t)$，由 Lagrange 插值公式可重建多项式$h(x)$：

$$h(x) \equiv \sum_{l=1}^{t} k_{il} \prod_{j=1, j\neq l}^{t} \frac{x - x_{ij}}{x_{il} - x_{ij}} \bmod p$$

由于$K=h(0)$，所以有

$$K = h(0) \equiv \sum_{l=1}^{t} k_{il} \prod_{j=1, j\neq l}^{t} \frac{-x_{ij}}{x_{il} - x_{ij}} \bmod p$$

即K是t个共享份额$(x_{ij}, k_{ij})(j=1, 2, \cdots, t)$的线性组合。若令

$$b_l \equiv \prod_{j=1, j\neq l}^{t} \frac{-x_{ij}}{x_{il} - x_{ij}} \bmod p \quad (l = 1, 2, \cdots, t)$$

则

$$K = h(0) \equiv \sum_{l=1}^{t} b_l k_{il} \bmod p$$

由于所有$x_i(i=1, 2, \cdots, n)$都是预先公开知道的，所以如果预先计算出所有$b_l(l=1, 2, \cdots, n)$，则可以加快秘密重构时的运行速度。

【例 9.2】 假设$t=3$，$n=5$，$K=13$，$P=17$，$h(x)\equiv 2x^2+10x+13 (\bmod 17)$。选取$x_i=i(i=1, 2, \cdots, 5)$，计算出 5 个共享份额$k_1=h(1)=8$，$k_2=h(2)=7$，$k_3=h(3)=10$，$k_4=h(4)=0$和$k_5=h(5)=11$，分别交由 5 个人掌管。

现在假如知道了其中 3 个份额k_1、k_3和k_4，根据 Lagrange 插值公式可直接恢复出共享秘密K：

$$\begin{aligned}
K = h(0) &\equiv \sum_{l=1}^{t} k_{il} \prod_{j=1, j\neq l}^{t} \frac{-x_{ij}}{x_{il} - x_{ij}} \bmod p \\
&= 8\times\frac{(-3)(-4)}{(1-3)(1-4)} + 10\times\frac{(-1)(-4)}{(3-1)(3-4)} + 0\times\frac{(-1)(-3)}{(4-1)(4-3)} \\
&= 8\times 2 + 10\times(-2) \\
&= -4 \\
&\equiv 13 \bmod 17
\end{aligned}$$

Shamir 的 Lagrange 插值多项式门限方案是一个广受关注的秘密共享方案，它有如下优点：

(1) Lagrange 插值多项式门限方案是一个完全的门限方案。由于份额的分布是等概率的，因此仅知道$t-1$个或者更少的份额与不知道任何份额的效果是一样的，即达到了 Shannon 所称的“完全安全”(Perfect Secrecy)特性。

(2) 每个秘密份额的大小与共享秘密的大小相近。

(3) 可以扩充新的秘密共享者，且计算新的份额不影响任何原有份额的有效性。

(4) 它的安全性不依赖于任何未证明的假设。

9.4.2 矢量算法

Blakley 提出的秘密共享方案利用了关于空间中的点的知识。该方案的具体内容是：若将共享秘密映射到t维空间中的 1 个点，且根据共享秘密构造的每个秘密份额都是包含这

个点的 $t-1$ 维超平面的方程，那么 t 个或 t 个以上的这种超平面的交点刚好确定这个点。

例如，如果打算用3个秘密份额来重构秘密消息，那么就需要将此消息映射到三维空间上的1个点，每个秘密份额就是1个不同的平面。如果只有1个秘密份额，则仅知道共享秘密是这个份额表示的平面上的某个点；若有2个秘密份额，则可知共享秘密是这两个份额平面交线上的某个点；如果至少知道3个秘密份额，那么就一定能够确定共享秘密，因为它正好是这3个份额平面的交点。反过来，若仅知道1个或者2个秘密份额，则要想恢复出共享秘密是不可能的，因为一个面或者一条线上的点是不可穷举的。

9.4.3 高级门限方案

以上讨论的 (t, n) 门限方案都是最基本的门限方案，可以使用这些基本的门限方案来构造更复杂、更通用的门限方案。下面我们通过一些简单的例子来进行说明。

例如，在商业及类似的环境中，在对重大问题做决策时，一些人的意见会比另一些人的意见更重要，利用门限方案来实现这种机制时，可以通过给重要人物分配更多的秘密份额来解决。比如，一个总经理和一个副总经理可以决定启动一项重大行动，但如果总经理不在场，则三个以上副总经理也有权做出同样的决定。只需为这项行动设置一个启动密钥，并根据此密钥构造多个秘密份额，为每个副总经理分配一个份额，而总经理则拥有两个份额，然后规定只要能够拿出3个秘密份额就可以恢复密钥，启动这一行动。

更进一步，可以让每个人都掌管不同数量的秘密份额，且不论所有的份额按何种方式分布，由其中任意的 t 个或 t 个以上的份额都能重现共享秘密，但如果只有 $t-1$ 个份额，则不管这 $t-1$ 个份额是来自同一个持有者还是其他情况，都不能重构共享秘密。

更复杂的高级门限方案还可以在两个或多个团体之间共享一个秘密，并限定秘密重建时每个团体必须提供的最少份额数量。比如，要在两个团体A和B之间共享秘密，使来自A的2个份额与来自B的3个份额一起都能恢复共享秘密(注意：A的3个份额和B的2个份额不能重构秘密)。构造一个三次多项式，它是一个一次多项式和一个二次多项式的乘积，给团体A的成员每人一个的秘密份额是一次多项式的值，而给团体B的成员的份额是二次多项式的值。

团体A的任意两个成员都能够重构相应的一次多项式，但不管动用了A的多少成员，他们都不可能重构出对应的二次多项式，因此团体A不能独自享有那个共享秘密。对于团体B也是如此，他们只需要3个份额就能重构相应的二次多项式，但不能重构对应的一次多项式，也不能独享共享秘密。只有两个团体共同合作，将他们各自重构的多项式拿来相乘，才能重构秘密。此方案特别适合两个或多个存在竞合关系的团体实现秘密共享。

9.4.4 有骗子情况下的密钥共享方案

在门限方案中，作为信任中心的庄家和持有份额的秘密共享者都有可能不诚实，会发生欺骗行为。因此，需要研究如何检测或者防止这些欺骗行为的出现。

对于庄家的欺骗行为，一种情况是庄家选定了一个共享秘密，却根据另一个假秘密来产生共享份额给共享者。只需要求庄家生成并公布一个对应于真实秘密的承诺值(Commitment Value)来证明他的诚实性，即可阻止庄家的欺骗。

庄家欺骗的另一种可能是他对外公开的门限值是 t，而实际上选用的 $h(x)$ 却不是 $t-1$

次的多项式(这里以 Shamir 门限方案为例)。对于这个问题，现在有一种方法可以使共享者确信庄家所选的多项式 $h(x)$ 至多是 $t-1$ 次的。该方法如下：

(1) 庄家利用 $h(x)$ 产生所需数量的秘密份额，分发给共享者。

(2) 庄家另选大量 $t-1$ 次多项式，比如 100 个，$g_1(x)$，$g_2(x)$，…，$g_{100}(x)$，并利用它们各自生成一套秘密份额，也分发给共享者。

(3) 全体共享者合作任选 50 个 $g_i(x)$，并根据相应的秘密份额将它们重建出来。如果重建的这 50 个多项式都是 $t-1$ 次的，则几乎可以确信另 50 个未重建的 $g_i(x)$ 也是 $t-1$ 次的。

(4) 全体共享者合作，利用剩下的 50 个 $g_i(x)$ 和 $h(x)$ 对应的秘密份额一一重建 $g_i(x)+h(x)$。如果所有重建出来的 $g_i(x)+h(x)$ 都是 $t-1$ 次的，则几乎可以确信 $h(x)$ 至多是 $t-1$ 次的。在这个过程中，所有共享者要相互公开他们掌握的秘密份额之和 $g_i(x_j)+h(x_j)$，但这并不影响共享秘密的安全，因为真正可用于恢复共享秘密的是份额 $h(x_j)$，而 $h(x_j)$ 并没有泄露。

这个方案是 Benaloh 在 1986 年提出来的，它只能使每一个共享者确信庄家选用的 $h(x)$ 至多是 $t-1$ 次的，不能保证 $h(x)$ 正好是 $t-1$ 次的。如果 $h(x)$ 的次数低于 $t-1$，则少于 t 个秘密份额也能恢复共享秘密，这将成为潜在的安全漏洞。因此，研究能够全面禁止庄家作弊的方案具有重要的意义。

共享者的欺骗行为更是多种多样，他们可能为了各种不同的目的而采取不同的方式进行欺骗。但总体上可以从两个方面来认识欺骗者的企图：一是为了阻止共享秘密的正常恢复；二是为了得到其他共享者的份额，从而使自己能够独自重建共享秘密。一般来讲，欺骗者要想实现他的企图，必须提供一个虚假的秘密份额。因此，如果能对共享者出示的份额进行有效的真实性检测，则可识别出谁是欺骗者，然后立即终止同欺骗者的合作，从而阻止欺骗行为的发生。现在研究人员已经提出了一些针对不同场景的检测和识别方法来预防共享者欺骗，但仅能识别也许还不够，因为在识别欺骗者的同时，可能欺骗者已经获得了共享秘密或者他人的共享份额。下面介绍一种能够公平恢复共享秘密的方案，它能使欺骗者成功获得共享秘密的概率降到很低。

这个方案是 Martin Tompa 和 Heather Woll 在 1988 年提出来的，可以看作对 Shamir 门限方案的改进。该方案也适用于其他类似的门限方案。在这个方案中，庄家随机选取一个数值 $S<P$，并将需要保护的共享秘密 $K\neq S$ 隐藏于一个整数列 D_1，D_2，…，D_L，其中对某个随机的 i，$D_i=K$，而对任何 $j\neq i$，$D_j=S$。然后，庄家对外公布 S，并将数列中的每一个元素产生的秘密份额及所有其他必需的参数分发给全体共享者。

当有 t 个共享者希望重建共享秘密时，他们交换各自掌握的秘密份额及相关参数，依次重建 D_1，D_2，…，直到发现某个 $D_i\neq S$。此时，如果 D_i 不符合事先约定的某个条件，比如应满足 $D_i<P$ 等，则可以肯定有骗子出现了，因此需要立即终止协议的运行，以阻止欺骗者得逞。如果 D_i 没有明显的差错，那么它可能就是共享秘密 K，也可能不是。对于前者，可以确定没有骗子存在；若是后者，则表明有人提供了假的份额，但在这种情况下欺骗者还不能得到共享秘密。

有两种情况可能使欺骗者有机会获得成功。第一情况：如果欺骗者有能力确保每一次重建秘密时他都是最后一个提交份额的话，那么他可以伺机决定出示真的份额还是伪造的假份额。因为最后提交份额的欺骗者有机会先于其他人重构秘密，如果他发现本轮恢复的 D_i 是 S，他就诚实地拿出真实份额；否则他就变成了欺骗者，提交一个伪造的假份额，同时他独自获得了共享秘密。

第二种情况：如果欺骗者能够准确预测出共享秘密 K 在哪一轮被重构出来，也就是说欺骗者能够预测 K 在数列中的位置，那么在此轮之前他一直出示真实的秘密份额，但在这一轮他提交一个伪造的秘密份额。结果，欺骗者独自导出共享秘密，而其他共享者对秘密一无所知。

如果系统具有同时同步能力，所有参与秘密重构操作的共享者都必须同时提交自己的秘密份额，那么上述第一情况下的欺骗就不存在了。另外，由于共享秘密 K 随机隐藏于数列 $\{D_i\}$ 之中，预测 K 的位置并不容易，只有 $1/L$ 的概率能够猜对 K 的位置。因此，如果系统能够同时同步，那么欺骗者成功的机会只有 $1/L$，如果 L 取得足够大，这个概率是很低的。

1995 年，Hung-Yu Lin 和 Lein Harn 进一步改进了上面的方案，提出一种不需要同时同步通信系统的更加公平的秘密共享方案，使参加秘密重构者可以逐个提交各自的秘密份额，而不会给投机者留下欺骗的机会。其方法如下：

庄家将共享秘密 K 随机地隐藏于一个整数列 D_1，D_2，…，D_{j-1}，K，S，D_{j+2}，…，D_L，且 D_1，D_2，…，D_L 都是任意整数，$D_j=K$，$D_{j+1}=S$，S 对外公开。任选一种秘密共享方法，对数列中的元素一一产生秘密份额，并对全体共享者分发秘密份额，在秘密恢复时，仍然是依次重构数列 $\{D_i\}$ 的每一个元素。设想欺骗者仍然有能力在每一轮中都是最后提交份额，从而优先导出每一轮的共享秘密，但当他在某一轮导出 K 的时候，他并不能确定这一轮得到的就是真正的共享秘密 K，只有接着导出了 S 他才确信上一轮得到的就是 K，但此时所有参与者都已经知道 K 了，因此欺骗者并没有得到什么好处。

在这个改进的方案中，欺骗者成功的概率仍然是 $1/L$，但系统不需要具备同时同步能力。

习　题

9-1　为什么要进行密钥管理？

9-2　从密钥管理的角度来看，密钥的种类有哪些？

9-3　在 Diffie-Hellman 密钥交换协议中，攻击者如何实施中间人攻击？

9-4　在 Diffie-Hellman 密钥交换协议中，设素数 $p=11$，$g=2$ 是模 p 的本原根。

(1) 假如用户 A 的秘密密钥为 X_A，请给出他的公开密钥 Y_A。

(2) 如果另一用户 B 的公开密钥 $Y_B=3$，请计算 A 与 B 的共享密钥 K。

9-5　在模是 $p=13$ 的(3，5)Shamir 门限方案中，(1，4)、(2，4)、(3，8)、(4，3)和(5，2)分别交给 5 个不同的人保管，计算相应的拉格朗日插值多项式并确定秘密。

参 考 文 献

[1] 杨波. 现代密码学[M]. 4 版. 北京：清华大学出版社，2007.
[2] 宋秀丽. 现代密码学原理与应用[M]. 北京：机械工业出版社，2012.
[3] 郑东，李祥学，黄征. 密码学：密码算法与协议[M]. 北京：电子工业出版社，2009.
[4] 张薇，杨晓元，韩益亮. 密码基础理论与协议[M]. 北京：清华大学出版社，2012.
[5] 蔡皖东. 网络信息安全技术[M]. 北京：清华大学出版社，2015.
[6] SCHNEIER B. 应用密码学：协议、算法与 C 源程序[M]. 吴世忠，祝世雄，张文政，译. 北京：机械工业出版社，2000.
[7] STALLING S W. Cryptography and Network Security：Principles and Practice[M]. 2th ed. New Jersey：Prentice Hall，1999.
[8] 卢开澄. 计算机密码学：计算机网络中的数据保密与安全[M]. 3 版. 北京：清华大学出版社，2003.
[9] WENBO M. Modern Cryptography：Theory and Practice [M]. Upper Saddle River：Prentice Hall PTR，2004.
[10] 胡向东，魏琴芳，胡蓉. 应用密码学[M]. 3 版. 北京：清华大学出版社，2014.
[11] 陈恭亮. 信息安全数学基础[M]. 北京：清华大学出版社，2004.
[12] BONEH D，FRANKLIN M. Identity-based Encryption from the Weil Pairing[C]. Advances in Cryptology-CRYPT0’01，Berlin：Springer，2001：213－229.
[13] 章照止. 现代密码学基础[M]. 北京：北京邮电大学出版社，2004.
[14] SPILLMAN R. 经典密码学与现代密码学[M]. 叶阮健，曹英，张长富，译. 北京：清华大学出版，2005.
[15] SHAMIR A. Identity-based Cryptosystems and Signature schemes[C]. Advances in Cryptology-CRYPT0’84，Berlin：Springer，1984：47－53.
[16] LIN H Y，HARN L. Fair Reconstruction of a Secret[J]. Information Proceeding Letters，1995，55(1)：45－47.